# 信息系统原理与应用

张 全 编著

清华大学出版社
北京

## 内 容 简 介

本书以循序渐进的方式，阐述了信息系统的有关概念和理论，在分析企业价值链的基础上，突出了如何应用信息技术与信息系统支持管理人员进行科学的管理、控制和决策。全书共分10章，分别介绍了信息系统概述、企业的价值链分析与IT支持、信息系统的战略价值、信息系统在企业内各管理层次上的应用、信息系统在各职能部门中的应用、电子商务、事务处理系统、管理信息系统、决策支持系统和企业资源规划系统等。

本书内容深入浅出，图文并茂，重点突出，具有丰富的理论知识和实际范例。为了配合教学和学生学习，本书每章还配备了案例以及填空、单项选择、多项选择和简答题等辅助材料。本书可作为高等学校管理科学与工程、信息管理、计算机、会计、自动化等专业的本科生与研究生的教学用书，也可以作为企业管理人员的自学用书。



图书在版编目（CIP）数据

信息系统原理与应用/张全编著. —北京：清华大学出版社，2011.5
ISBN 978-7-302-24432-5

Ⅰ. ①信…　Ⅱ. ①张…　Ⅲ. ①信息系统　Ⅳ. ①G202

中国版本图书馆CIP数据核字(2010)第243066号

责任编辑：龙啟铭　徐跃进
责任校对：李建庄
责任印制：杨　艳

出版发行：清华大学出版社　　地　址：北京清华大学学研大厦A座
http://www.tup.com.cn　　邮　编：100084
社 总 机：010-62770175　　邮　购：010-62786544
投稿与读者服务：010-62795954，jsjjc@tup.tsinghua.edu.cn
质 量 反 馈：010-62772015，zhiliang@tup.tsinghua.edu.cn
印 刷 者：北京四季青印刷厂
装 订 者：三河市溧源装订厂
经　销：全国新华书店
开　本：185×260　印　张：16.5　字　数：409千字
版　次：2011年5月第1版　印　次：2011年5月第1次印刷
印　数：1～3000
定　价：25.00元

产品编号：038586-01

# 前言 FOREWORD

伴随着全球经济一体化与信息技术的不断发展，企业面临的生存环境正在发生深刻的变化，企业的各级管理人员需要及时、准确、可靠的信息来辅助支持日常及重要、重大的决策。而企业内基于先进的信息技术的各类信息系统是各级管理人员的有力支撑工具。本书以循序渐进的方式，介绍数据、信息、管理、信息系统的有关概念和理论，通过分析企业的生存环境与价值链，突出了如何应用信息技术与信息系统支持管理人员进行科学的决策，增强企业的市场竞争能力，取得竞争优势，在复杂多变的市场环境中生存与发展。

本书首先介绍了数据、信息、系统与信息系统的概念，分析了数据处理、信息与信息系统的重要性，讨论了企业信息系统关于管理层次、功能与技术框架的分类，指出了企业信息系统所发挥的作用。在总结了信息系统在各行业的应用的基础上，简述了企业内共享的信息资源与电子商务的有关理论。

本书的第 2 章在分析了企业的价值链与其价值活动的基础上，阐述了基于 IT 的企业价值链活动的竞争力分析，论述了基于 IT 的客户服务与产品销售、原材料供应管理、生产控制、产品配送、人力资源管理以及基础设施建设等内容。

第 3 章阐述了信息系统的战略价值。在分析了战略的定义、价值、特点的基础上，论述了基于 IT 的企业实现竞争优势的方法，例如，基于 IT 的降低成本、提高市场进入者的障碍、建立高昂的转移成本、新产品和新服务、差异化产品和服务、建立联盟、锁定供应商和顾客等方法。

第 4 章分析了信息系统在企业内各管理层次的应用。具体地说，首先阐述了企业内部不同层次上的管理人员不同的决策类型、控制不同的过程与不同的信息需求和特点。在明确了管理工作的本质（即计划、控制、决策、领导等）的基础上，阐述了企业内部各类信息系统对管理人员工作的支持，例如，管理信息系统、事务处理系统和决策支持系统等。

第 5 章讨论了信息系统在各职能部门中的应用，例如，在会计、金融、工程、制造和库存控制、市场营销、客户服务和人力资源管理等部门中的应用。阐述了信息系统在各类职能部门中发挥的自动化、信息化、高效化等方面的作用。

第 6 章讨论了电子商务的有关理论。首先从不同的角度对电子商务的概念进行了阐述，例如，基于交易的产品、交易的过程以及物流三个维度的数字化程度对电子商务进行划分。其次，讨论了电子商务的优点、局限性与对策。同时，详细讨论了各类基本电子商务模式（例如 B2B、B2C 等）的具体类型与运作特点。在分析了电子商务的成功法则的基础上，讨论了当前成功的电子商务运作模式，对电子商务的应用起到了指导的作用。

第 7 章首先讨论了事务处理系统（Transaction processing systems）的概念、目标和特点。其次，阐述了事务处理系统的功能，明确了作为保证企业日常成功运营的最核心与最关键的计算机信息系统的地位。同时，详述了事务处理系统在各职能部门中的应用。

第 8 章首先阐述了管理信息系统的概念，其中，着重论述了信息管理的过程、管理信息的概念与层次结构、信息系统对管理职能的支持。其次，讨论了管理信息系统的构成、原理、特性、功能与层次结构和职能结构。同时，论述了管理信息系统的开发原则、开发方式与开发策略。

第 9 章阐述了致力于解决半结构化或非结构化问题的决策支持系统。首先，讨论了决策的概念、过程与决策的类型划分，例如，按照管理层次和问题的结构化程度对决策问题的划分。其次，讨论了决策支持系统的概念、产生与发展、构成与原理以及在各职能部门辅助管理人员的功能。同时，阐述了决策支持系统与管理信息系统的区别和联系，并对决策支持系统的分类进行了讨论。

第 10 章阐述了企业资源规划系统。首先，针对 ERP 的发展历程讨论了 MRP、MRPⅡ、ERP 的概念与原理。其次，讨论了 ERP 的结构与具体功能。同时，讨论了 ERP 的特点以及 ERP 同 MRPⅡ的主要区别。值得注意的是，讨论了 ERP 中的供应链管理与客户关系管理。最后，讨论了 ERP 项目的实施并分析了 ERP 系统实施的失败与成功因素。

本书在参考国内外有关教材的基础上，融合了管理、信息、信息技术与信息系统的最新理念，阐述了信息技术与信息系统对企业各层次管理人员的控制、管理、决策等职能的辅助支持功能。同时，为了配合教学和学生学习，本书每章还配备了案例以及填空、单项选择、多项选择和简答题等辅助材料。

编者

2011 年 3 月

# 目录 CONTENES

# 第 1 章

# 信息系统概述

## 1.1 数据与信息

### 数据的定义

有的学者认为，信息源于数据。对于一个企业而言，企业内部员工的个人资料、机器设备的性能指标等资料、产品的设计方案、工艺路线与销售情况、库存中各种生产所需的原材料以及储配件的具体情况，都是数据。企业周围环境的各方面情况同样也是非常重要的数据资源，例如，国家的产业与环境政策、消费者的需求情况、竞争者的发展状况、供应商的状况以及与企业密切相关的金融市场情况等。

数据的表现形式不仅仅是数字，还包括字符（文字和符号）、图表（图形、图像和表格）以及声音、语言等。数据的各种表现形式都可以通过数字化后存入计算机。因此，可以说，数据是存储在某种介质上的能够识别的物理符号。

数据处理是企业经常进行的一项非常重要的工作。一个企业需要存储日常经营的业务数据，例如，客户订单、销售数据、发货单、发票、生产统计数据、库存、往来款项等，这些属于业务数据。同时，还有更多的基础数据需要存储，例如，产品的设计与规格要求、原材料的需求、产能、工艺安排等基础数据。数据存储的目的是需要进行数据的处理，例如，产品的赢利能力分析、存货周转天数分析、标准成本实际成本分析、产品质量控制问题分析等各种各样的统计分析。通过分析能够让问题充分地暴露出来，然后追溯问题产生的原因，设计解决问题的策略与行动方案，制定相应的规则、制度或流程，以便在企业的运作过程中不断地发现问题和解决问题，使企业得以持续高效地发展。有些现代化的企业通过建立各种信息系统，挖掘出有价值的决策信息提供给企业的决策层管理者帮助他们进行生产经营决策。例如，通过分析营销数据，建立销售预测模型，可以分析预测未来时期内市场对企业产品的需求波动情况，以及某个地区销售额上升预示着同地区可能需求会增长等情况；有的企业分析订单的准时交货率，如果有波动，就需要查找问题，如果有客户投诉，则需要追溯问题原因。

## 1.2 信息

### 1.2.1 信息的定义

国内外的专家学者们从不同的角度对信息的定义进行了阐述（Laudon Laudon

2002，Oz 2002）。有的学者认为，信息是采用对决策有用的格式表示数据，信息对决策者是有价值的。有的学者认为，信息是经过加工处理后得到的数据，例如，一个企业产品的月销售额汇总报表。信息是数据、消息、见闻、知识等内容。可以说，信息是现实世界中事务的存在方式或运动状态的反映。信息同物质和能源一样，是人们赖以生存和发展的重要资源。

如图 1.1 所示，正像原材料经过生产加工过程转变为产品一样，数据经过加工处理后就变得有意义从而成为信息。同时，有的专家认为，如果数据有一定的意义，那么它就成为信息。

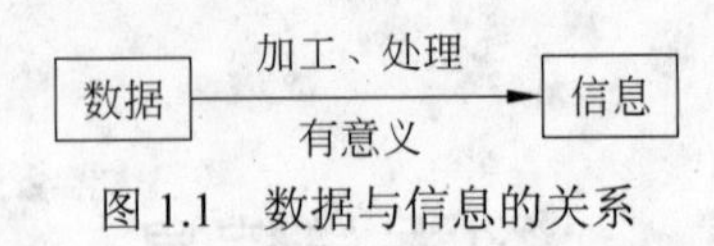

图 1.1 数据与信息的关系

## 1.2.2 信息的特点

对于一个企业的经营者来说，必须掌握信息的一些特点，以便在市场竞争中立于不败之地。下面分别讨论信息的相关性、完备性、准确性、当前性和经济性。

- 相关性：对于一个企业需要解决的问题而言，收集相关的信息是必要的过程。例如，对于一个新职位的人员选择，需要考察应聘者与职位相关的教育背景、教育年限和工作经验与年限的信息。
- 完备性：可以说，部分信息（或者说信息不完整）比没有信息更糟糕。例如，如果没有同时考虑目标人群的消费习惯等重要信息，关于家庭收入的考察数据会导致错误的营销策略决定。
- 准确性：显而易见，错误的信息会导致企业做出错误的决策以致遭受损失。
- 当前性：或者说信息不能过时。对于一个企业来说，市场的环境瞬息万变，及时把握当前的机会才能得以生存和发展。如果一个企业跟不上市场发展的脚步，不能及时获得有用的信息，那么它将成为其他领先企业的跟随者，无法获得竞争优势。
- 经济性：从经济学的角度看，必须考虑获取信息所付出的成本。获取信息所付出的成本应该是整个经营成本的一部分，从而影响到一个企业的经营决策。例如，在一个新产品投放市场前，必须进行市场研究以便减小失败的风险。对待这个问题所进行的市场研究不能太耗费企业的资金，否则新产品带来的利润会受到侵蚀甚至导致亏损（Oz 2002）。

## 1.2.3 信息的使用者

信息的使用者包括企业内部的普通工作人员、管理人员和高层决策者，以及企业外部的一些人员，例如，消费者、竞争者、贸易伙伴和投资者等。企业内部的劳资人员要维护员工们的收入和各项支出，并定期打印员工的工资单及工资转账；库存管理人员要及时掌控生产所需的原材料的供应情况以保证不影响企业的正常生产；财务部门的工作人员需要为客户开具发票的单据，并针对欠款的客户签发欠款通知单；对于中层或高层管理人员而言，要定期查看企业各种经营报告以便及时发现问题并解决问题。例如，销售部门的经理每个月都要绘制产品的销售情况图表以及销售人员的业绩图表。对销售不畅的产品要查找原因，对各销售业绩不良的销售人员要及时谈话、查明原因并实行一定的奖惩制度。

一个企业的外部生存环境中的诸多方面也是信息的使用者。例如，企业需要给其产品的购买者（即顾客）开具购买发票，并对没有及时缴款的顾客签发催款通知书。当前电子商务的普及与应用，促使众多企业建立网上平台展示并销售产品，广大的顾客尤其是潜在顾客可以借助互联网轻松地获取企业产品的价格、规格等信息以及产品的售后服务信息。广大的顾客可以直接在网上下订单来购买企业的产品，并了解订单的执行情况。例如，一个购买轿车的顾客可以随时跟踪其所订制的轿车的生产过程，了解轿车的生产进程以及提车的时间；联邦快递公司（Federal Express，FedEx）允许客户通过输入邮件的编码，在互联网上即时跟踪邮件当时所处的地理位置，并能够知道邮件到达目的地的准确时间，以便安排好自己的工作以接收到达的邮件。

一个企业的竞争者不但要关注它的产品的销售情况，还要关心它的研发能力、经营战略等方面情况。有时，行业内相互竞争的各企业还要建立相应的企业联盟来共同与供货商讨价还价以便降低所购买原材料的进货价格，最终达到降低成本的目的。而一个企业的贸易伙伴（如供应商）也需要关心它的资金周转情况和偿债能力。

企业的广大股东也非常关心企业的经营状况，企业要定期给股东派发股息和红利。尤其是企业股票的广大潜在购买者，在购买股票之前非常关心企业的中长期发展战略、研发能力、经营销售等方面的情况。对企业发放贷款的金融管理部门，同样十分关注企业的经营状况以及资金的偿还能力。企业也要定期地向政府有关部门递交财务及税收方面的报表。

国外的学者迈克尔·波特（Porter　1985）归纳了一个企业与其生存环境中诸要素（例如，顾客、竞争者等）之间的关系，如图 1.2 所示。

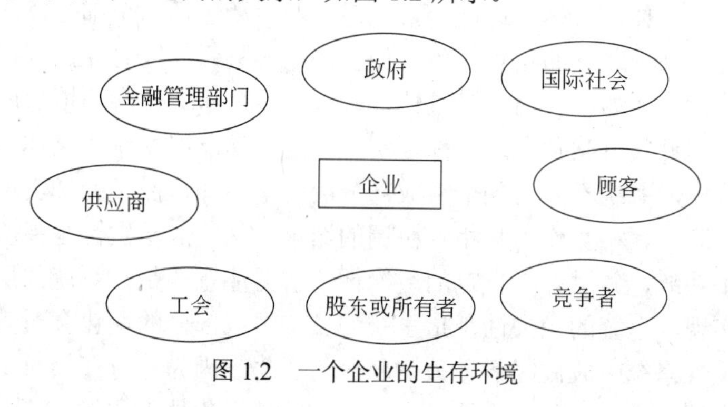


图 1.2　一个企业的生存环境

### 1.2.4　数据与信息的关系

通过前面的讨论，可以认为：数据（data）是表示发生于组织及其环境中事件的原始事实的符号串，而信息（information）则是指已转化为对人类有意义和有用的数据。例如，对于一家大型超市而言，每个星期甚至每天都有成千上万的各种各样的商品被出售，对于某一笔交易中某个商品而言，它的销售价格与销售数量只是数据而已。但是，如果把每天（或者每个星期）的该商品的销售数量进行汇总，就会得出某一天或者某一时期内哪些商品是畅销的，哪些商品卖的缓慢，哪些商品是滞销的，这样一来就可以安排供货商合理地根据销售情况供应商品，例如，及时补货或者暂停供货等。

值得指出，数据与信息之间的关系也是相对的。例如，对一方有用或者有意义的数据就是信息，但是，如果数据对其他方没有用或者没有意义，那么，对于其他方来说它仍然是数据。

## 1.3 信息系统

### 1.3.1 系统的定义

在现实世界中，由于人们的实践目的、思维方式、认知角度和学科专业的不同，对于系统的概念有着不同的理解，关于系统的定义也就多种多样。“系统”一词的外延包罗万象，如何科学地认识系统，准确地把握系统概念，给系统一个确定的、统一的界限和内涵，是广大学者讨论的话题。牛津大辞典中给出系统如下的解释：“系统是由互相连接或互相依存的事物按照一定的方式有秩序地组合而成的复杂统一体”。德国的《哲学和自然科学词典》中对“系统”一词的解释是：“按一定顺序排列的物质或精神的整体”。日本的工业标准（JIS）中，把系统定义为：“多数构成要素保持有机的秩序（有序化），向同一的目的行动者”。

系统论创始人贝塔朗菲认为系统是“相互作用着的诸元素的综合体”。我国著名的科学家钱学森对系统给出如下的描述性定义：“系统是由相互作用和相互依赖的若干组成部分结合成的、具有特定功能的有机整体，其又是更大系统的组成部分”。

可以认为：系统是由相互联系、相互作用的要素构成的一个整体，其中的各组成部分相互协作以实现整体的目标。这样一来，系统的内涵包括两个部分，即系统的各个组成部分以及各组成部分之间的相互作用、相互协作的关系。同时注意到，有关学者总结了系统的基本特性，例如，目的性、整体性、层次性、相关性和环境适应性。系统的目的性是指任何系统都具有某种目的，都要实现一定的功能；系统的整体性是指系统的发展体现了整体效应。系统不是其各个组成部分的简单相加，而是为了实现系统的目标，它们之间的相互联系、相互作用和相互协调的结果。系统的层次性是指所有系统都可以分解为一系列子系统，并且存在一定的层次性。值得注意的是，系统的层次性有助于系统功能的更好实现。系统的相关性是指系统的各个组成部分的变化会对其他部分产生影响，因此，要重视系统中关键因素、关键部分的变化，因为它可能会对全局产生决定性的影响。系统的环境适应性是指系统只有在一定的环境条件下才能保持或恢复其原有的特性，同时，系统要不断完善自己使其能够适应新的环境。

需要指出，按照系统和外界的关系分类，系统可以分为封闭系统（Closed System）和开放系统（Open System）。开放系统是系统理论研究的主要对象，广泛存在于现实世界中，例如，许多物理系统、化学系统、生命系统、地球以及社会、经济系统等。开放系统的具体含义是指与外界环境有物质、能量以及信息交换的系统，而这种交换可以导致系统的演化并形成种种有序的结构。封闭系统是与开放系统相对而言的，其含义是指与外界环境没有物质、能量或信息交换的系统。

另外，如果按照系统内部的结构分类，系统可以分为开环系统（Open-loop System）和闭环系统（Closed-loop System）。所谓开环系统是指系统的输入量对系统的输出量没有影响，或者对系统的控制作用没有影响的、没有反馈功能的系统。相反，那些具有输出量直接或间接地反馈到输入端、形成闭环参与控制的系统称为闭环系统，或者称为反馈控制系统。在闭环系统中，为了实现闭环控制，必须对输出量进行测量，并将测量的结果反馈到输入端，以便检查系统运行是否存在偏差，再由偏差产生直接的控制作用去消除偏差，从而整个系统形成一个闭环。

一个企业或组织可以看作一个系统，企业内部的各组成部分，例如，销售部门、生产部门等相互配合以有效地完成客户的订单。因此，一个健康发展的企业应该是开放的、闭环系统。本书研究的问题是如何有效地利用信息技术（Information Technology，IT）和信息系统（Information Systems，IS）实现企业内部各部门间的有机协作，实现信息利用的最优化，最终实现企业利润的最大化。

### 1.3.2 信息系统的定义

信息系统可以定义为相互联结的部件的集合，它可以进行信息的收集、处理、存储和分发，以支持一个企业或组织进行经营决策的制定和控制。信息系统能够帮助企业的管理人员发现问题、分析问题并看清复杂问题的实质，支持他们进行企业的经营决策，协调和控制企业的有效运作。

在一个信息系统中信息的产生需要三个基本的主要活动，即输入（input）、处理（processing）和输出（output）（见图 1.3）。输入是指在组织内部或其外部环境中捕捉到或收集的各种原始数据。处理是指把这些获得的数据转换为有意义的形式，即信息。输出是将处理后的信息转交给使用它的人或其他活动。同时，信息系统通常需要进行反馈活动（feedback），将输出的信息返送到组织中合适的成员（例如企业的管理人员），以便帮助他们评价组织或者企业的运行状态并校正输入以改变组织或者企业的运行态势，朝着健康、不断壮大的方向发展。

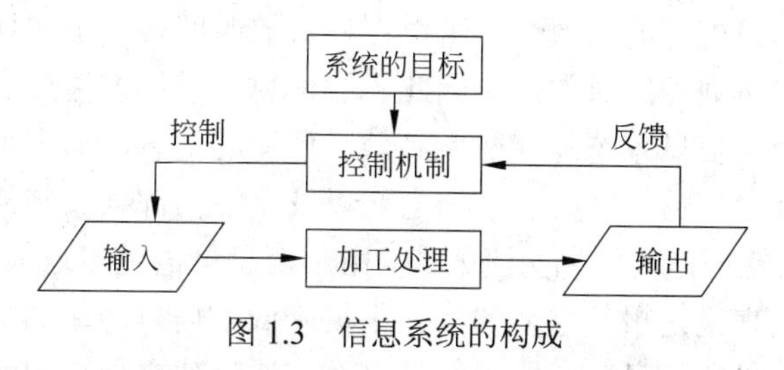


图 1.3　信息系统的构成

计算机信息系统是一个由计算机实体、信息和人三部分组成的人机系统。它与计算机相结合，使用计算机作为信息收集、处理的工具，使得企业的信息管理工作更加有效和实用，在企业的生产经营活动中，使用计算机有效地实现信息的组织、分析研究和传播，以帮助管理人员进行科学的经营决策。

### 1.3.3 企业信息系统

#### 1. 企业信息系统的概念

企业信息系统是包括整个企业生产经营和管理活动的一个复杂系统，是运用系统的理论和方法，以计算机和网络通信技术为信息处理手段和传输工具，为企业管理决策提供信息服务的人机系统。一般地，企业信息系统具有对企业信息进行数据处理的功能，同时，它还具有辅助管理人员进行计划、管理、控制、决策和预测的功能。具体地，该系统通常包括生产管理、财务会计、物资供应、销售管理、劳动工资和人事管理等子系统，它们分别具有管理生产、财务会计、物资供应、产品销售和工资人事等工作职能（吴齐林 2006；秦树文 2008）。

#### 2. 建立企业信息系统的意义

对于一个企业来说，如何在复杂多变的市场竞争环境中生存与发展，管理好企业内外的数据和信息是一个有效的经营手段，它能够保证企业在复杂的内外部环境中获得并保持业务的连续性，实现对业务需求的即时响应，灵活、高效、安全地响应动态多变的业务需求。而这一切需要企业建立有效的计算机信息系统。通过信息技术与业务的融合，建立以服务为核心的、将企业内部与外部的信息技术基础架构有机结合的系统平台，将设备资产、人员和流程完美地整合起来，帮助企业更加自如地应对复杂的业务状况，提升服务的可视化、可控化和自动化，并最终提高企业运营功效、降低成本、减少能耗、获得超额利润，在市场竞争中不断地发展壮大。

具体来说，信息系统拓展了企业信息搜集的渠道。通过应用信息技术信息系统帮助企业实现信息的自动采集和自动存储，并将搜集的渠道和方式固定下来。以往通过人工方式进行信息采集会受到人的工作时间、心情、处理能力等方面的限制，而采用信息技术与信息系统代替人工进行信息的采集，可以从时间和空间上拓展信息的来源和渠道，增强搜集能力，提高效率，扩大信息数量，降低成本；同时，信息技术与信息系统可以严格按照制定的规则和策略对数据进行分析和处理，并按照规定的处理逻辑产生规范化的输出结果。由于信息处理的高效性，可以在极短的时间要求下实现对大规模数据的分析和处理，提高了信息处理的时效性，因此，在信息处理环节通过提高时间能力，提高管理效率；进一步地，信息系统能够建立高效、便捷的信息沟通渠道。通过使用信息技术与信息系统，企业内部员工之间、部门之间以及企业内部人员与外部进行信息沟通都将获得成本更低、功能更强的信息交流方式。由于信息价值更多地依靠信息传递来实现，因此这种能力对企业来说是极其重要的，它不仅降低了信息沟通的成本，而且扩展了人员之间的信息沟通数量和信息获取能力。信息系统通过建立稳定的沟通渠道实现企业内外点对点之间的信息沟通和交流渠道；需要指出，信息系统的建设促进了企业管理组织结构的扁平化发展。依靠信息系统提供的能力，管理人员可以管理更多的下属以及更多的经营环节，这样就减少了管理人员的数量，从而减少了管理层次，使企业管理组织结构由金字塔式向扁平化方向发展，为企业战略的执行和完成创造良好的支撑环境和促进能力。

总而言之，企业信息系统在企业的经营管理过程中发挥辅助决策的作用，为企业的管理人员进行科学的决策提供更有效的信息服务，真正实现企业的规范化管理，增强企业抗风险能力。因此，从企业战略的层面思考信息系统，它将企业所拥有的信息资源与企业的经营战略和运营流程有机地整合，帮助企业创造性地运用信息技术支持企业的各项活动，提高企业的核心竞争能力（郑延　2008）。

企业间信息系统（Inter Organizational Information Systems）是一种由两个或两个以上的企业共享的新型信息系统。它是以信息和通信技术为基础，嵌入在两个或者两个以上企业之内，能够支持企业间关联、交易与合作的信息系统。这样的信息系统可以跨企业、跨地区甚至跨国界对企业提供信息技术支持，同时它又能利用其独特的功能创造新型的经营模式、新型的组织形式和新型的企业间合作、协调方式，甚至改变竞争规则。企业间信息系统已经成为企业间电子商务和电子化企业中最重要的要素，正快速成为企业竞争成功的基本资源。它可以用来支持价值链系统中企业之间垂直的买方－供应商合作关系，也可以支持共同价值活动的企业之间的水平连接关系，因此，企业间信息系统可以划分为垂直型和水平型的两种形式（钟铭　王延章 2004，熊婵　2008）。

## 1.3.4　企业信息系统的分类

### 1. 企业信息系统关于管理层次与功能的分类

企业信息系统的类型有多种，从不同的角度去划分，就会有不同的分类结果（杨文彩 2007）。如果从生产层次的角度划分，企业信息系统的类型有面向技术的信息系统、面向制造的信息系统、面向管理的信息系统和面向质量保证的信息系统；如果从企业管理层次的角度划分，企业信息系统的类型有战略（计划）管理层信息系统、管理控制层信息系统和作业管理层信息系统；如果从信息系统功能实现的角度划分，企业信息系统的类型有支撑系统和功能系统。

（1）考虑从企业管理层次的角度对企业信息系统的划分，不同管理层面上的企业信息系统有着不同的特点。作业管理层的信息系统具有业务处理的信息量大、结构化程度强、决策简单的特点，因而对系统的智能型的要求低。企业管理的层次越高，信息量的需求越广泛而集中，管理工作的非结构化程度越强。企业最高级的战略管理层的经营决策复杂，需要复杂的软件来支持管理者的决策。通常地，企业作业管理层的信息系统叫做事务（业务）处理系统（Transaction Process System，TPS），而管理控制层的信息系统包括管理信息系统（Management Information Systems，MIS）、决策支持系统（Decision Support Systems，DSS）。战略管理层的信息系统包括执行信息系统（Executive Information Systems，EIS）。同时，从企业信息系统的功能上来看，企业信息系统在各生产环节上有生产管理系统、销售管理系统、财务管理系统、投资管理系统和人力资源管理系统等。图 1.4 给出了企业的管理层次与企业信息系统的功能分类说明（Jr. & Schell　2001）。

需要指出，不同管理层次上信息系统的使用对象和需要解决的问题是不同的，其各自的特点也不尽相同（杨文彩　2007）。作业管理层信息系统的使用对象主要是基层管理人员，该层次的信息系统面向数据和基础业务流程，对企业业务过程中的具体数据进行

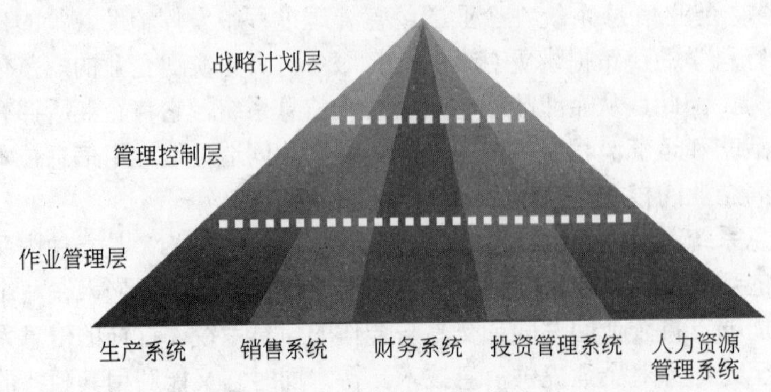


图 1.4　企业的管理层次与企业信息系统的功能分类

记录、计算、分类、汇总、存储及输出，它不仅能够提供大量的企业基本业务数据，支持管理层的分析与决策，而且还可以对大量重复的、结构性的问题做出程序化的决策，使企业按照常规有序地运作和发展。作业管理层的信息系统一般需要随着计算机性能的不断提高和互联网技术在企业中的应用而不断增强其自身的性能以适应形势的发展。相对而言，因为作业层不需要对复杂的非结构性问题进行决策，所以信息系统中使用的计算机软件的复杂程度较低，或者说作业管理层的信息系统的智能水平较低。但是，需要注意到，作业管理层的信息系统能够处理大量的基础数据，节省企业用于数据处理的大量人力资源，为企业提供了现代社会最重要的竞争优势，即时间优势，使企业能够加快对市场的反应速度。

管理控制层的信息系统用于支持中层管理人员对企业运转的监督、控制、决策等职能，主要解决半结构化问题。管理控制层的信息系统具有一定的信息处理功能，能够提供基础数据、对信息进行分析、求解，为管理人员的管理决策提供支持。因此，管理控制层的信息系统能够提高管理人员对业务过程的控制能力和他们的决策能力。与作业管理层的信息系统相比，管理控制层的信息系统智能水平更高，其数据库是面向信息的，而不是面向数据的。

战略管理层信息系统的使用对象主要是企业的高层管理人员，该层面的信息系统主要包括执行信息系统。与管理控制层的信息系统相比，战略管理层的信息系统面向的是知识，需要提取企业内更全面的数据信息和企业的运行性能信息以及企业外部环境中的各方面信息，以便帮助高层管理人员进行长期的计划和决策。战略管理层的信息系统主要处理非结构性的问题，因此需要有更高的智能水平，而且常常需要管理人员进行抽象思维和非程序化决策。

可以看出，作业管理层的信息系统和管理控制层的信息系统是战略管理层信息系统的基础；与作业管理层和管理控制层的信息系统相比，战略管理层的信息系统智能化水平更高，可以解决更加复杂的、非程序化的问题，也要求其使用者必须具备丰富的知识和经验。

（2）关于企业生产的信息系统能够根据客户订单的情况及时地将所需的人力、原材料与工作时间合理地调度，在保证产品质量的前提下提高企业的生产效率。通过降低产品的生产成本、提高产品的质量来提高企业的效益和提升产品的市场竞争力。企业的生产管理信息系统还能够合理地控制库存。通过对最优订货点的有效把握，合理安排原材料的供应，不但要满足生产的需求，而且要降低仓储和原材料采购的成本与资金的占用，最终实现降低成本的目的。例如，生产企业与原材料供应商之间的准时供货（Just In Time，JIT）系统能够保证原材料在需要的时候准时到达生产车间而不需占用库存。

（3）企业的销售管理信息系统负责进行产品的广告和推介以及完善售后服务等工作。它能够分析各产品在不同地区与消费人群的需求情况，准确地把正确的产品推介给需要它们的顾客。而且能够预测消费的发展趋势，及时反馈给企业的管理人员以合理地组织和安排生产，以及时抓住市场机遇，也可以避免生产浪费。同时，企业的销售管理信息系统能够进行灵敏度分析，准确把握广告活动与企业因此获得的赢利之间的对应关系，这样就可以保证科学合理地进行广告业务。由于互联网的兴起和广泛应用，众多的企业已经建立自己的网上销售管理平台，在进行产品的宣传和推介的同时，可以提供产品的售后服务。重要的是，它能够允许顾客在网上订购所需的产品，节省了购物时间，企业也会迅速将产品的订单信息传递给企业的生产部门安排生产，这样就节省了订单的执行时间，例如，DELL（戴尔）计算机公司的网上销售管理平台就可以实现顾客按特定的需求组装自己所需的计算机产品，计算机的配置随客户自己的要求而灵活完成，而且到货时间比其他计算机厂商要缩短一些。

企业的财务管理信息系统记录企业日常发生的每一笔业务的详细情况，例如，记录客户的订单信息、产品的销售数据、各种资金流的状况等，重要的是，它能够定期产生资产损益表等财务报表提交给上级管理部门。

企业的投资管理信息系统负责企业的资产计划和资本运作等职能。具体点说，它能够有效地管理企业的预算，管理企业的现金流，进行投资决策分析，管理好企业的资金以减少利息的支出并通过资本运作实现资本保值增值的目标。

企业的人力资源管理信息系统负责准确管理企业员工的个人数据资料，包括照片、性别、学历、工作经历、婚姻状况、工资等级、缴税、医疗及养老保险等数据资料。同时，人力资源管理信息系统还负责企业员工的考核评价与培训工作。该系统通过建立考核评价指标体系对企业员工进行全面的考核评价，找出员工技能的优势和劣势，为日后员工的职务晋降、收入奖惩或培训提供科学的依据。

### 2. 企业信息系统关于技术框架的分类

如果从技术框架的角度来划分企业信息系统的类型，尽管各类信息系统的功能独立或与其他系统紧密相关、功能上千差万别，但是，在系统类型上不外乎两类：一类是C/S结构，一类是B/S结构。C/S结构是客户端服务器模式，客户端通过网络连接到服务器来处理业务，这种类型具有分布广、速度快的特点，但是，维护成本高和软件投资大的缺点使这种系统结构渐渐被弃用；B/S结构是浏览器服务器模式，其中，客户端使用浏览器，比如IE（Internet Explorer）来连接服务器处理业务，而且客户端不需要附加安装额外的软件。当前各企业的员工办公用的计算机普遍采用微软公司的Windows操作系统，而且，重要的是，Windows系统捆绑了IE浏览器，这样就节省了大量的软件投资费用。

所有的应用系统都可以在门户平台上设立统一的入口，即提供信息系统的链接。企业的员工可以在门户平台上快速进入到各类信息系统中（陈志明等　2006）。

# 1.4　信息系统在各行业中的应用

## 1.4.1　信息系统在服务行业中的应用

对于服务行业的各企业来说，企业信息系统对其业务的实现起着至关重要的作用。例如，航空公司的订票系统，通过允许乘客提供出发地和目的地来显示所能乘坐的各个班次的飞机，并按票价的升序进行排列，在乘客选定某个航班的前提下，还允许乘客选择具体的座位，例如，靠近过道或窗户，来满足乘客的特殊需要，并可以提供旅馆、租车、景点等一系列服务。航空公司的航班调度也是通过信息系统自动完成的，无论在速度上还是在精度上都比人工调度优越得多。同样地，企业信息系统对于银行业的业务实现来说起着至关重要的作用。例如，日常储户的存取款业务需要电子化地记录发生额的数量大小、时间等数据，同时，系统还要定期地完成自动计算利息与资产负债等功能。如今，许多银行在提供 ATM（Automatic Teller machine）自动提款业务以满足储户现金需要的基础上，都提供了网上银行的业务，允许储户在网上实现各自的理财、转账、付款等业务。同时，各银行的借记卡、信用卡能够在联网的商店允许持卡人刷卡消费，非常便捷。

## 1.4.2　信息系统在零售业中的应用

企业信息系统能够支持大型连锁超市链像一个单独超市一样灵活地运作，并且能够享有规模经济带来的超额利润。企业各地点的超市通过信息系统连接起来，它们之间可以灵活地调剂货物，以避免某个店面缺货或者库存过多的现象发生。同时，为了降低成本，连锁超市链的信息系统与供货商的信息系统也进行了连接，这样一来，连锁超市链的信息系统通过即时的销售数据信息的分析，把商品的供货信息及时传递给供货商，不但降低了成本，还能够保证商品的及时供应。例如，世界上最大的零售商沃尔玛（Walmart）通过卫星建立了自己的通信网络，实现连锁超市链的有效运营。沃尔玛的信息系统每天都在计算分析哪些商品是畅销的，哪些商品是慢销的，哪些商品是滞销的，这些分析信息在各店面间是共享的，以便它们根据需要合理调剂商品并安排好库存，对畅销的商品能及时与供货商沟通补货，对慢销的和滞销的商品通知供货商暂停供货以减少库存并由此降低成本。虽然建设信息系统需要一定的投入，但是，相对于降低的成本和增加的利润来说，零售连锁超市链企业的净收益是不断增长的。

## 1.4.3　信息系统在新经济中的应用

信息系统对经济的影响不单单是对经营活动的自动化。基于新的信息技术，尤其是互联网，计算机信息系统支持并展示了新的经营模式、新的产品和新的服务。例如，FedEx 公司的在线邮件跟踪系统允许客户借助互联网来即时了解邮件的具体位置。戴尔计算机公司的网上购物平台允许顾客按照自身的需求来订制自己特定配置的计算机，在满足特定需求的同时还节省了顾客的选购时间。而借助于互联网和信息系统的新兴企业也不断涌现，例如，Amazon.com、eBay.com、Yahoo 等。毋庸置疑，对于新的经营模式，信息系统扮演着举足轻重的角色。

### 1.4.4　信息系统在政府部门中的应用

目前，我国的政府办公信息系统已经有了一定的发展，不但能够帮助政府单位改善纸张文件的使用、视频信息、语音信息、电子信息等办公信息的流转与管理，而且能够优化政府有关的办公流程，帮助实现成本节约、效率提升。我国政府行业电子政务建设的中长期战略定位是“统筹规划、资源共享，深化应用、务求实效，面向市场、立足创新，军民结合、安全可靠”的方针。随着我国政府信息化建设进入高速发展的阶段，各级政府信息化建设的步伐也明显加快，电子政务建设已从服务上网向内部系统建设转型，办公信息系统解决方案与服务的需求逐年加大，投入水平也将逐步提高，而办公信息系统自身的节约、高效更加有利于建设资源节约型社会和环境友好型社会，更加会推动政府办公信息系统解决方案与服务的建设力度。

美国的电子政务建设发展较早。政府办公的信息系统能够对办公流程实现自动化以减少或替代一定的人力因素，最终达到节约成本的目的。如今，政府对信息系统的依赖程度非常高，例如，缴税、分发社会保证金、购买办公用品等。缴税是一个每年都要进行得非常繁琐的工作，但是借助于成熟、高效的计算机信息系统，尤其是网上报税，大大减轻了政府与民众的负担。美国的国防部门同样依赖信息系统来进行采购和培训工作。移民局也采用信息系统来跟踪跨越边界的人。同样，美国的专利局也建立了相应的信息系统（包含一个大型的专利数据库）来允许民众进行专利的搜索以确定是否有相同或类似的发明存在，节省了民众大量的查询时间。

## 1.5　共享的信息资源

信息资源是指人类社会信息活动中积累起来的以信息为核心的各类信息活动要素（信息技术、设备、设施、信息生产者等）的集合。随着企业网络化、信息化建设步伐的不断加快，企业及其管理逐渐变得越来越扁平化，信息往往分布在不同的职能部门、不同管理层次的计算机上，于是，企业内部的信息资源变得越来越庞大，越来越分散。企业内部信息资源的这种分散性，使得信息资源的整合与合理的利用已经成为目前迫切需要解决的问题。

企业内部资源的协同工作与高效配置，可以实现各职能部门间以及各项目间的优势互补，可以使信息流畅、资源共享，有利于节约成本、提高效率、增强企业竞争力。然而，对于一个企业，尤其是大型的集团型企业而言，面对复杂的生产工艺、海量的信息和多变的内外部环境，如何去整合企业的内部资源，实现资源的共享，需要建设企业资源规划（Enterprise Resource Planning，ERP）系统，如图 1.5 所示。通过建设 ERP 系统，企业可以实现生产成本的信息化控制和管理，达到降低生产成本的直接效果；同时，也提高了整个企业内部各计算机管理系统和软件应用系统的集成度，彻底解决了长期存在的信息“孤岛”现象，使企业内外信息资源得到充分共享。例如，生产计划部门可以通过计划和调度跟踪，优化资源利用，有效控制库存、降低转运和存储成本，通过工艺管理和标准控制等功能的使用，将产品加工所需的产品数据、产品标准、工艺规程或相关信息连同作业指令一起送达相应的加工单元，并对活动的过程、结果和环境等进行符合规定要求的信息收集和记录。

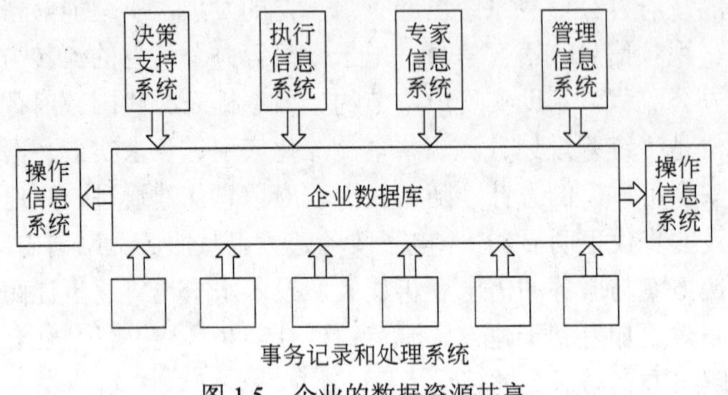


图 1.5　企业的数据资源共享

# 1.6　电子商务

## 1.6.1　电子商务的概念

电子商务（Electronic Commerce，EC 或 E-Commerce）是指基于计算机网络与通信技术通过简单、快捷、低成本的电子通信方式，使参与交易的买卖双方可以跨越时空的限制进行各种商务活动。20 世纪 90 年代以来，计算机网络技术飞速发展，互联网已普及到世界的每一个角落，电子商务已经变成一场商业革命，它正改变着人们千百年来形成的商务活动的传统观念和运作方式。基于互联网这个重要的商务平台，电子商务打破了时空的局限，改变了贸易的形态，缩小了生产、流通、分配、消费之间的距离，提高了商流、物流、资金流、信息流的有效传输和处理，在拓展商务空间、降低成本、提高效率、增强企业核心竞争力等方面发挥着越来越重要的作用。电子商务直接作用于商务活动，间接作用于经济社会的方方面面，它是知识经济的必然产物，也是数字经济的必由之路，并且正在逐渐成为新经济时代企业的主体形式。

## 1.6.2　电子商务基本模式的分类

对于社会经济活动的主体政府、企业和消费者而言，电子商务正以全新的模式改变着它们的行为方式。电子商务的基本模式是指电子商务的基础技术在不同商务领域中的应用层面，按照参与交易主体的不同对电子商务活动进行分类的一种方式。参与电子商务活动的主体目前主要包括政府、企业和消费者三方。按照交易的参与主体分类，电子商务可以分成四种主要的基本模式：企业与企业（Business to Business，B2B）、企业与消费者（Business to Customer，B2C）、企业与政府（Business to Government，B2G）和消费者与消费者（Customer to Customer，C2C）（杨小劲等　2008）。

### 1. B2B

作为企业与企业间的电子商务，B2B 是指企业（或公司、商业机构）使用国际互联网或各种商务网络与供应商、客户（公司或企业）之间进行交易和合作等的商务活动。B2B 电子商务具有如下的特点：

（1）交易金额大，交易次数少。参与 B2B 的企业与其供应商、客户（公司或企业）之间通常进行大宗货物的交易与买卖活动，其规模比 B2C 要大得多，两者相差不止一个数量级，但是，其交易次数相对比较少。

（2）支付方式比较单一。B2B 的支付方式比较单一，主要通过商业银行进行结算，而 B2C 可以在网上交互地交换信息，企业可以快速地响应市场变化，满足消费者个性化的需求。

（3）交易对象广泛。B2B 电子商务活动的交易对象是有法人地位的主体，而且参与交易的产品既可以是中间产品，也可以是最终产品，涉及水电、石化、航空、国防、建筑、运输和仓储等各种领域。

（4）交易手续规范。B2B 电子商务活动的交易过程对合同及各种单证的格式要求比较严格，比较注重法律的有效性，手续比较规范。

B2B 电子商务具有如下作用：

（1）B2B 电子商务活动的在线交易效率高、方便、快捷；

（2）B2B 电子商务活动可以降低企业的成本；

（3）B2B 电子商务活动可以拓展企业市场份额，增加市场机会。

同时，注意到常见的 B2B 类型有综合平行的 B2B 和行业垂直的 B2B 等。综合平行 B2B 网站是指以提供供求信息为主的网站，是商业信息的集散地和批发商。而行业垂直 B2B 则面向特定的行业，如化工、医药、服装等行业，依托传统产业中的交易平台，通过该平台可实现“鼠标+实体”等方式的电子商务交易。具体细分的 B2B 创新商业模式将在第 6 章讨论。

### 2. B2C

B2C 电子商务是指企业与消费者之间借助互联网所开展的在线商业活动。与 B2B 相比，B2C 电子商务具有如下的几个特点：

（1）交易金额小，交易次数多。

（2）支付方式多种多样。

（3）交易对象为个人。

（4）交易手续简单。

经过这些年来的实际应用，人们已经意识到 B2C 具有如下的几个作用：

（1）产品内容十分丰富，方便消费者选择。由于网上商店无须占用实际门面，也不用展示产品实物，只需要采用一个产品数据库来存储商品信息，因此企业可以同时在网上展示、销售成千上万的产品。

（2）为消费者提供方便、快捷的个性化服务。企业和消费者可以在网上互动，交互地交换信息，企业可以快速地响应市场变化，满足消费者个性化的需求。

（3）交易可以不受时空的限制。

（4）可以降低成本和商品价格，使交易效率得到提高。

同时，应该指出，常见 B2C 具有多种类型，例如，生产企业的网上直销、流通性企业的网上零售和中介性企业的网上中介等。详细的讨论将在第 6 章给出。

3. B2G

B2G 是指企业与政府机构之间进行的电子商务活动。这种电子商务活动覆盖了企业与政府机构间的许多事物，包括行政管理、商检、税收、法律条例的颁布，以及政府的网上采购活动等，具体内容包括电子采购与招标、电子税务、电子证照管理、信息咨询服务、中小企业电子服务等形式。具体的讨论将在第 6 章给出。

4. C2C

C2C 是指消费者与消费者之间的电子商务活动，是消费者之间在网上彼此进行的小额交易活动，为消费者在网上提供了一个“个人对个人”的交易平台，提供一个交易的场所给交易双方，使每个人都有机会参与电子商务活动。网上拍卖就是 C2C 的一种主要类型。有关讨论将在第 6 章给出。

### 1.6.3 电子商务的实施步骤

电子商务的实施需要进行如下几个步骤：

（1）传统的生产经营企业要向电子商务化转型，首先要构建电子商务平台，即需要建立自己的网站，以此来发布和介绍自己的产品和服务，扩大企业及产品的知名度。

（2）通过网站与消费者形成互动，通过公告牌或聊天室等方式及时了解消费者对本企业产品的意见和建议，同时，也培养了客户的忠诚度。

（3）在网上设计企业的产品目录及相应的信息，并允许网上即时定货和支付。

（4）要加强企业资源规划系统与电子商务的连接，及时了解和掌握产品的销售情况（王友 2008）。

电子商务作为一个新兴产业，必须有专家来分析指导，确保其顺利完成，更需要专业人才；同时，要有适合开展电子商务所需要的软硬件设施环境等网络系统；最后要有企业的供应链和销售渠道等各个外部环节的相互配合，才能使其有序且顺利地进行。

2007 年 6 月，国家发展和改革委员会、国务院信息化工作办公室联合发布了我国首部《电子商务发展“十一五”规划》。该规划提出，电子商务是网络化的新型经济活动，正以前所未有的速度迅猛发展。“十一五”是我国发展电子商务的战略机遇期。抓住机遇，加快发展电子商务，是贯彻落实科学发展观，以信息化带动工业化，以工业化促进信息化，走新型工业化道路的客观要求和必然选择。

## 1.7 小结

本章首先讨论了数据和信息的定义以及它们之间的关系，明确了信息是数据加工后得到的，是有一定意义的。数据处理是企业经常进行的数据收集、加工、存储、传播以及共享的一系列过程，它可以挖掘出有意义的、能够给管理人员提供决策帮助的、有价值的信息，而这些过程需要企业内部的信息系统来实现。在不同的管理层面上有着不同的企业信息系统，例如，事务（业务）处理系统、管理信息系统、决策支持系统和执行信息系统等，而且它们具有不同的特点。同时，在各生产环节上有着不同职能的企业信息系统，例如，生产管理系统、销售管理系统、财务管理系统、投资管理系统等。注意到，企业内部资源的共享可以使各部门间与各生产环节间协同工作、优势互补，可以使信息在企业内流畅，达到节约成本、提高效率、增强企业竞争力的目的。

基于互联网这个重要的商务平台，电子商务帮助企业打破时空的局限，拓展商务空间、降低成本、提高效率、增强企业核心竞争力。它改变了贸易的形态，缩小了生产、流通、分配、消费之间的距离，提高了商流、物流、资金流、信息流的有效传输和处理，正在逐渐成为新经济时代企业的主体形式。

## 案例 1.1 企业信息系统的资源整合及其应用

（高艾兰 2007）

### 1. 背景简介

陕西秦岭秦华发电有限责任公司（以下简称秦电公司）是我国自行设计、安装、完善的超高压中间再热凝汽式发电厂，总装机容量 105 万 KW，年发电能力 65 亿 KWh，属国有大型企业，是陕西省大型火力发电厂之一。秦电公司的信息化建设代表着 20 世纪 90 年代初同行业信息化建设的先进水平，在电厂机组的安全经济可靠运行及各职能部门的信息管理中发挥了重要的作用。目前，秦电公司正在使用的应用软件有财务系统、工资系统、物资系统、报表系统、电量巡测系统、燃料管理系统、职工食堂售饭系统等。各系统因开发时期不同，没有建立在一个统一的平台上，实际上属于信息孤岛，没有真正实现资源共享。为了满足秦电公司在电力系统中实行竞价上网的信息需求，为秦电公司可持续发展创造条件，秦电公司信息化建设实施资源整合势在必行。

### 2. 管理信息系统整合的必要性和可行性

1）必要性

（1）电力市场发展需要企业建立完善的管理信息系统（MIS）。企业信息化是企业提高竞争力和发展水平的重要手段。时值电力体制改革，竞价上网的竞争机制要求建立一个反应快捷的 MIS 系统，实现全方位的信息管理，发挥 MIS 系统在企业管理中的辅助决策作用，为领导决策提供更有效的信息服务，真正实现企业的规范化管理，增强企业抗风险能力，实现办公自动化，提高企业现代化管理水平。

（2）软件应用存在问题较多，建立统一的信息平台势在必行。秦电公司目前运行的物资系统、财务系统、工资系统及报表系统，是构建在不同平台上的独立应用软件，各部门之间的数据缺乏良好的共享；生产设备管理、工程合同管理、档案管理、材料管理等公司日常生产经营工作，尚需手工完成，工作效率较低，且造成财力、物力和人力的资源浪费；各个系统同一对象的数据，由于来自不同渠道，经常产生不一致，导致数据可信度降低；信息存储手段落后，重要数据的保存存在安全隐患。信息（数据）主要采用报表、软盘或单机硬盘进行存储，重复劳动量大，而且容易出错，甚至造成数据丢失的严重后果；数据分析准确性较低，容易导致决策偏差。由于数据加工手段落后，缺乏有效分析，预见性差，难以做出最佳决策。

（3）MIS 系统的应用是现代企业办公自动化的基本要求。MIS 是由人和计算机设备或其他信息处理手段组成并用于管理信息的系统，它基于先进的电子邮件和工作流技术，综合大量用户的需求，利用用户现有的网络通信基础及先进的网络应用平台，以电子处理的方式协调组织各个部门、机构和员工之间的日常业务工作，为公司各级人员提供现代化的日常办公条件及丰富的综合信息服务。电力企业的经营管理以电力生产为基础，经营管理与生产业务紧密相连，需要与生产管理共享大量的数据信息。过去的信息化建设普遍从部门、单项业务的需求出发，构建一系列的系统和数据库。而现在需要在统一的信息平台上对数据信息进行集成，这也是企业办公自动化的基本要求。

（4）MIS 系统建设的目标是提高企业效益。MIS 系统的作用在于通过辅助分析、规范化管理等，实现资源共享，节省人力，提高企业办事效率及企业对市场的响应速度，从而使企业合理利用资源、节约资源、降低成本、提高效益。以办公自动化（OA）系统为例，公司日常办公可全部在网上进行，不仅节省了大量的人力及处理事务的时间，而且办公用品的消耗如纸张、移动存储设备、打印机、复印机等一些日常固定的消耗也大大减少，从根本上提高了办公效率，降低了办公成本。企业生存的目标是“使企业的拥有者财富最大化”，效率、效益是衡量企业价值的关键尺度，而建立完善的 MIS 系统将会大幅提升企业自身价值，使企业的工作效率与经济效益实现双赢。

2）可行性

（1）硬件配置基本到位。主服务器（双 CPU、双电源、双硬盘同步备份）已正常运行，秦电公司各管理科室中的主要办公室都配有计算机，各生产单位的计算机也已配置到分场专工一级，已能满足 MIS 系统的基本需求。

（2）MIS 系统平台软件选用合理。选用安全、可靠、实用的数据库管理软件（SQL2000 网络版），从数据处理、保存、备份等方面提供技术上与安全上的支持，可操作性强，为 MIS 系统的安全、可靠运行及后续升级打下了良好的基础。

（3）合理的设计，彻底解决了系统遗留问题。合理设计计算机网络结构及通信协议，确保网络资源共享和实现管理信息网与电网实时运动系统的信息交换。依据关系模式的规范化理论，构造适合的关系模式，避免数据冗余、更新异常等问题。合理安排计算机和通信网络设施，在可用性前提下，简化信息传输通道，规范设计网络集成方案，提高信息处理的规范性、准确性及时效性。建立良好的人机界面，有效地使用各种数据信息，对企业生产经营活动进行控制、核算、分析，为各级管理人员提供及时的综合信息和辅助决策信息。系统采用集中数据库和分布数据库管理相结合的方式，将共享程度高的数据送入集中数据库，实行集中管理。而将独享数据分别存入各子系统的专业数据库，由各子系统负责管理。

（4）MIS 系统可实现的功能。按照“统一领导、统一规划、系统设计、分步实施”

的原则来实施秦电公司MIS系统改造工程，网络终端延伸到生产分场专工一级办公场所（以后根据需要可延伸到基层班组）和管理科室中的主要办公室；实现设备管理、电量巡测、综合查询、经营分析决策、物资管理、财务管理、人力资源管理、统计管理、档案管理、燃料管理、局部监控、办公自动化管理及工程合同管理等功能。

### 3. 管理信息系统整合思路及技术要求

随着信息化时代的到来，每天都涌现出大量新的信息，借助互联网这个大平台，只要在互联网与秦电公司的局域网之间架设一个信息平台，就可以在全球的各个角落获知最新的秦电公司信息。MIS系统工程的实施是企业信息化建设的重要组成部分。通过对秦电公司现有财务管理系统、物资管理系统、工资管理系统、生产报表系统、燃料管理系统等各系统的构成、资源利用情况及网络规约进行全面梳理，构建一套可以覆盖全公司范围的网络管理系统，即MIS系统工程，以提升企业的整体管理水平，真正实现管理手段的现代化。

1）整合思路

将分散于各处室、生产管理部门及分场的独立的管理系统通过现有网络与公司主服务器连成一体，边远分场如灰水回收站、在建的生活污水、工业污水处理中心乃至职工家用终端则可通过光缆直接与服务器连接或通过电信信道与服务器实现联网。生产（包括生产调度、巡测、缺陷统计、设备状态分析、决策等专家系统）、经营、物资、燃料、财务等管理系统均向主服务器上传信息，对各部门及职工规定相应的查询权限，实现有限查询功能，满足各方对公司生产经营、职工生活等的不同信息需求。

在整合现有系统的基础上，开发秦电公司办公自动化系统，满足秦电公司各单位日常办公、远程办公的需要。为广泛宣传秦电公司企业文化，促进信息交流，实现了简易的企业远程办公，使更多的人通过互联网了解关注秦电公司，从而促进企业的可持续发展，推动企业文化建设的进程，适时创建秦电公司的互联网络门户。在服务器具备网络安全防护的条件下，搭建起秦电公司局域网与外部互联网互相访问、互不干扰、物理隔离、逻辑相连的信息平台。

2）技术要求

为了保证后续资源整合在同一平台上，秦电公司近期所开发使用的信息系统应用软件都严格按照统一的技术要求进行研发。要求新开发软件必须满足以下环境。

（1）操作系统：服务器端操作系统为Windows NT 2000，客户端操作系统为Windows 98以上。

（2）数据库：数据库为MS SQL Server 2000。

（3）系统结构：原则上按多层结构设计。

多层结构一般采用最多为三层的结构，其基本思想是把用户界面与企业逻辑分离。其整体结构如图1.6所示。

客户端应用程序提供用户接口，输入数据，输出结果，并不具有企业逻辑，或只拥有部分不涉及企业核心的、机密的应用逻辑，即“瘦”客户，以适应公司不同档次的客户端计算机使用软件的需要。

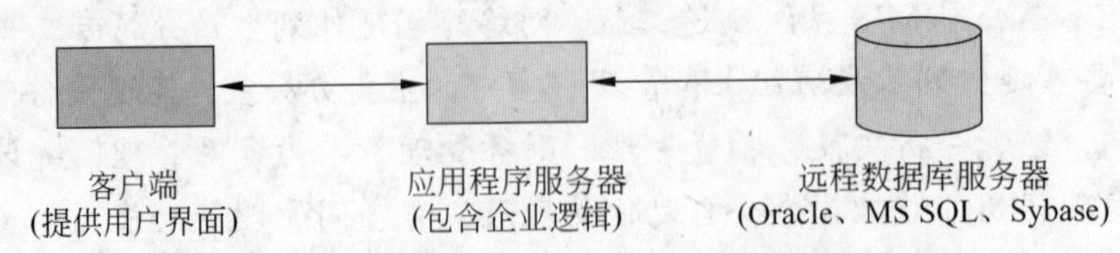


图 1.6 秦电公司信息系统的三层结构模型

应用程序服务器是应用的主体，包含了企业中核心的及易变的企业逻辑（规划、运作方法、管理模型等），其功能是接收输入，处理后返回结果。在数据交换量较大的应用程序中，设置应用程序服务器，以满足数据处理的要求。

远程数据库服务器即数据库管理系统，负责对数据的读写和维护管理，远程数据库服务器设置在信息机房，设计有专门的供电电源系统，保证整个信息系统的数据安全，定期自动备份数据。

（4）系统模式采用的是 C/S 和 B/S 的混合模式。利用 C/S 模式的高可靠性来构架企业应用（包括输入、计算和输出），利用 B/S 模式的广泛性来构架服务或延伸企业应用（主要是查询和数据交换）。C/S、B/S 混合模式应用系统网络结构如图 1.7 所示。

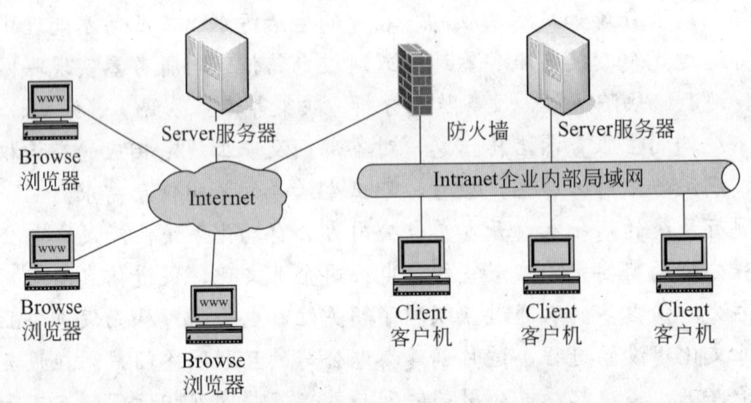


图 1.7 秦电公司信息系统的 C/S 和 B/S 混合模式应用系统网络结构图

（5）开发软件。在满足上述要求的条件下，要求采用基于 Web 技术的开发工具，同时保证预留 MIS 系统统一平台的数据接口。

### 4. 秦电公司 MIS 系统整合应用实例

秦电公司信息管理系统经过近两年的开发、整合，已粗具规模，具体见图 1.8。

1）生产报表系统运行环境

操作系统：服务器端操作系统为 Windows NT 2000，客户端操作系统为 Windows 98 以上。

软件开发数据库：MS SQL Server 2000。

系统模式：B/S 模式。

开发软件：Borland C++ Builder、VC++、InstallShieldX。

网络环境：TCP/IP 局域网络。

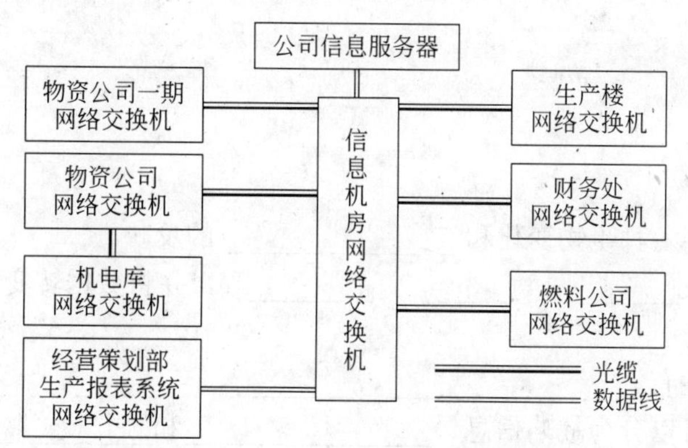

图 1.8 秦电公司的信息网络交换系统

预留系统数据接口。

该系统设计完成于 2006 年 7 月，用于秦电公司经营策划部报表统计。系统采用二层结构客户端-数据库服务器，客户端设置在经营策划部报表统计办公室，数据库服务器在公司信息机房的主服务器上，客户端通过一根五类双绞线与主服务器相连。主要完成生产数据日报、月报、数据查询等功能，为公司领导及相关单位提供所需的各类生产数据，在没有生产数据实时采集系统的条件下，尽可能提供最新的生产日报数据。目前生产报表系统运行正常。

2）燃料管理系统运行环境

操作系统：服务器端操作系统为 Windows NT 2000。

数据库：MS SQL Server 2000。

系统模式：B/S 模式。

开发软件工具：Power Builder 9.0、Visual Basic Script。

网络环境：TCP/IP 局域网络。

预留 MIS 系统数据接口。

该系统设计完成于 2007 年 5 月，用于对燃料从进厂到入炉的全过程（包括采样、化验等）实行统一、规范及科学的管理。采用三层结构模式，应用层服务器设置在燃料主管处，通过一条 4 芯光缆与公司信息机房主服务器相连，由主服务器定期对燃料数据进行备份。主要完成的功能有统计管理、煤质管理、核算管理、各类报表及相应数据查询。目前该系统已通过验收，正式运行。

### 5. 结语

许多信息化建设起步较早的企业单位，在实际应用中存在着与秦电公司同样的问题，老版本需要升级或更新，新软件开发又受到企业现状的制约和影响。因此，合理规划、系统设计、选择合适的软件平台和技术构架，进行信息资源整合，构建企业统一的信息平台，才能使企业管理信息系统现有资源得到充分利用，不断提升企业信息系统管理水平，真正实现企业管理的规范化、科学化、合理化。

## 复习题

### 一、填空题

1. 信息是客观世界各种事物变化和________的反映。
2. 信息处理器完成________、________、________等，并将数据转变为信息提供给信息用户。
3. 信息的基本特性有________、________、________、________、________。
4. 信息按重要性可以分为战略信息、________和________。
5. 系统具有如下特征，即________、________、________、________、________。
6. 按系统和外界的关系分类，系统可以分为________和________。
7. 按系统内部结构分类，系统可以分为________和________。
8. 从信息系统的结构来看，信息系统有五个基本要素，即输入、________、输出、________和________。
9. 信息系统通常需要进行________，将输出的信息返送到组织中合适的成员（例如企业的管理人员），以便帮助他们评价企业的运行状态并校正输入以改变企业的运行态势，朝着健康、不断壮大的方向发展。
10. ________是一种由两个或两个以上的企业共享的新型信息系统。它是以信息和通信技术为基础，能够支持它们间交易和合作的信息系统。
11. 如果从企业管理层次的角度划分，企业信息系统的类型有________、________和________。
12. ________的信息系统具有业务处理的信息量大、结构化程度强、决策简单的特点。
13. ________的信息系统用于支持中层管理人员对企业运转的监督、控制、决策等职能，主要解决半结构化问题。
14. ________的信息系统主要处理非结构性的问题，因此需要有更高的智能水平，而且常常需要管理人员的抽象思维和非程序化决策。
15. 尽管各类信息系统的功能独立或与其他系统紧密相关、功能上千差万别，但是，在系统类型上不外乎两类：一类是________；一类是 B/S 结构。
16. ________是浏览器服务器模式，其中，客户端使用浏览器，比如 IE（Internet Explorer）来连接服务器处理业务，而且客户端不需要附加安装额外的软件。
17. ________是指人类社会信息活动中积累起来的以信息为核心的各类信息活动要素（信息技术、设备、设施、信息生产者等）的集合。
18. 按照交易的参与主体分类，常见的电子商务有以下四种主要的类型，即________、________、________和________。

## 二、单项选择题

1. 数据（　　）。

A. 就是信息　　B. 经过解释成为信息
C. 必须经过加工才成为信息　　D. 不经过加工也可以称作信息

2. 信息（　　）。

A. 不是商品　　B. 就是数据
C. 是一种资源　　D. 是消息

3. 信息（　　）。

A. 是形成知识的基础　　B. 是数据的基础
C. 是经过加工后的数据　　D. 具有完全性

4. 计算机输入的是（　　）。

A. 数据，输出的还是数据　　B. 信息，输出的还是信息
C. 数据，输出的是信息　　D. 信息，输出的是数据

5. 信息来自数据，数据是信息的（　　），而信息是数据的（　　）。

A. 来源，结果　　B. 载体，含义
C. 含义，载体　　D. 结果，来源

6. 下面对信息属性的描述中，哪一个是最正确的？（　　）

A. 时效性、相关性、准确性　　B. 准确性、传输性、不完备性
C. 层次性、可压缩性、非经济性　　D. 转换性、滞后性、非零和性

7. 信息流是物质流的（　　）。

A. 定义　　B. 运动结果　　C. 表现和描述　　D. 假设

8. 以下不属于系统的特性的是（　　）。

A. 抽象性　　B. 目的性　　C. 相关性　　D. 整体性

9. 信息系统是一个广泛的概念，它一般是指收集、存储、整理和传播各种类型信息的（　　）的集合体。

A. 独立　　B. 决策性质　　C. 有完整功能　　D. 自动化

10. 从信息系统的作用观点来看，（　　）不是信息系统的主要部件。

A. 信息源　　B. 系统分析员
C. 信息用户　　D. 信息管理者

11. 信息系统成熟的标志是（　　）。

A. 计算机系统普遍应用
B. 广泛采用数据库技术
C. 可以满足企业各个管理层次的要求
D. 普遍采用联机响应方式装备和设计应用系统

12. （　　）不属于企业的管理层次。

A. 战略计划层　　B. 管理控制层
C. 部门管理层　　D. 操作控制层

13. 管理活动可区分为三个层次：战略计划、管理控制和操作控制。信息需求随管理层次不同而变化，下列哪项最恰当地表述了战略计划的信息需求？（ ）
    A. 经常使用的、外部的、汇总的信息
    B. 面向未来的、过去的、详细的信息
    C. 现实的、准确的、大量的内部信息
    D. 大范围的、汇总的、面向未来的信息

## 三、多项选择题

1. 企业信息系统在企业的经营管理过程中（ ）。
   A. 发挥辅助决策的作用
   B. 为企业的管理人员进行科学的决策提供更有效的信息服务
   C. 真正实现企业的规范化管理
   D. 增强企业抗风险能力
2. 管理控制层的信息系统（ ）。
   A. 具有一定的信息处理功能
   B. 能够提供的基础数据、信息进行分析、求解
   C. 为他们的管理决策提供支持
   D. 能够提高管理人员对业务过程的控制能力和他们的决策能力
3. 战略管理层的信息系统（ ）。
   A. 主要处理非结构性的问题
   B. 需要有更高的智能水平
   C. 常常需要管理人员的抽象思维
   D. 需要非程序化决策

## 四、简答题

1. 何谓数据？何谓信息？它们之间的关系如何？
2. 何谓数据处理？数据处理是企业必须进行的一项工作吗？
3. 如何理解企业信息化建设？
4. 何谓信息系统？
5. 企业内部有哪些常见的信息系统？它们的作用如何？
6. 如何理解企业内部信息资源的共享？
7. 何谓电子商务？电子商务有哪些特点？
8. 电子商务有哪些基本类型？它们各自的特点和作用如何？

第 2 章

# 企业的价值链分析与 IT 支持

## 2.1 企业与环境的互动关系分析

一个企业是一开放式的闭环系统。企业内部的各组成部分按照指定的目标通过管理和控制机制而有机地协作，不断地发展壮大。同时，一个企业也是一个开放式的系统，如图 1.2 所示，一个企业的生存与发展离不开周围环境的约束与支持，离不开与周围环境中的各要素之间的物质与信息交流。企业从供应商那里获得原材料，按照顾客的需求完成生产加工的任务，最终以商品的形式返回到环境中去。企业与环境的互动过程中存在两种形式的资源流，物质流与信息流，而它们都要返回到环境中去，从而实现有机循环。

顾客即为一个企业的产品或服务的购买者或消费者。顾客可以是企业，也可以是个人。顾客的需求与偏好是企业生存与发展的原动力。企业的营销部门通过市场研究的手段，例如，问卷调查、访问、观察和实验，来感知和发现顾客的消费需求。而顾客的反馈也同样是企业需要获得的信息资源。企业通常提供售后服务设施、帮助应答或 24/7 的电子邮件系统，以解决对售出产品的安装帮助、使用指导、修理或退还问题。基于互联网，目前这些服务内容能够实现国际化已经变得很常见了。重要的是，顾客的消费需求与反馈能够促进企业不断地改进产品的质量、设计和功能，或者推出新的产品和服务。根据美国哈佛大学著名学者迈克尔·波特在其名著《竞争战略》中提出了著名的竞争力模型，顾客常常具有讨价还价的威胁（Porter　1985）。

供货商为企业提供原材料、机器设备、服务以及信息等生产所需的资源。而企业要做的事情是库存管理工作，即控制好库存以降低生产成本，同时又要保证不影响企业的正常生产。找到最好的供货商并与之合作是一项重要的任务。同样，根据波特的竞争力模型，供货商也常常具有讨价还价的威胁。

一个企业的竞争者是那些提供相同的或者类似的产品或者服务的组织。由于互联网的普及与电子商务的应用，一个企业的竞争者可以遍布于本地区、本国家，甚至世界范围内。一个企业在受到现有竞争者的威胁同时，也会受到替代品或服务的威胁以及新加入者的威胁。而企业要想在竞争中获得优势，必须依靠 IT 来实现“总成本领先战略”、“差异化战略”和“专一化战略”等目标。

劳动者协会或工会同样对企业的正常生产经营起着一定的影响。尤其是西方发达国家的工会组织是不可忽视的团体，它们组织的工人罢工有时甚至会影响到国家的正常运转。

对于股份制企业来说，企业的大股东或者所有者代表着企业最高级的管理层，他们掌控着企业的发展方向，企业也会定期地给他们派发股息和红利。广大的中小股东也非常关心企业的经营状况，因为企业也要定期地给他们派发股息和红利。

各级的政府也是企业生存环境中的一个重要组成部分。企业要遵守国家的有关法律等政策，同时，企业也要定期地向政府有关部门递交财务及税收方面的报表。政府有时会对企业提供帮助。银行等金融机构在给企业发放贷款的同时也需要关注企业的经营状况以及资金的偿还能力。

## 2.2 价值链的定义与主要价值活动

### 2.2.1 价值链的定义

价值链（Value Chain）是企业创造利润和获得核心竞争力的各项活动的集合。价值链的概念是美国哈佛大学商学院教授迈克尔·波特于 1985 年在其所著的《竞争优势》中首次提出的。迈克尔·波特的价值链理论是基于制造业而提出的。迈克尔·波特倡导运用价值链进行战略规划和管理，以帮助企业获取和维持竞争优势。价值链遍及经济活动的每一个环节，企业的各项业务单元之间存在着企业内部的价值链，企业与上下游关联企业之间、企业与顾客之间则存在着外部价值链。价值链上的每一项价值活动都会对企业最终能否实现价值最大化产生影响（Porter 1985）。

### 2.2.2 企业的主要价值活动

迈克尔·波特的价值链理论是分析为顾客创造更多价值、企业获得竞争优势的有效工具。他将企业的价值活动分为基本活动与辅助支持活动两类，前者主要是涉及产品的物质生产和销售以及转移给买方和售后服务的各项活动，后者主要指辅助基本活动并通过提高外购投入、技术、人力资源以及各种企业范围的职能以相互支持。如图 2.1 所示，迈克尔·波特的价值链模型表明，企业要比竞争对手更具竞争优势，就必须以更低的成本执行这些活动，或以不同的方式导致产品的差异化。同时，他注意到企业的价值链应该包含在由该企业的供应商价值链、销售商价值链和客户价值链所组成的价值系统中，从而把价值链方法应用到产业层次上进行分析。

#### 1. 企业价值活动的特征

企业的价值活动，即企业为创造价值而进行的各种活动，包括企业的物资采购、产品生产、市场营销、产品研究发展、人力资源管理等各种活动。企业的价值活动形式多种多样，但它们都具有如下特征（王明虎 2005）。

（1）活动的价值创造性。这是价值活动的本质特征。任何价值活动都为企业创造价值，只不过在形式上有所区别。有的直接创造价值，如生产活动，有的间接创造价值，如企业的人员培训活动。

（2）价值活动的职能属性。这里所说的职能属性是指每一项价值活动都属于企业的某一种职能活动，都可以根据其具体目的和性质将其归属到企业价值链的某个职能环节

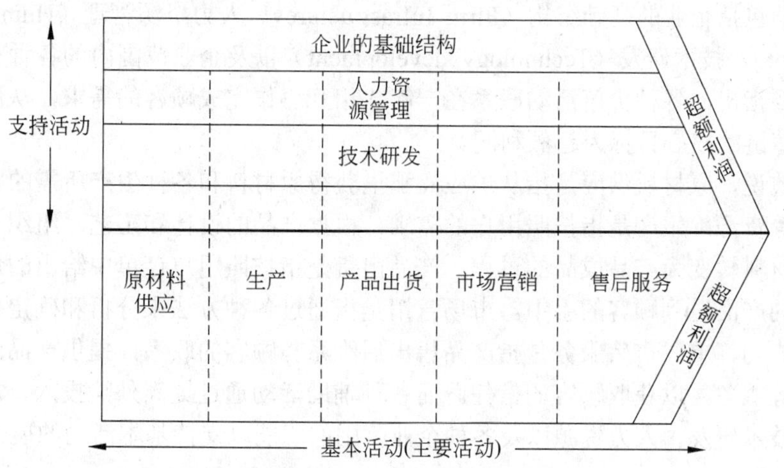

图 2.1　迈克尔・波特的价值链活动示意图

中去。例如，企业的科研人员进行产品试验可归入企业价值链中的研究发展环节，而产品质检部门进行的产品质量检验可归入企业价值链中的生产环节。但是，价值活动的职能属性并不表示任何一个价值活动都是完全由一个职能部门独立完成的。事实上，企业的许多价值活动需要各个职能部门的人员协作完成，例如，新产品的设计，需要营销部门描述客户的需求、生产部门提供生产技术和设备信息以及科研部门人员的开发设计。如果没有多个部门协作配合，许多价值活动无法实现预先的质量要求。

（3）与其他价值活动的联系性。企业的每一项价值活动都不是孤立存在的，而是与其他价值活动存在联系。这种联系表现在两个方面：一个是质的方面，一个是量的方面。从质的方面联系看，一种价值活动可能是另一项价值活动的成因，也可能影响另一项价值活动的效果。比如，企业进行科研活动研制出新产品，并将其投入生产，这时，科研活动的成功直接促进了产品的生产，同时，科研活动的水平也影响着新产品的功能与质量。从量的方面来看，某一价值活动和与其有联系的价值活动可能存在一定的数量关系，例如，企业的物资采购、产品生产和营销活动之间存在着一定的数量关系。

（4）价值活动的资源消耗性。价值活动的资源消耗性是指每一种价值活动都要消耗一定量的资源。这种资源消耗表现在三个方面：材料消耗、设备占用和人力消耗。从这一点来看，每一种价值活动都应负担一定量的成本。

（5）价值活动的可控性。价值活动的可控性是指任何价值活动的发生对企业来说都是可控的。例如，设备的购置对生产部门来说虽然不可控，但是对企业最高管理当局来说是可控的；又如，产品的质量检验对营销部门来说是不可控的，但是对生产部门来说却是可控的。

### 2. 企业价值活动的分类

如图 2.1 所示，迈克尔・波特将企业的价值活动分为基本活动（或主要活动）与辅助支持活动两类。基本活动包括原材料供应（Inbound logistics）、生产（Operations）、产品出货（Outbound logistics）、市场营销（Marketing & sales）和售后服务（Services）；辅助支持活动包括企业的基础结构（Firm Infrastructure）、人力资源管理（Human resource management）、技术研发（Technology development）以及企业范围内的各种相互支持职能等。需要指出，各种价值活动联系在一起，相互协作完成顾客的需求，从而构成价值链，而价值链的核心目标为超额利润。

具体地说，原材料供应是指从供应商那里获得原材料和各种生产所需的零部件以及技术信息等资源；生产是指按照用户的需求，根据产品的设计和工艺，组织人力、机器设备把原材料转变为产品成品的过程；产品出货是指按照用户订单中给出的地址信息把生产完成的产品送到顾客的手中。市场营销是指通过各种方法来分析和确定顾客的需求并获得客户的订单；售后服务是指产品售出后维系与顾客的联系，提供产品的安装、维护、升级等服务，以获取顾客的信任。而各种辅助活动通过提高外购投入、加强基础设施建设、技术研发、人力资源以及各种企业范围的职能以支持基本活动的展开。

## 2.3 基于 IT 的企业价值链活动的竞争力分析

迈克尔·波特的价值链理论表明，企业要想在市场竞争中获得优势以取得超额利润，就必须降低自己的成本，或者以一定的方式提供给顾客产品的差异化服务，而这一切需要 IT 的支持。

### 2.3.1 基于 IT 的客户服务与产品销售

企业提供在线的 24/7 服务（每周 7 天、每天 24 小时的实时服务）能够基于互联网平台提供全天候的、不间断的、即时服务，以满足顾客任何时间、任何地点的消费需求。这样的服务能够帮助企业跨越时间和地理空间的限制，给客户一对一亲切感受。尤其是 24/7 的售后服务提供顾客关于产品的安装、使用信息与指导，帮助顾客解决遇到的疑惑或常见的问题（Frequently Asked Questions，FAQ）。同时，企业通过在线市场研究来收集客户的基本数据、消费习惯、消费倾向以及需求等方面的信息，并以此来确定其发展战略，合理安排生产计划与调度以及原材料的供应和人员的配备等事项。

伴随着市场竞争的日趋激烈，消费者的消费观和价值观越来越呈现出多样化、个性化的特点，市场需求的不确定性越来越明显。当前，许多企业提供了基于互联网平台的直销和产品定制（Build to Order）服务。将客户关系管理（Customer Relation Management，CRM）、企业资源规划（ERP）和供应链管理（Supply Chain Management，SCM）进行有效的集成。用户的需求资料数据、产品设计数据、产品工艺数据、零部件供应数据、产品生产数据等各个阶段的信息在企业内部的生产管理平台内无障碍地流通与交流。不但满足了顾客的个性化的特殊需求，而且缩短了生产时间，提高了生产效率，赢得了顾客的口碑和信任，增强了市场占有率，提升了市场竞争力。

创立于 1984 年的 DELL（戴尔）计算机公司是全球 IT 界发展最快的公司之一。1996 年戴尔公司开始通过其网站 www.dell.com 直接销售其计算机产品，2004 年 5 月，戴尔公司在全球计算机市场占有率排名第一，成为世界领先的计算机系统厂商。戴尔公司的迅速成长表面上是依赖于它的直销模式，而实际上是得益于其采用的大规模定制的生产方式以及高效先进的供应链管理。客户通过戴尔的电子商务平台向其提出计算机的各项配置定制的订单要求，戴尔公司通过对客户的订单需求进行信息采集和整理，然后据此进行采购、生产、配送等的快速反应环节。戴尔公司通过其电子商务平台始终与客户保持着信息的畅通和互动，了解每一个顾客的个性化需求，为顾客提供多样化的产品和服务。戴尔公司的直线定购式的销售模式依赖其高效的供应链管理对市场快速做出反应，使分销商、零售商的作用不断减弱甚至消失，导致供应链的结构逐渐转变为由原材料供应商、制造商、主体企业和客户组成的开放式的网络结构。详细讨论参见案例 2.1。

目前，各类细分市场的产品定制软件已经较为常见。例如，一个基于 Web 的鞋产品个性化定制软件系统（http://www.elecfans.com/soft/68/guide/2009/2009081040475.html）能够通过 Web 的形式获取客户对产品的形状要求，然后基于产品样式库，实现了鞋楦的参数化建模与精细调整，即根据客户输入的脚部参数构建满足这些参数要求的鞋楦模型。该软件系统根据鞋楦模型生成其加工代码，完成鞋楦及鞋产品的生产，最后通过物流完成产品的配送。需要指出，许多产品已经实现了在线定制的服务功能，例如服装、汽车等。

企业还可以通过其电子商务平台进行产品的广告和推介宣传，这样可以让更多的消费者了解其产品和服务，而且还拓展了市场范围，尤其是拓展了国际市场。企业的电子商务平台不但是高效的销售渠道，而且还能够及时得到消费者的反馈信息，对提高企业的产品及其服务质量起到不断推动的作用。

### 2.3.2 基于 IT 的原材料供应管理

供应链是指产品生产和流通过程中所涉及的原材料供应商、生产商、分销商、零售商以及最终消费者等成员，通过与上游、下游成员的连接而组成的网络结构。企业的整个生产流程包括以下几个方面的内容：客户的订单需求、原材料的供应、产品生产、产品分销及到达用户的流程。整个生产流程包括信息流、物流与资金流的交融。原材料的供应直接影响到采购成本、库存成本、生产成本、响应时间、服务水平与顾客的满意度。而基于 IT 的原材料供应是企业不可回避的管理难题。基于 IT，企业可以实现供求信息的共享、物流和资金流的协调，降低企业的成本，提升市场竞争力。

JIT 生产方式，其实质是保持物质流和信息流在生产中的同步，实现以恰当数量的物料，在恰当的时候进入恰当的地方，生产出恰当质量的产品。这种方法可以减少库存，缩短工时，降低成本，提高生产效率。JIT 的思想最初由日本的丰田公司于 20 世纪 70 年代提出并应用于原材料的供应与成本的控制，通过降低由采购、库存、运输等方面所产生的费用来提高产品的利润，增强公司的竞争力。

20 世纪 80 年代以来，西方经济发达国家十分重视对 JIT 的研究和应用，并将它用于物流管理、生产管理等方面。有关资料显示，1987 年已有 25 个美国企业应用 JIT 技术，到现在，绝大多数美国企业仍在应用 JIT。JIT 已从最初的一种减少库存水平的方法，发展成为一种内涵丰富，包括特定知识、原则、技术和方法的管理哲学。基于互联网平台与日趋完善的 IT 技术，JIT 的基本原理能够更有效地实现其预期的目标，即以需定供，供方根据需方的要求（或称看板），按照需方需求的品种、规格、质量、数量、时间、地点等要求，将物品配送到指定的地点，不多送，也不少送，不早送，也不晚送，所送品种要个个保证质量，不能有任何废品。

### 2.3.3 基于 IT 的生产控制

CAD（Computer-Aided Design）的中文含义是计算机辅助设计。1972 年 10 月，国际信息处理联合会（IFIP）在荷兰召开的“关于 CAD 原理的工作会议”上给出如下定义：CAD 是一种技术，其中人与计算机结合为一个问题求解组，紧密配合，发挥各自所长，从而使其工作优于每一方，并为应用多学科方法的综合性协作提供了可能。CAD 是工程技术人员以计算机为工具，对产品和工程进行设计、绘图、造型、分析和编写技术文档等设计活动的总称。CAD 系统广泛应用于机械、电子、汽车、航空航天、模具、仪表、轻工等制造行业。CAD 系统实现了产品设计自动化、提高了产品和工程设计的技术水平、缩短了科研和新产品开发以至工程建设周期，降低了企业的成本，大幅度提高劳动生产率。

三维 CAD 系统在产品的零件造型、装配造型和焊接设计、模具设计、电极设计、钣金设计等方面提供了强大的功能，真实感显示、曲面造型的功能也很强大。设计活动不仅具备创造性和智能性，而且具备群体性和协作性。随着计算机网络与通信技术工具（例如 Microsoft 的 NetMeeting）的不断发展，CAD 不仅能够支持单个设计者实现独立设计计算、图形处理和智能推理工具，而且又是一个支持群体间通信和协作的“人人交互”工具。

计算机辅助制造（Computer-Aided Manufacturing，CAM）是将计算机应用于制造生产过程的系统，其核心是计算机数值控制。到目前为止，计算机辅助制造有狭义和广义的两个概念。CAM 的狭义概念指的是从产品设计到加工制造之间的一切生产准备活动，它包括 CAPP（Computer Aided Process Planning）、NC 编程、工时定额的计算、生产计划的制订、资源需求计划的制订等。目前，CAM 的狭义概念甚至更进一步缩小为 NC 编程的同义词，CAPP 已被作为一个专门的子系统，而工时定额的计算、生产计划的制订、资源需求计划的制订则划分给制造资源计划（Manufacturing Resource Planning，MRP）与企业资源规划（Enterprise Resource Planning，ERP）系统来完成。CAM 的广义概念包括的内容则多得多，除了上述 CAM 狭义定义所包含的所有内容外，它还包括制造活动中与物流有关的所有过程（例如，加工、装配、检验、存储、输送）的监视、控制和管理。

计算机辅助制造系统由硬件和软件两方面组成。其硬件方面包括数控机床、加工中心、输送装置、装卸装置、存储装置、检测装置、计算机等，而软件方面有数据库、计算机辅助工艺过程设计、计算机辅助数控程序编制、计算机辅助工装设计、计算机辅助作业计划编制与调度、计算机辅助质量控制等。计算机辅助制造系统一般具有数据转换和过程自动化两方面的功能。数控机床加工是一个工序自动化的加工过程，加工中心是实现零件部分或全部机械加工过程自动化，而计算机直接控制和柔性制造系统是完成一族零件或不同族零件的自动化加工过程。计算机辅助制造是计算机进入制造过程这样一个总的概念，它是通过计算机分级结构控制和管理制造过程的多方面工作，它的目标是开发一个集成的信息网络来监测一个广阔的相互关联的制造作业范围，并根据一个总体的管理策略控制每项作业。

一个大规模的计算机辅助制造系统是一个计算机分级结构的网络，它由两级或三级计算机组成，中央计算机控制全局，提供经过处理的信息，主机管理某一方面的工作，并对下属的计算机工作站或微型计算机发布指令和进行监控，计算机工作站或微型计算机承担单一的工艺控制过程或管理工作。计算机网络技术和信息技术的飞速发展不断给企业带来了新的变革。基于网络的 CAM 作为一门新兴的技术应运而生，充分利用网络技术特别是 Internet 和 Intranet 技术，将信息集成技术、计算机通信技术和 DNC（直接数控）技术结合起来构成集成的网络 CAD/CAM 系统，实现制造资源的共享、支持跨地区跨平台的全球制造，是今后制造业的重要发展方向之一。

MRP（Material Requirement Planning），即原材料需求计划，是 ERP 系统的核心部分，主要用来控制企业的库存。它于 20 世纪 60 年代在美国兴起，并逐步取代订货点法成为库存管理控制的主流。其基本原理是根据物料清单把产品生产计划分解成原材料需求计划（包括半成品、外协等），在这个运算过程中，需要综合考虑生产能力、库存、采购周期、生产周期、最小批量等各种要素。

MRP II 是对制造业企业的生产资源进行有效计划的一整套生产经营管理计划体系，是一种计划主导型的管理模式。MRP II 是闭环 MRP 的直接延伸和扩充，是在全面继承 MRP 和闭环 MRP 基础上，把企业宏观决策的经营规划、销售与分销、采购、制造、财务、成本、模拟功能和适应国际化业务需要的多语言、多币制、多税务以及计算机辅助设计技术接口等功能纳入，形成的一个全面生产管理集成化系统。MRP II 的基本思想就是把企业作为一个有机整体，从整体最优的角度出发，通过运用科学方法对企业各种制造资源和产、供、销、财各个环节进行有效地计划、组织和控制，使它们得以协调发展，并充分地发挥作用。MRP II 是由相互集成的许多功能组成，包括经营计划、销售和生产计划、主生产计划、原材料需求计划、能力需求计划及有关能力和物料的执行支持系统，由这些系统的输出和财务报告集成在一起，形成如经营计划、采购申请报告、发货预算、库存计划等用金额表示的报表。

互联网和电子商务技术的发展和广泛应用，对企业管理软件（例如 MRP II、ERP 等）提出了更新的要求，使 MRP II、ERP 传统的功能与互联网技术更紧密地结合起来。

### 2.3.4 基于 IT 的产品配送

企业为了满足客户的需求、节省成本和缩短产品的上市时间，应当加强在产品生命周期中和客户联系最紧密的产品设计和产品配送两个过程的管理，其中，根据客户的需求和自身的配货能力，协同安排高效、节省的物流配送是企业取得市场竞争优势的一个重要手段。如何与物流企业合作，以降低配送成本和时间是企业不可回避的管理问题。HP（惠普）计算机公司与 FedEx （联邦快递）公司的合作是一个值得称赞的双赢模式。联邦快递为遍及全球的顾客和企业提供涵盖运输、电子商务和商业运作等一系列的全面服务，其中包括为全球超过 220 个国家及地区提供快捷、可靠的快递服务。联邦快递设有环球航空及陆运网络，通常只需一至两个工作日，就能迅速运送时限紧迫的货件，而且确保准时送达。而 HP 计算机公司将产品的仓库就设在联邦快递那里，HP 的配货信息直接传递给联邦快递，并借助联邦快递的专业服务将产品送到顾客手里。重要的是，联邦快递提供了网上订单实时查询和跟踪服务，允许顾客即时了解托运物品的动态。

目前有些基于互联网的物流配送软件系统提供从销售服务、采购供应、配送和仓储到财务的接口，给出基于安全网络架构之上的全面集成物流管理、供应链管理的解决方案。其系统功能包括了订单实时查询和跟踪、实时准确的库存信息、多个仓库中央调控、配送计划和路径选择、自动财务流程处理、具有惯性预测功能、支持 JIT 准时配送、支持复杂组织结构、工作流程灵活变更、多种数据交换方式、与电子商务的集成、与 ERP 系统的集成、与财务系统的集成、支持多种语言、支持多种货币结算。

## 2.3.5 基于 IT 的人力资源管理

企业的人力资源是左右企业生存发展的重要因素，加强人力资源的有效管理和运作已成为企业提高竞争力的重要手段。21 世纪互联网的迅速成长，给企业的人力资源管理带来了更多挑战，人力资源部门的管理模式也正在衍变。人力资源管理的信息化，或基于互联网的人力资源管理，应当具有短期内快速解决问题的能力和长期人力资源管理策略的建立、完善的特性。

国内外的有关学者已经开始研究基于 Web 技术的人力资源管理系统的开发，提出了基于 Web 的实用的人力资源管理系统结构以及绩效考核算法，并与企业的 MRPⅡ/ERP 等系统有效衔接。常见的基于 Web 的人力资源管理系统包括以下几个功能模块：人事信息管理、考勤管理、培训管理、休假管理、绩效考核管理、薪资福利管理、招聘管理、系统维护和报表服务。而且系统可以是针对跨地区集团公司/企业的特点而设计的，并采用 B/S 结构，并保留了少量的 C/S 结构的应用程序，以处理报表打印等的工作。

基于 Web 技术的人力资源管理可以削减企业的成本、提高效率和改进员工的服务模式。从员工沟通到招聘，从绩效管理到职业规划，基于 Web 技术的人力资源管理提供实时的、交互的数据访问与交流。根据有关的调查研究，“超过 94%的大学毕业生在参加一个公司的面试前会访问该公司的主页”，这样的应聘者，或无数其他应聘者会期待找到的这个公司的主页不仅仅是一个复杂的网站，他们更需要的是 24/7、实时的、交互的 Web 访问。企业的员工可以方便地修改个人地址，比较各种医疗福利计划，核对他们的休假时间，了解企业内部的工作机会，寻找学习和培训的机会。基于 IT 或 Web 平台，企业的员工可以弹性地参加学习和业务培训，例如，在午休时间，或下班后在家的时候。另外，对危险行业或危险工作的计算机模拟是员工培训的一个有效的手段，使员工在正式上岗工作之前能够熟练掌握以前依据实际操作才能掌握的工作经验和技能，避免了危险，提高了工作效率，并且节约了成本。

## 2.3.6 企业的 IT 基础设施建设

企业的 IT 基础设施建设是企业 MRPⅡ与 ERP 等系统的技术基础，MRPⅡ与 ERP 系统同其他信息化系统一样需要软件、存储、服务等共同构成的稳定高效的电子商务基础设施。因此企业必须充分考虑软件、硬件、服务、整合、系统支持、资源配置等一系列问题。例如，一个企业建设自己的 ERP、CRM、OA（Office Automation）等系统，通过建立一套完整的网络系统，为满足办公和生产、总部和机构、员工相互之间协同工作等要求提供 IT 基础支撑。建立的网络基础设施要求满足安全、稳定、数据传输量大的特点，提供网络电话（Voice Over Internet Protocol，VOIP）功能，提供数据存储备份功能，提供主办公区和主生产区的无线访问要求，满足生产、库房等区域监控和查询的要求。具体地说，每台计算机都能接入企业内部网络，办公区的计算机以及分支机构的计算机能接入互联网，库房及生产车间的计算机接入企业的局域网，要求与广域网隔离；企业的内部员工之间沟通频繁，很多工作需要同事之间紧密合作完成，国内外分支机构与总部之间需要经常开会讨论，经常会传输大量的数据与文件，要求用IT设施来提高效率并节省成本，要求IT设施能够最大限度地提高企业与各分支机构之间的数据传输速度，同时保证数据传输的安全性；企业的网络安全性、稳定性要求比较高，同时有对企业内部文件的安全保密的需求。企业在国内外分支机构之间不愿意支付大量的话费，要求IT基础设施能提供VOIP功能；企业希望能够有效控制员工的上网行为，比如，董事长可以不受任何限制，其他按照不同的岗位来区分是否能够浏览所有网站、是否可以QQ，是否可以BT，上下班时间有不同的上网权限等；企业的每个员工根据职位的不同，对内部局域网资源的访问权限不同；企业的无线局域网覆盖整个办公区域（不包括各个分支机构）。企业的部分领导、销售部员工经常出差，有远程接入企业网络、移动办公的需求，等等。上述常见的功能需求需要一个足够好的IT基础设施建设。

值得指出，Internet的主要资源是Web。Web是以http或ftp协议为基础形成的信息网络。从硬件的角度而言，一个Web系统的组成包括Web服务器、计算机网络和多个Web客户机；从软件的角度看，Web的组成包括Web服务器软件、TCP/IP协议和Web浏览软件。Web系统的基础模式是三层体系结构的B/S。第一层是用浏览器完成用户的接口功能；第二层由各种服务器完成用户所需的服务功能；第三层有由数据服务器完成数据存储和管理功能。基于Web访问数据库的应用通常包含4部分的内容：Web服务器、Web浏览器、数据库服务器和中间件（如路由器，集线器等）。

同时注意到，在企业的IT基础设施的建设过程中，软件工程是值得企业的领导层关注的话题。软件工程主要是对MRPⅡ/ERP等系统的开发（特别是二次开发）、维护、运行、软件修复等做出标准化流程和权限细分，保证MRPⅡ/ERP等系统的正常运行和减少管理中的个人因素。软件工程是一套系统的软件、工作、标准化管理工程方法，虽然许多企业导入MRPⅡ/ERP的前中期阶段主要是由顾问公司完成，但是，从企业的长远发展而言，建立企业自身的软件工程管理团队是一项高瞻远瞩的工作。软件工程是保证MRPⅡ/ERP等系统正常运行和保证其网络安全性能的重要工作，是企业信息化的保护伞。

## 2.4 企业的信息资源管理

### 2.4.1 什么是信息资源管理

随着互联网等信息技术的迅猛发展，企业的生产经营方式发生了深刻的变化。企业不再受地域、时间的限制，从而导致企业的管理模式发生了根本性的转变，引发了全新的企业经营革命，使企业由过去的“资本+劳动技能”的经营方式转变为“知识信息+创造性”的管理模式。企业在市场上的竞争实质演变为信息的竞争，谁掌握、利用了大量有价值的信息，谁就掌握了市场的主动权，谁就能在竞争中取得胜利。因此，企业实现科学的信息资源管理已成为企业生存与发展的决定性因素，成为企业经营战略的重要内容。随着我国正式加入 WTO 以及全球经济一体化进程的加快，企业如何面对国际市场，加强信息资源管理，提高自身竞争力已成为当务之急。

企业的信息资源是企业在信息活动中积累起来的以信息为核心的各类信息活动要素（信息技术、设备、信息生产者等）的集合。一个企业的信息资源通常包括数据库等信息内容以及与信息内容相关的诸如机器设备、设施、技术、投资、软件、企业的计算机系统、信息人员等资源。

信息资源管理（Information Resource Management）是 20 世纪 70 年代末 80 年代初在美国首先发展起来，然后逐渐在全球传播开来的一种应用理论，是现代信息技术特别是以计算机和现代通信技术为核心的信息技术的应用所催生的一种新型信息管理理论。信息资源管理有狭义和广义之分。狭义的信息资源管理是指对信息本身即信息内容实施管理的过程。广义的信息资源管理是指对信息内容及与信息内容相关的资源，诸如设备、设施、技术、投资、软件、企业的计算机系统、信息人员等进行管理的过程。

企业信息资源管理属于微观层次的信息资源管理的范畴，是指企业为了达到预定的目标运用现代的管理方法和手段对与企业相关的信息资源和信息活动进行组织、规划、协调和控制，以实现对企业信息资源的合理开发和有效利用。企业信息资源管理的任务是有效地搜集、获取和处理企业内外信息，最大限度地提高企业信息资源的质量、可用性和价值，并使企业各部分能够共享这些信息资源。由于企业是以利润最大化为目标的经济组织，其信息资源管理的主要目的在于发挥信息的社会效益和潜在的增值功能，完成企业的生产、经营、销售工作，提高企业的经济效益，同时也要提高社会效益。一般而言，企业信息资源管理工作的内容主要包括对信息资源的管理、对人的管理和对相关信息工作的管理三个方面。

### 2.4.2 信息资源管理的方法

注意到，企业的信息资源是企业发展的战略资源，是为实现企业的整体目标服务的，是企业各项经营活动的支柱，维系着企业的生存和发展。企业信息资源管理是企业管理中一种新的管理思想和管理模式，通过对信息资源的科学整合与综合管理，可以实现社会生产力跨越式发展的战略目标。企业信息资源的高效管理越来越成为企业持续、稳定发展以及融入国际市场经济的有力保障。

#### 1. 加强企业信息资源管理的基础工作

首先，企业应该采用先进的管理理论和方法加强企业生产经营管理，规范管理手段和方法，建立完善的规章制度，构建高效的业务流程和信息流程。其次，要建立一套标准、规范的企业信息资源库，使企业信息资源的获取、传递、处理、存储、控制建立在全面、系统、科学的基础之上，保证信息的完整、准确和及时。

#### 2. 改革企业现有管理体制，建立健全企业信息资源管理机构

为了加强对企业信息资源的管理，必须调整旧的不适应信息资源管理的体制和组织

机构。首先，企业应按照信息化和现代化企业管理要求设置信息管理机构，建立信息中心，确定首席信息执行官（Chief Information Officer，CIO），统一管理和协调企业信息资源的开发、收集和使用。信息中心是企业的独立机构，直接由最高层领导并为企业最高管理者提供服务。其主要职能是处理信息，确定信息处理的方向，用先进的信息技术提高业务管理水平，建立业务部门期望的信息系统和网络并预测未来的信息系统和网络，培养信息资源的管理人员等。

其次，加快推行CIO体制。由于信息资源是企业生存和发展的战略资源，信息资源管理必然贯彻“要一把手”原则。为此，我国政府应在体制和激励机制上，企业应在管理制度上，个人应在能力和素质养成上下工夫。

#### 3. 实行企业信息资源的集成管理

集成管理是一种全新的管理理念和方法。集成管理作为高科技时代的管理创新，正在逐渐渗透和应用到社会经济的各个领域。集成管理是企业信息资源管理的主要内容之一。实行企业信息资源集成的前提是对企业历史上形成的企业信息功能的集成，其核心是对企业内外信息流的集成，其实施的基础是各种信息手段的集成。通过集成管理实现企业信息系统各要素的优化组合，使信息系统各要素之间形成强大的协同作用，从而最大限度地放大企业信息的功能，实现企业可持续发展的目的。

#### 4. 提高企业各级管理人员对信息资源的认识

企业经营的基础在管理，重心在经营，经营的核心在决策，决策的正确与否是关系到企业生存和发展的大事，而决策的正确性是建立在准确预测的基础之上的，准确的预测又是建立在及时把握信息的基础之上。所以说“控制信息就是控制企业的命运，失去信息就失去一切”。我国企业各级人员，特别是管理人员要充分认识到信息资源在企业发展中的重要地位和作用，高层领导要从战略高度来重视信息资源的开发与运用，加大对信息资源管理的力度，提高企业的竞争力。

如今，越来越多的企业认识到开发信息管理战略可能是取得高绩效的关键步骤。因为高绩效企业不仅要及时获取和控制数据，还需要一套更为全面的商务智能解决方案，为各级职能部门制定战略、管理和运营决策提供及时、可靠的相关信息，从而创造价值。企业决策者必须以“让信息为提高绩效、取得经营优势提供支持”为着眼点，把信息管理过程中涉及的技术问题、企业挑战、安全问题等作为一个整体来考虑、处理。

#### 5. 提高企业信息资源管理人员的素质

管理水平的高低取决于管理人员的能力和素质。企业要加强对信息资源管理的力度，首先要注重信息资源管理人才的培养、引进和任用。培养、任用具有经营头脑、良好信息素养、有较强专业技术能力、创新能力、市场运作及应变能力的复合型高级管理人才。

### 2.4.3 CIO 的职能

首席信息执行官不仅要具备丰富的信息技能，保证企业的信息结构与企业的战略相协调，而且还要具备规划、协调、集成政策与战略的能力，善于处理人际关系，敢于承担风险，对环境具有敏感性素质。只有这样才能提高企业的信息竞争力。CIO 的职能是：

（1）全面负责企业信息资源的统一管理、开发与利用，建立完整的情报资料体系，最大限度地实现各个业务部门的信息资源共享。

（2）负责开发信息技术、管理信息资源。

（3）负责本企业最高决策者和信息技术管理层之间的沟通和联系。

（4）参与企业长期规划和总目标的决策。

## 2.5 小结

本章首先分析了企业与环境中的各要素之间的互动关系。通过分析，明确了价值链的概念和企业的主要价值活动，即迈克尔·波特提出的基本活动与辅助支持活动两类主要的价值活动。具体地，基本活动包括原材料供应（Inbound logistics）、生产（Operations）产品出货（Outbound logistics）、市场营销（Marketing & sales）和售后服务（Services），而辅助活动包括企业的基础结构（Firm Infrastructure）、人力资源管理（Human resource management）、技术研发（Technology development）以及企业范围内的各种相互支持职能等。同时，分析了这些价值活动的特点。重要的是，讨论了企业如何基于 IT 提升其价值链活动的竞争力，即基于 IT 的客户服务与产品销售，基于 IT 的原材料供应管理、基于 IT 的生产控制、基于 IT 的产品配送、基于 IT 的人力资源管理和企业的 IT 基础设施建设。

企业信息资源管理是对企业生产及管理过程中所涉及的一切文件、资料、图表和数据等信息进行管理的总称。在网络技术和通信高度发达的当今社会，企业信息资源管理有了新的含义，如何利用计算机和网络等先进的信息技术来研究信息资源在企业生产经营活动中被开发利用的规律，并依据这些规律来科学地对信息资源进行组织和协调活动是值得探讨的课题。本章提出了信息资源管理的几种方法，强调了企业信息资源管理的基础工作，例如，规范管理手段和方法，建立完善的规章制度、构建高效的业务流程和信息流程与健全企业信息资源管理机构的重要性。同时注意到，CIO 在企业信息资源管理中的作用和 CIO 应具有的职能。

## 案例 2.1 面向大规模定制的供应链管理：基于“戴尔”的案例分析

（http://www.cma-china.org/CMABase/SCM/SCM/SCM006.htm）

### 1. 引言

20 世纪在全球制造业和服务业领域占据统治地位的大规模生产模式，曾极大地促进了全球经济的飞速发展，使整个社会进入到一个全新阶段。但是，随着世界经济的日益发展，市场竞争的日趋激烈，消费者的消费观和价值观越来越呈现出多样化、个性化的特点，市场需求的不确定性越来越明显，大规模生产方式已无法适应这种日益动荡的市场环境。在这种情况下，如何对市场环境的急速变化和顾客需求的瞬息万变做出快速敏捷的反应已经成为企业制胜的关键，大规模定制模式正是在这样的背景下产生并成为21世纪企业竞争的利器。国外越来越多的企业开始采用各种措施实施大规模定制，以提高国际竞争力，而为了适应大规模定制的需要，就需要改善现有的供应链管理模式或者选择一种更为合适的供应链管理模式从而能够有效地进行协同产品设计，进行标准化零部件的生产，在供应链的合适位置采用延迟策略，快速地将定制的产品送达顾客的手中。正是基于这种思想，面向大规模定制的供应链管理模式就成为一个研究热点。戴尔公司的成功就得益于这一模式，笔者拟在对相关理论进行阐释的基础上，结合对戴尔案例的分析，探究大规模定制下供应链管理的成功之道。

## 2. 大规模定制下供应链管理的理论阐释

1）大规模定制的理念与分类

大规模定制的基本思想在于通过产品结构和制造流程的重构，运用现代化的信息技术、新材料技术、柔性制造技术等一系列高新技术，把产品的定制生产问题全部或者部分转化为批量生产，以大规模生产的成本和速度，为单个客户或小批量多品种市场定制任意数量的产品。客户订单分离点（Customer Order De-coupling Point，CODP）的概念是指企业在生产活动中由基于预测的库存生产转向响应客户需求的定制生产的转换点，按照客户需求对企业生产活动影响程度的不同，即CODP在生产过程中的位置不同，把大规模定制分为按订单销售（Sale-To-Order）、按订单装配（Assemble-to-Order）、按订单制造（Make-to-Order）和按订单设计（Engineer-to-Order）四种类型（见图2.2），这种分类方法已经被学术界和企业界普遍接受采用。按订单销售又可称为按库存生产（Make-to-Stock），这是一种大批量生产方式。在这种生产方式中，只有销售活动是由客户订货驱动的，企业通过客户订单分离点（CODP）位置往后移动而减少现有产品的成品库存。按订单装配是指企业接到客户订单后，将企业中已有的零部件经过再配置后向客户提供定制产品的生产方式，如模块化的汽车、个人计算机等，在这种生产方式中，装配活动及其下游的活动是由客户订货驱动的，企业通过客户订单分离点（CODP）位置往后移动而减少现有产品零部件和模块库存。按订单制造是指接到客户订单后，在已

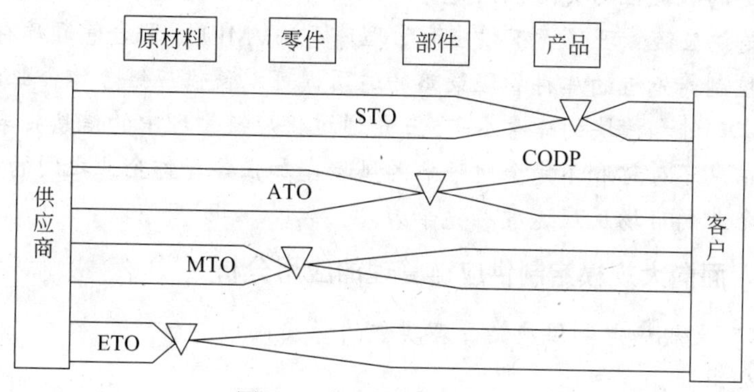


图2.2　大规模定制的分类

有零部件的基础上进行变型设计、制造和装配，最终向客户提供定制产品的生产方式，大部分机械产品属于此类生产方式。在这种生产方式中，客户订单分离点（CODP）位于产品的生产阶段，变型设计及其下游的活动是由客户订货驱动的。按订单设计是指根据客户订单中的特殊需求，重新设计能满足特殊需求的新零部件或整个产品。客户订单分离点（CODP）位于产品的开发设计阶段。较少的通用原材料和零部件不受客户订单的影响，产品的开发设计及原材料供应、生产、运输都由客户订单驱动。企业在接到客户订单后，按照订单的具体要求，设计能够满足客户特殊要求的定制化产品，从供应商的选择、原材料的要求、设计过程、制造过程以及成品交付等都由客户订单决定。

2）供应链与大规模定制的耦合性

大规模定制的这种思想和经济效益仅仅依靠传统战略竞争观念下的单个企业显然是无法实现的，它必须依赖于企业外部资源与企业自身资源的合作性运用。要在企业传统有限的资源基础上快速、低成本地实现大规模定制所要求的个性化产品，企业必须迅速完成定制产品的设计、试制、生产以及市场营销等工作，但极度的个性化将使整个实现过程异常复杂。而市场需求的时效性将迫使整个设计、生产周期不断缩短，这进一步加剧了大规模定制理念实现的难度。企业必须突破自身在可利用资源上的约束，变革传统的战略竞争观念。供应链管理为大规模定制的实现提供了战略上和实际运作上的出路，供应链从原材料供应商开始，经过主体企业、分销商、零售商等一系列环节到最终用户，形成了一种逻辑上的链式结构，是由物料获取并加工成中间产品或成品，再将成品送到用户手中的一些企业和部门构成的网络，是通过计划、获得、存储、分销、服务等一系列活动，在顾客和供应商之间形成的一种衔接，从而使企业能够满足内部和外部顾客的需求。供应链管理对于改善企业的经营状况、降低生产成本、提高资源利用率有着重要的作用，在市场竞争越发激烈的背景下，越来越多的企业认识到竞争的实质是价值链之间的竞争，而供应链则成为企业提高效率、降低成本、实现大规模定制的有效切入点。企业通过加强供应链管理，提高物流、信息流的畅通性，通过畅通的物流、信息流来减少库存、降低成本，从而可以使整个定制生产系统高效率、低成本，这是实现大规模定制的一种有效的管理模式。具体来看，供应链管理对大规模定制的作用可以表现在以下方面：一是可以为大规模定制解决快速准时交货问题、低成本准时的物资采购供应策略问题、物流配送的敏捷性与灵活性问题等，从而可以保障大规模定制产品的快速生产与快速交货；二是供应链管理环境下供应商管理库存（VMI）、联合管理库存（JMI）。多级库存优化与控制等先进的库存管理策略的运用，可以使供应链合作企业大大降低大规模定制中通用零部件和模块的库存水平；三是通过供应链管理中的信息共享和信息集成，可以减少由于信息不对称和不完全所带来的风险，加强各合作企业之间的相互协作，提高大规模定制企业的市场反应速度和竞争力。

### 3.“戴尔”面向大规模定制供应链管理的应用分析

1）“戴尔”大规模定制供应链管理实施的背景

（1）戴尔公司简介

总部设在美国得克萨斯州奥斯汀的戴尔公司是全球领先的IT产品及服务提供商。戴尔公司于1984年由迈克尔·戴尔创立。戴尔公司是全球IT界发展最快的公司之一，1996年开始通过网站www.dell.com采用直销手段销售戴尔计算机产品，2004年5月，戴尔公司在全球计算机市场占有率排名第一，成为世界领先的计算机系统厂商。戴尔公司在20年的时间里从一个计算机零配件组装店发展成为世界500强的大公司，其直线定购模式以及高效的供应链管理是其实现高速发展的保证。

（2）戴尔实施大规模定制供应链管理的原因

戴尔公司创立之初是给客户提供计算机组装服务，先天在研发能力和核心技术方面与业界的IBM、惠普等公司有着一定差距，要想在市场竞争中占据一席之地，必须进一步分析计算机价值链的机会，依靠管理创新获取成本优势。因此，“戴尔”在发展过程中虽有业务和营销模式的革新，但把重点放在成本控制和制造流程优化等方面，尤其是创造了直销模式，这可以减少中间渠道，直接面对最终消费者，达到降低成本的目的，而实施面向大规模定制的供应链管理更能帮助“戴尔”与供应商有效合作和实现虚拟整合，降低库存周期及成本，从而获取高效率、低成本的优势，这也正是其核心竞争力　　所在。

2）“戴尔”面向大规模定制供应链管理的实施基础

（1）零部件标准化

产品的模块化设计、零部件的标准化和通用化是大规模定制的基础所在。对产品按照其功能进行划分而进行模块化设计，建立产品族和零部件族，设计出一系列功能模块，通过模块的选择和组合构成不同的产品。这样，模块化产品便于按不同要求快速重组，把产品的多变性和零部件的标准化有效地结合起来，这有助于将定制产品的生产转化为批量生产，也就是说，人们对产品功能的需求尽管有差别，但也有共性，大规模定制并非100%定制。因此，实行大规模定制的关键在于真正从本质上弄清顾客的个性化需求和共性需求，然后，把顾客的个性化需求和共性需求分别进行总体规划，按不同的供应链来组织生产和供应，以确保定制产品的高质量、低成本和快速交货。戴尔产品最大的特点是完全标准化，从“戴尔”近几年的发展来看，它虽然不断扩充自己的产品线，但是所有产品都是标准化的产品。它的主要产品PC、笔记本、服务器，包括以后OEM的EMC的存储系列、Brocade的交换机系列等，都是兼容性、开放性极强的标准化产品。

（2）按订单装配

参照大规模定制的四种分类，戴尔公司属于采用按订单装配（Assemble-to-Order）的典型代表。基于以下几个原因，按订单装配的模式特别适合个人计算机：产品更新快和配件价格下降快使得售后库存成本很高；由于PC的模块化设计使得装配十分简单快捷，所以劳动力成本只占PC成本的很小部分；顾客关注的是产品价格和服务，却不太在意等待时间和独特设计。按订单装配的生产模式着眼于满足个性化需求，实现这一宗旨的前提是对市场需求信息的及时、准确地获取、处理。戴尔依托其现代化的信息平台，通过信息资源的共享，增强了供应链中各方获得信息的能力，准确、及时地捕捉需求信息，实现了企业响应能力的提高，使供应链管理成为差别化竞争优势的重要来源。

（3）信息技术的发展

随着互联网络的发展和电子商务的普及，电子商务平台已经部分地取代了分销商和零售商职能。客户通过电子商务平台向主体企业提出定制要求，主体企业通过数据挖掘等技术从中进行信息的采集和整理，而后通过客户关系管理对客户的订单进行分解。分解后的订单信息成为企业进行采购的依据，而通过采购也使得主体企业与其供应商和制造商联系在一起。信息技术和电子工具的广泛应用帮助“戴尔”实现以上要求，“戴尔”电子化的供应链系统为处于链条两端的用户和供应商分别提供了网上交易的虚拟平台。“戴尔”有90%以上的采购程序通过互联网完成。通过与供货商的紧密沟通，工厂只需要保持2小时的库存即可应付生产。除此之外，“戴尔”还推出一个名为valuechain.dell.com的企业内联网，所有供货商都可以在网站看到专属其公司的材料报告，随时掌握材料品质、绩效评估、成本预算以及制造流程变更等信息。不仅如此，“电子化”还贯穿了从供应商管理、产品开发、物料采购一直到生产、销售乃至客户关系管理的全过程，成为戴尔面向大规模定制供应链管理的实施基础。

3）“戴尔”面向大规模定制的供应链总体模型

为了适应客户驱动生产和企业联盟的需要，“戴尔”通过电子商务平台或电话的方式直接与客户联系，了解客户需求，并且采用直线销售模式直接把产品送达客户。这种模式的核心是直销背后的一系列采购、生产、配送等环节在内的供应链的快速反应能力，利用先进的信息手段与客户保持信息的畅通和互动，了解每一个顾客的个性化需求。可见，“戴尔”的直销模式是以直线定购为手段，凭借其高效的供应链管理对市场快速做出反应，为顾客提供多样化的产品和服务。这种模式也使得分销商、零售商的作用不断减弱甚至消失，导致供应链的结构逐渐转变为由原材料供应商、制造商、主体企业和客户组成的开放式的网络结构，如图2.3所示。

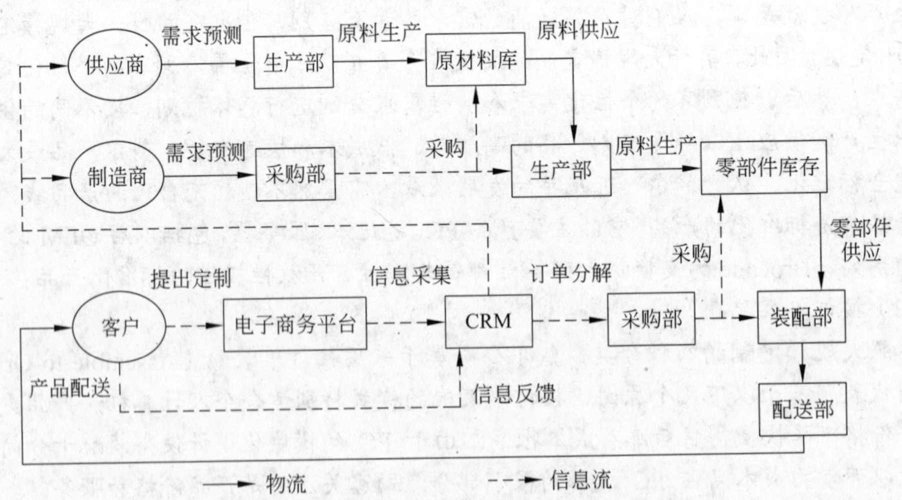


图2.3 “戴尔”面向大规模定制的供应链总体模型

从图2.3中可以看出，随着互联网络的发展和电子商务的普及，电子商务平台已经取代了分销商和零售商成为“戴尔”和客户联系的桥梁。客户通过电子商务平台向“戴尔”提出定制要求，“戴尔”通过数据挖掘等先进技术从中进行信息采集和整理，而后通过客户关系管理（CRM）对客户订单进行分解。分解后的订单信息成为企业采购的重要依据，而通过采购也使“戴尔”与零部件制造商和原材料供应商紧密联系在一起。其次，由于供应商和零部件制造商在一开始是以需求预测来决定其库存的，因此“戴尔”应将通过电子商务平台采集到的客户信息及时传递给供应商和制造商，以使他们的库存尽可能地降低。最后，当“戴尔”将客户的定制产品送交客户手中后，还应将客户的反馈信息传递到 CRM 系统中，以期更好地与客户进行沟通。

4）“戴尔”面向大规模定制供应链管理的特点

（1）严格挑选供应商，与供应商虚拟组合，建立合作伙伴关系。“戴尔”拥有一整套的供应商遴选与认证制度，对供应商的考核标准主要是看其能否源源不断地提供没有瑕疵的产品。考核的对象不仅包括产品，还涵盖了整个产品生产过程，即要求供应商具有符合标准的质量控制体系。要想成为“戴尔”的供应商，企业必须证明其在成本、技术、服务和持续供应能力等四个方面具有综合的比较优势；特别是供应能力必须长期稳定，以防由于供应不稳定而影响“戴尔”对最终用户的承诺。在对供应商考核时，“戴尔”采取了“安全量产投放（SAFE LAUNCH）”的办法，根据对供应商的考核结果，分阶段地逐步扩大采购其产品的规模，以降低新入选企业供应能力不稳定的风险。与供应商虚拟组合是区别于传统经营的一种新型模式，它突破了组织的有形界限，仅保留组织中能代表企业特征的关键性功能，按照比较优势理论和核心竞争力原理，将组织中非核心业务外包给擅长于这些功能的专业性企业来经营。因为顾客的需求时刻都会发生变化，所以产品零部件的生产也必需紧跟市场，如果“戴尔”自己生产零部件，那不仅需要大量的资金与技术的投入，还要有强有力的研发能力来保持零部件与市场需求的同步，这将大幅度增加成本，况且“戴尔”也确实没有其他供应商更专业，于是“戴尔”采取把零部件的生产外包给那些实力雄厚的大型供应商，与对方结成联盟，共同满足顾客需求。

（2）高效库存管理——物料的低库存与成品的零库存。在库存数量管理方面，“戴尔”一直以物料的低库存与成品的零库存著称，其平均物料库存仅为 5 天，而在 IT 业界，与“戴尔”最接近的竞争对手也有 10 天以上的库存，业内的其他企业平均库存多是达到 50 天左右。因材料成本每周都会有 1%的贬值，故库存天数对产品成本有很大的影响，仅低库存这一项，就使戴尔产品比其他竞争对手拥有 8%以上的价格优势。客户订单经“戴尔”的数据中心传到供应商公共仓库，再由“戴尔”的全球伙伴第三方物流公司伯灵顿公司管理。而伯灵顿在接到“戴尔”的清单后 1 小时内就能把货迅速配好，不到 20 分钟就能把货送达。“戴尔”的库存管理并非仅仅着眼于“低”，通过对其供应链的双向管理，全盘考虑用户的需求与供应商的供货能力，使两者的配合达到最佳平衡点，进而实现“动态库存平衡”，这便是“戴尔”库存管理的最终目标。

（3）有效的客户关系管理（CRM）。“戴尔”通过对关键客户的“一对一营销”，能准确快速地把握客户个性化需求。在大规模定制模式中，企业和客户的关系是一种协调互动的关系，完全超越了企业通常收集信息、满足客户需求的内涵。生产者与消费者不再是传统意义上的供求关系。生产企业不再是仅为争取客户满意，为使客户忠诚而主动提供产品（服务）的一方；消费者也不是传统的商品被动接受方。面向大规模定制的客户关系管理要求生产企业和消费客户互动，相互融合。当顾客在“戴尔”的帮助下确定了自己的需求后，销售人员便根据顾客的要求，为他们提供所需的产品。产品售出后，对顾客的了解并没有结束，销售人员还会通过电话、互联网或者面对面的交流方式建立顾客的信息档案，进行质量跟踪服务，继续发掘顾客的新需求。戴尔公司认为，了解顾客与了解自己同等重要，要为顾客创造完整的消费体验，公司应该立足于顾客的角度去研发新产品，为顾客来量身定做，实现"互动效应"。

5）"戴尔"面向大规模定制供应链管理的弊端

再优秀的企业也有其不足之处。戴尔公司在经历了迅猛发展直至成为 PC 行业霸主以后，也开始遭遇到业绩下滑和产品质量投诉等一系列问题。这说明随着市场的激烈竞争和顾客需求的变化，固有的模式必须不断地创新和完善。"戴尔"追求标准化，满足最大多数人的最常用的需求，以致采购成本过低，难免出现产品质量问题。虽然大多是些小毛病，靠"戴尔"的售后服务可以弥补和解决，但毕竟影响了客户体验价值的实现。由于"戴尔"是采用按订单装配（ATO）的生产模式，这虽能保证标准化的零部件得以大规模生产，但在客户定制方面，却由于客户订单分离点（CODP）的靠后，使得只有装配活动及其下游的活动是由客户订货驱动的。在顾客需求越来越强调个性化的环境下，顾客也许不满足于自己只能选择不同规格的零部件来实现定制，而是要求产品从外观到功能全方位的定制。

### 4. 结论与启示

"戴尔"通过"按订单装配"的大规模定制生产模式，利用现代化的网络技术将批量生产的低成本优势与个性化定制生产的高附加值优势完美地结合起来，这不仅降低了其库存成本，搜集到了顾客的需求信息，而且还大大提高了他们的满意度。"戴尔"通过建立一个超高效的供应链和生产流程管理，实现了即时生产和零库存，并且与供应商虚拟整合，构建了核心竞争力，而这一切都依赖于标准化的产品零部件设计和先进的信息技术平台。"戴尔"正在逐步转向全球范围的综合供应链管理，这样各生产工厂和供应商之间就形成了巨大的供应链体系，在全球范围内有效地实现了整合，使资源配置更加高效合理。

面对竞争日益激烈的市场，企业要想在市场竞争中占得先机并持续发展，生产模式和管理思想的革新势在必行。"戴尔"公司面向大规模定制的供应链管理模式，对于国内企业来说是有一定借鉴意义的。企业实施面向大规模定制的供应链管理必须解决三个问题：一是实现企业内部资源的有效整合。企业必须认识到现有产品的合理化、零部件的标准化是面向大规模定制的供应链管理的基础，应注重延迟策略的应用与信息平台的搭建及信息技术的应用，并确保灵活的组织结构以发挥供应链优势。二是要建立战略合作的外部协作关系，快速整合企业外部资源，确保组织能够快速供应，并且应对所有供应厂商的制造资源进行统一调配与集成，有效地对供应商进行整体评价，与供应商建立战略合作同盟。三是要准确快速地把握客户需求，建立以顾客为中心客户关系管理。建立及管理客户数据库系统，开展"一对一"营销，建立网络营销平台，这样才能确保面向大规模定制的供应链管理获得成功。

## 案例 2.2 海尔物流——制造业物流典范

（中华硕博网：WWW.CHINA-B.COM）

2008年海尔被中国物流与采购协会授予“物流示范基地”的美誉。海尔物流的流程再造提出了“一流三网”的概念。“一流”就是订单信息流。没有订单不生产；要生产订单，不要生产库存。“三网”包括计算机信息网、全球供应资源网和全球配送资源网。“一流三网”是在为人民服务、为顾客服务的企业理念的基础上发展起来的。

### 1. 海尔的“一流三网”理念

海尔的“一流三网”包括计算机信息网、全球供应资源网和全球配送资源网。

（1）计算机信息网。物流操作基本上在计算机信息网络平台上运作，这为物流效率的提高提供了很好的基础。

（2）全球供应资源网。海尔的供应是全球化的。海尔已经不仅是企业的国际化，而且是国际性的企业了，它在国外有很多工厂，那些工厂是用当地的资源、当地的人力、当地的资金，在当地市场进行销售。在美国市场的占有率在逐年提升，在美国是名牌，是中国人的骄傲，“海尔中国造”这个词在世界上叫得响当当。其供应资源网络符合经济全球化趋势，资源得到了更合理的配置。

（3）全球配送资源网。企业管理的精髓在于怎样有效地整合，或者是充分利用有限的资源，这是企业管理的出发点。既然供应是全球化的网络，它的配送也要全球配送，形成全球配送资源网络。

### 2. 海尔的三个 JIT

海尔的三个 JIT 包括以下三个内容：

（1）JIT 采购。何时需要就何时采购，采购的是订单，不是库存，是需求拉动采购。这就会对采购提出较高的要求，要求原有的供应网络要比较完善，可以保证随时需要随时能采购得到。

（2）JIT 生产。JIT 生产也是生产订单，不生产库存。顾客下了订单以后，开始生产。答应五天或者六天交货，在这个期限内可以安排生产计划。完成生产计划需要怎样的原料供应，只要原料供应的进度能够保证，生产计划就会如期完成。

（3）JIT 配送。这三者有机地结合在一起，这种物流的流程跟传统的做法不一样，它完全是一体化的运作，而且海尔物流跟一般企业的物流还有比较大的差别，海尔对物流高度重视，把它提升到战略高度，也很舍得投资，去过海尔现场观察的人都会对它的立体仓储挑指称赞。流程化、数字化、一体化，是三个 JIT 流程的一个基本特色。

### 3. 海尔怎么做 JIT 采购

1）全球统一采购

海尔产品所需的材料有 1.5 万个品种，这 1.5 万个品种的原材料基本上要进行统一采购，而且是全范围的采购，这样做不仅能达到规模经济，而且要寻找全球范围的最低价格。所以它的 JIT 采购是全球范围里最低价格进行统一采购，采购价格的降低对物流成本的降低有非常直接的影响。

2）招标竞价

海尔每年的采购金额差不多有 100 多亿人民币，它通过竞标、竞价，要把采购价格下降 5 %。每年下降 100 亿的 5 %，就可以直接提高利润，或者说其价格在市场上就更有竞争力。

3）网络优化供应商

网络优化供应商就是通过网络，通过 IT 平台在全球选择和评估供应商。网络优化供应商比单纯压价要重要得多，因为它的选择余地很大，真正国际化的企业在国际大背景下运作，就可以有很多资源供它选择。

海尔的 JIT 采购实现了网络化、全球化和规模化，采取统一采购，而且是用招标竞标的方式来不断地寻求物流采购成本的降低。

### 4. 海尔怎么做 JIT 生产

海尔由市场需求来拉动生产计划，由生产计划来拉动原料采购，再要求供应商直送工位，一环紧扣一环。其基础是 ERP 的操作平台，有 IT 技术作为舞台，在这个舞台上演 JIT 生产这台戏。其前提就决定了生产速度会快，成本会低，效率会高，相反，如果靠传统模式去实现 JIT 生产难度就会很大。海尔完全是物流的一体化，包括采购、生产、销售、配送等的一体化，物流部门的组织结构已经调整过来，由物流部门来控制整个集团下面的物流。

### 5. 海尔怎么做 JIT 配送

目前海尔物流部门在中国大陆有四个配送中心，在欧洲的德国有配送中心，在美国也有配送中心，通过这些总的中转驿站——配送中心来控制生产。不做 JIT 采购就做不了 JIT 生产，而要做 JIT 生产和 JIT 采购，还必须有 JIT 配送。是 JIT 配送而不是 JIT 运输，因为运输是长距离的，配送是短距离的，是当地的。怎样做到按照生产的需要在当地做配送，随时需要随时送到，而且数量、规格要符合需要，这就对物流提出了比较高的要求。

货物配送时间要扣得准，JIT 生产、JIT 采购、JIT 配送就是要达到零库存。零库存不是库存等于零，而是在于库存的周转速度，周转速度越快，相对来说库存量就越少。所以 JIT 配送是这一切的基础，采购、生产与配送必须同时具备 JIT 的条件，因此叫同步流程，流程再造时就要考虑到这三个方面。

## 复习题

### 一、填空题

1. ______________为一个企业的产品或服务的购买者或消费者。

2. ______为企业提供原材料、机器设备、服务以及信息等生产所需的资源。
3. 一个企业的______是那些提供相同或者类似产品或者服务的组织。
4. ______是企业创造利润和获得核心竞争力的各项活动的集合。
5. 迈克尔·波特的价值链理论是分析为顾客创造更多价值、企业获得竞争优势的有效工具，他将企业的价值活动分为______和______两类。
6. 价值链中的基本活动包括______、______、______、______和______。

## 二、单项选择题

1.（　）是由那些在广阔的社会环境中影响到一个企业和行业的各种因素组成的。

A. 总体环境　　B. 竞争环境
C. 社会文化　　D. 行业环境

2. 迈克尔·波特教授提出了著名的“五种力量模型”，这五种基本竞争力量是潜在进入者、产业内现有企业间的竞争、供应商、购买者和（　）。

A. 替代品　　B. 互补品
C. 新产品　　D. 老产品

3. 价值链中的价值活动包括（　）。

A. 基本活动　　B. 生产活动
C. 支持性活动　　D. 采购活动

4. 通过价值链分析可以发现，企业竞争优势既可能来自单项的价值活动，也可能来自（　）。

A. 辅助的价值活动　　B. 价值链的长短
C. 辅助的非价值活动　　D. 各项价值活动之间的联系

5. 企业价值链由主要活动和辅助活动构成，下列企业活动中，属于主要活动的是（　）。

A. 技术开发　　B. 采购
C. 成品储运　　D. 人力资源管理

6. 企业的价值链是指以企业的（　）为核心所形成的价值链体系。

A. 外部价值活动　　B. 内部价值活动
C. 辅助价值活动　　D. 生产价值活动

7. 迈克尔·波特教授的竞争优势理论确认（　）为企业的最终目标。

A. 垄断　　B. 利润
C. 社会服务　　D. 超额利润

8. 迈克尔·波特教授把信息技术看成是（　）。

A. 一种技术开发的支撑工具　　B. 一种辅助价值活动
C. 一种获取超额利润的手段　　D. 上述三个选择都对

9. 将必要的零件以必要的数量在必要的时间送到生产线的生产方式称为（　）。

A. DRP　　B. CAD
C. JIT　　D. IPO

10. 贯穿丰田生产方式的两大支柱是自动化和（　　）。
    A. 准时化　　B. 标准化
    C. 看板管理　　D. 全面质量管理
11. 准时制采购的极限目标是（　　）。
    A. 使原材料与外购件的质量最好
    B. 使原材料与外购件的采购费用最低
    C. 大幅度减少原材料与外购件的库存
    D. 原材料和外购件的库存为零、缺陷为零

## 三、多项选择题

1. 企业价值链由主要活动和辅助活动构成，下列企业活动中，属于辅助活动的是（　　）。
   A. 技术开发　　B. 采购
   C. 成品储运　　D. 人力资源管理
2. 根据迈克尔·波特教授提出了价值链分析法，下列属于主要活动的有（　　）。
   A. 原料供应　　B. 技术开发
   C. 人力资源管理　　D. 售后服务
   E. 生产加工
3. 价值链分析是一项非常有用的管理工具，因为（　　）。
   A. 能发现最能为顾客提供价值的活动，能帮助了解一项活动的成本是如何与其他活动的成本相联系的
   B. 能帮助评估公司战略发挥了多大的效能
   C. 能明确哪些活动具有战略重要性，在进行每一项价值链活动时，明确需要什么样的管理人员去发展企业的核心或特殊竞争力
   D. 能更快、更有效地替代标高超越法
   E. 能帮助识别哪个竞争者最强，哪个最弱，哪个拥有最短的价值链（因而拥有最强的竞争优势）
4. 一个企业的信息资源通常包括（　　）。
   A. 数据库等信息内容
   B. 与信息内容相关的机器设备、设施、技术、投资、软件
   C. 企业的计算机系统
   D. 信息人员
5. 信息资源管理的方法包括（　　）。
   A. 加强企业信息资源管理的基础工作
   B. 改革企业现有管理体制，建立健全企业信息资源管理机构
   C. 实行企业信息资源的集成管理
   D. 提高企业各级管理人员对信息资源的认识
   E. 提高企业信息资源管理人员的素质

6. 首席信息执行官的职能包括（　　）。

A. 全面负责企业信息资源的统一管理、开发与利用，建立完整的情报资料体系，最大限度地实现各个业务部门的信息资源共享

B. 负责开发信息技术、管理信息资源

C. 负责本企业最高决策者和信息技术管理层之间的沟通和联系

D. 参与企业长期规划和总目标的决策

## 四、简答题

1. 企业与环境中的各要素有哪些互动关系？
2. 企业有哪些主要价值活动？它们的特点是什么？
3. 迈克尔·波特如何将企业的价值活动进行分类的？
4. 何谓价值链？
5. 基于IT，企业价值链活动如何获得竞争力的提升？
6. 何谓企业的信息资源管理？
7. 企业的信息资源管理有哪些方法？
8. CIO的职能是什么？

# 第3章

# 信息系统的战略价值

## 3.1 战略

### 3.1.1 战略的定义

“战略”一词源于古代兵法，属军事术语，意译于希腊词 Strategos，其词义是指挥军队的艺术和科学，也是指对战争、战役的总体筹划与部署。近些年来，关于战略的定义，学者们从不同的角度给出了一定的描述。有的学者认为：“战略可以定义为确立企业的根本长期目标并为实现目标而采取必需的行动序列和资源配置”。亨利·明茨伯格采用 5 个 P 给出了战略的综合定义：Plan（即计划，总体规划与基本准则），Ploy（即计谋，可操作性较强的谋略和计策），Pattern（即模式，一系列决策中形成的某种共性），Position（即定位，在竞争图景中的位置选择），Perspective（即视角，经久一致的思维方式）。1996 年迈克尔·波特在《什么是战略》一文里兼容自己早期有关战略定位的理论以及后来资源本位企业观的主要论点，强调了战略的实质在于与众不同，在于提供独特的消费者价值（Porter 1996）。W 钱·金和勒纳·莫博妮（2005）认为战略包括企业关于消费者价值的主张，关于企业利润的主张，以及在组织活动中关于人的主张，并着重强调创新和改变游戏规则之于战略的重要性。

具体地，就企业的经营发展而言，西方有的学者认为战略是对企业长远目标、经营方针、所需资源分配的规划；有的学者认为战略是针对产品与市场有效组合，实现经营环境、战略方向、管理组织相协调的策略。我国的学者也提出了各自不同见解。有的学者认为战略是确定企业长远发展目标，并指出实现长远目标的策略和途径；有的学者认为战略是企业面对激烈变化、严峻挑战的环境，为求得长期生存和不断发展而进行的总体性谋划；有的学者认为战略是指根据市场现状及远景预测，结合自身资源基础，规划的企业发展轨迹和确立的企业奋斗目标。无论给“战略”赋予何种定义，其本质都脱离不了要涉及：企业的经营环境分析、未来发展预测、远景目标设定、勾划远景目标轨迹和制定战略策略等要素。因此，战略是确定企业长远发展目标，并指出实现长远目标的策略和途径。一个完整无缺的企业发展战略，需要回答以下八个主要的经营管理问题：

（1）企业将来发展的方向是什么；

（2）企业将来需要实现的目标是什么；

（3）企业现在和将来应该从事什么业务；

（4）企业应该采取什么样的策略，于预定的时间内实现设定的目标；

（5）在预定的时间内，企业将变成什么样子；

（6）企业发展中可能存在的主要风险是什么；

（7）这些风险应该如何加以控制；

（8）企业实现目标所需要的战略性资源是什么。

只有回答好了以上八个问题，并且将所有的答案融会贯通，形成一个统一、协调、互相不矛盾的总体方案，一个真正的企业发展战略才算完整。

### 3.1.2 战略的价值

战略的实施需要企业全体员工尤其是高级管理人员对于战略准确的理解，更需要企业全体员工尤其是高级管理人员深刻认识到战略对于企业发展的重要意义和价值。没有对于战略深刻的理解，或没有对于战略的价值深刻的认识，就没有对战略真正的认同，没有真正的认同，战略的实施及其实施效果，就没有根本的保证。对于企业甚至个人来讲，战略并非可有可无。简单扼要地讲，战略对于企业的健康发展具有以下几个方面的重要价值。

#### 1. 战略能够为企业明确未来的发展方向

战略的重要价值之一是为企业明确未来的发展方向。只有方向明确了，企业的经营管理活动才不至于迷失方向，才能知道什么是"正确的事"，而只有坚持"做正确的事"，企业才能不浪费有限的宝贵的资源。

#### 2. 战略能够指出企业实现目标的方法

战略不仅为企业指明了方向和目标，它还将告诉企业全体员工其实现目标的正确方法，包括策略、思路、措施等。战略作为一种思想方法和思维方式，能够极大地拓宽企业的视野，提高企业总揽全局、把握未来的能力。

#### 3. 战略能够帮助企业管理层更好地界定业务

由于战略明确规定了企业的业务发展方向和业务框架，明确界定了企业的核心业务、增长业务、种子业务。战略使企业明白：那些有利于实现企业战略目标的业务才是真正有价值和应该进行的，所有与实现企业发展战略目标无关的业务都是应该避免和否定的。

#### 4. 战略能够激励企业的员工

战略为企业确立了明确的目标，同时，它也会增强企业全体员工的信心，鼓舞他们的斗志，激发他们的热情。远大切实可行的目标能够推进企业的健康发展。

#### 5. 战略能够使企业各部门更加协调一致

战略不仅告诉企业具体的业务发展计划，更重要的是，通过制定和实施战略，企业所有员工还得以深刻理解企业作为一个整体，一个完整的大系统，各部门、各员工的工作在认真履行自己的职责的同时，都必须紧紧围绕着企业的战略来进行，所有的员工与企业的其他成员紧密配合，协调一致，都必须为实现战略目标而服务，要更好更快地实现目标。

#### 6. 战略能够帮助企业更好地组合资源

由于战略明确了企业较长时期内的发展方向，理清了企业的业务结构，设定了企业较长时期内应该达到的目标，从而有利于企业根据战略需要，前瞻性地组织和配置企业有限的资源，使资源用到最需要和最恰当的地方，形成更强大的内在力量，最终使同样多的资源发挥出更大的作用，对增强企业的综合竞争能力有巨大的帮助。

#### 7. 战略能够使企业更好地赢得市场竞争

战略具有整体性和前瞻性。企业在制定战略时会充分考虑到所处的行业与竞争对手的状况，在制定战略计划时会针对性地研究出战胜对手的策略性措施，从而有利于企业在与对手的市场竞争中获得竞争优势。

#### 8. 战略能够帮助企业更加有效地规避经营风险

完整的战略能够对企业现今和未来发展中存在的经营管理风险做出预见，并对企业应该如何防范风险提出预案，企业因此而可以实施自己的风险管理和危机管理，在业务上，在公共关系上，在资本运营上，在经济形势上，均可以早做准备，化被动为主动。

总之，企业发展战略并非只是一个梦想，或者只是一纸空文，完整而科学的战略方案对于企业改善经营管理、提升经营业绩，具有不可估量的巨大作用。对于企业而言，战略的价值就好像一个人的思想、智慧对于一个人的重要性，可以说，没有思想、智慧的人体不可能创造出太大的经济价值和社会价值。

### 3.1.3 战略的主要特点

战略是企业设立远景目标并对实现目标的轨迹进行的总体性、指导性谋划，属于宏观管理范畴。尽管每个企业都有自己的战略，但是，战略有一些共同的特点是值得注意的：目标导向性、长期性、全局性、竞争性、系统性、风险性和资源承诺性。

目标导向性。战略是企业实现目标的方法和手段。企业在制定战略时就界定了企业的经营方向、远景目标，明确了企业的经营方针和行动指南，并筹划了实现目标的发展轨迹与目标导向性的措施、对策。

长期性。战略是对未来的谋划，规划出企业的总体发展方向，描绘了企业的长期发展目标，并给出实现长期目标的行动序列和管理举措。由于战略决定大政方针和基本方向，它就不可能是短期的伺机行事和即兴发挥，不可能随便更改。

全局性。企业在制定战略时通过对国际、国内的政治、经济、文化及行业等经营环境的深入分析，结合自身的条件与资源，站在全局的、系统管理的高度，对企业的远景发展进行全面的规划。

竞争性。竞争是市场经济条件下不可回避的现象，也正是因为有了竞争才确立了“战略”在经营管理中的主导地位。面对竞争，企业在制定战略时需要进行内外环境分析，明确自身的资源优势，通过设计适合的经营模式，形成特色经营，增强企业的对抗性和战斗力，推动企业长远、健康的发展。

系统性。立足于长远发展，企业在制定战略时确立了长期目标，并需围绕长期目标设立阶段目标及各阶段目标实现的经营策略，以构成一个环环相扣的战略目标体系。同时，根据组织关系，企业的战略需由决策层战略、事业单位战略、职能部门战略三个层级构成一个整体。决策层战略是企业总体的指导性战略，决定企业经营方针、投资规模、经营方向和远景目标等战略要素，是战略的核心。事业单位战略是企业独立核算经营单位或相对独立的经营单位，遵照决策层的战略指导思想，通过竞争环境分析，侧重市场与产品，对自身生存和发展轨迹进行的长远谋划；职能部门战略是企业各职能部门，遵照决策层的战略指导思想，结合事业单位战略，侧重分工协作，对本部门的长远目标、资源调配等战略支持保障体系进行的总体性谋划，比如，策划部战略、采购部战略等。

有的专家学者将企业的战略划分为公司战略、事业部级战略和职能战略三个层次。其中，公司战略是企业总体的、最高层次的战略，处于战略结构第二层次的是事业部级战略，而职能战略是由职能管理人员制定的短期目标和规划，主要涉及具体作业性取向和可操作性的问题。

风险性。企业做出任何一项决策都存在风险，战略决策也不例外。如果市场研究深入，行业发展趋势预测准确，设立的远景目标客观，各战略阶段人、财、物等资源调配得当，战略形态选择科学，制定的战略就能引导企业健康、快速的发展。反之，仅凭个人主观判断市场，设立目标过于理想或对行业的发展趋势预测偏差，制定的战略就会产生管理误导，甚至给企业带来破产的风险。

资源承诺性。战略是一种为承诺所支持的态势和境界。战略决策往往牵扯到大规模的、不可逆转的、不可撤出的资源投入作为对所选战略方向的承诺。成功则承诺成为明智投资，失败则承诺变成沉没成本。这就意味着，在企业的战略决策序列中，每一步都是有约束力的，通常朝着某个方向深入和强化。

### 3.1.4 战略的基本准则

独特性。独特性是战略的生命线。一个企业独有的、难以被对手模仿的特点与资质可以帮助企业获取和保持竞争优势，是战略的可靠基础。从这个意义上讲，战略的精彩在于特色突出、性格显著、出类拔萃、卓尔不群。在同质化的竞争游戏中与采用同样战略的竞争对手（同类物种）争斗到死实际上是主动自杀。

合法性。当一个企业在拓展其独特性的边界之时，它也要考虑所谓社会合法性问题，需要被对手、公众、政府、社区，和整个社会所容忍和接纳。这种合法性不仅意味着在某种法律和道德底线之上进行经营，而且还意味着企业的行为和做派要显得合理合情。

原本性。战略在商业竞争中的最终目的是赢，是为消费者创造卓越的价值。一个企业的战略要首先回答的一个根本问题应该是“我们为顾客提供什么样的价值？”而不应该主要去担心“如何打败我们的竞争对手？”从顾客的实际需求出发是原本性准则的核心要义。战略灵感的源泉应该来自顾客的需要，而不是对手的作为。

创新性。创新性实际上和独特性与原本性紧密相连。随着竞争对手的模仿和替代，顾客需求的转变和发展，最终而言，所有的战略都将会失去其独特性和原本性。

总之，战略是一个多侧面多层次的概念。任何过于简单和草率的战略定义都可能失之偏颇，不能完全涵盖战略概念的丰富性和复杂性（马浩 2008）。

## 3.2 实现竞争优势的方法与 IT 支持

企业制定战略的根本目的就是要实现其长远的发展目标以不断地在市场中保持其竞争优势。在制定战略时，企业也会规划出保持竞争优势的方法。企业通常采用降低成本、提高收入的方法来实现利润的最大化，以期保持竞争优势。具体地，一个企业可以采用下面的八种战略措施或方法来获得竞争优势：降低成本、提高市场进入者的障碍、建立高昂的转移成本、研制新产品和新服务、差异化产品和服务、提高产品质量和服务水平、建立联盟与锁定供应商和顾客。值得指出，战略的实质就是创新，而一个企业采用了与众不同的战略就会在市场竞争中获得优势。例如，DELL（“戴尔”计算机公司）是第一个基于互联网卖计算机的厂商，它允许消费者直接在网上向企业下订单、配置自己所需的计算机。其他计算机厂商也尝试着在网上卖计算机，但是，还是没有 DELL 那样具有竞争力，原因就是 DELL 是第一个基于互联网卖计算机的厂商，因此比其他竞争者吸引了更多的客户，也比其他竞争者积累了更多的网上销售经验。通常一个企业会采用多个战略措施的组合来获得竞争优势。

### 3.2.1 降低成本

众所周知，消费者在获得满意的产品或服务的同时，往往喜欢低价格。物美价廉是提高产品市场份额的一个手段，而降低价格最好的方法就是降低成本。例如，如果运行成功，大规模的自动化可以帮助一个企业赢得竞争优势。原因很简单，自动化使企业的生产率大幅度提升，而任何的成本节约会通过低价格转移到消费者那里，使他们获得实惠。这种情况在汽车工业尤为明显。在 20 世纪 70 年代，日本的汽车生产商在生产和组装线上采用机器人来降低成本，因而，汽车的价格就大幅度地、迅速地下降。相对于人力，机器人焊接、喷漆和组装零部件的成本非常低。这样一来，日本的汽车生产商在其他国家的竞争者采用机器人效仿之前，有着非常显著的竞争优势，原因就在于它们的汽车高品质而价格低廉。

在服务行业，互联网也通过对具体有人力参与的客户服务工作进行了自动化，而帮助企业赢得竞争优势。众多企业，例如 FedEX，通过对基于互联网的客户服务进行自动化而创造了无限的商机。FedEX 允许客户在线登录公司的网站来即时跟踪邮递包裹的状态。现在很多企业也效仿而提供网上的即时服务，例如，在线 FAQs（常见问题解答）。有的零售商采取了网络技术而实现了在线销售，消费者可以在线浏览商品，获取相关商品的信息，选择商品，付款。而这一切都是在无人干预的状况下进行的。进一步地，在线销售服务的优势是值得注意的：首先，它将人工服务转化为技术服务，从而大大降低了成本；它提供给消费者更加灵活而便捷的服务，例如，全天候（24/7/365）的服务。与以往的人工服务相比，基于 IT 技术的服务大大节约了全部业务流程的成本。

对于商业银行而言，建立基于互联网的电子银行能够极大地降低其经营成本、培育新的利润增长点，从而最终提升其核心竞争力。电子银行作为与电子技术、信息技术结合最为紧密的银行服务渠道，已经成为产品创新的良好平台，强化了“网点+鼠标”的经营模式，延伸了服务渠道。一方面，电子银行分流了业务量大、低效高耗的业务，减轻了柜面压力；另一方面，替代了办理业务量小、增加经营成本又占用柜台资源的业务，提高了综合利润率。以电子化、网络化为依托，最大限度地将存取款业务从传统的柜台中解放出来，逐步分流到自助设备、自助银行、网上银行、电话银行等多渠道，大大减轻银行柜台的压力。由柜台服务压力中解放出来的银行员工，可以为客户提供更加个性化、更深入的金融咨询服务，从而提高银行对优质客户服务的能力。电子银行本身创造了超值服务，以至于提升了客户的忠诚度。

信息技术能够在很大程度上帮助企业积极应对艰难而快速变化的经济环境。例如，ERP 系统能够帮助企业降低成本、提高效率和企业效能。其他一些技术常常被用来削减企业的成本和降低风险。例如，虚拟化技术能够在单台计算机上运行多种操作系统，它能够使企业现有的计算能力大幅提高，从而降低成本并减少能耗；统一通信技术把语音通信、电子邮件和即时通信融为一体，使企业能够以降低硬件及维护成本的集成软件解决方案替代传统的电话系统；削减差旅支出也是企业节省成本立竿见影的方法。如今，视频会议和新的协作工具可以使虚拟会议更像是在面对面地互动，企业的工作人员或合作者能够更有效地进行分享及协作。同时，降低计算机能耗是在不削弱组织能力的前提下降低成本最有效的方法之一。2007 年，微软的 IT 部门将 25%的服务器移入虚拟环境中，最终节省成本达 1000 万美元，只需要四位员工就可以管理整个公司 3500 台服务器。由于使用了统一沟通系统，微软通过降低硬件及维护成本，每年节约了 500 万美元。

### 3.2.2 提高市场进入者的障碍

高额的市场进入费用是阻止新的市场进入者参与竞争的一个障碍。根据迈克尔·波特的模型，下列因素是构成行业进入障碍的主要内容：

（1）规模经济。规模经济效益的高低是采用生产规模增长所带来的单位产品成本的降低程度来测定的。如果一个行业的规模经济效益比较明显（例如汽车行业），而且这个行业中已经有了具有明显规模优势的大企业（例如美国的三大汽车公司），那么规模经济就构成了这个行业的进入障碍。

（2）产品差异。产品差异主要是指产品在核心收益、有形产品和扩展产品三个层次上表现出的创造差异的可能性。一般而言，创造产品差异可能性越大的行业，例如个性化特征比较明显的时装、化妆品等行业，行业的进入障碍就比较低。

（3）品牌/知名度。如果一个行业的消费者对产品的品牌和知名度非常关注，那么著名品牌和高知名度企业的存在就成为行业进入的感情障碍。行业进入的感情障碍是非常难于克服的，因为建立品牌和知名度所需要的不仅仅资金，而是需要在正确的时期以正确的方式投入足够的资金。即使一个潜在的进入者有可能生产出品质和价格更具竞争力的产品，也有可能因为克服"感情障碍"所需要的投入过大或者时间过长而放弃进入。

（4）初始资本投入的要求。因为有钱的人总是少数，所以行业进入的初始投入就自然成为一个行业进入的障碍。例如，飞机制造、通信、汽车制造等行业的利润率虽然比较高，但是具备进入条件的企业却不多。在其他条件相同的情况下，投入小的行业（例如，小型零售、电器修理、制衣、塑料制品、电器装配等行业）一般不会长期维持高水平的投资收益率，因为进入的门槛太低。

（5）进入渠道的难度。在越来越激烈的市场竞争中，行业进入所需要的资本、技术、人力资源固然是一种障碍，但是销售渠道、网点和货架等正在成为越来越稀缺的资源。渠道、网点的层次化程度越来越大，不是同类同质产品都可以摆放在相同地方的。许多潜在进入者所畏惧的不是生产不出有竞争力的产品，而是没有办法或者没有足够的资金、时间克服渠道的障碍。

（6）其他成本劣势。除了规模成本障碍以外，固定资产购置、靠近原材料产地、学习成本高低以及与先动有关的其他成本优势也会对新的进入者构成成本障碍。

一般来说，一个行业的进入门槛越低，那么进入者越多，因而这个行业的竞争结构就越加恶化。因此，在一个行业内，如果参与竞争的企业的数量越少，它们就会越受益。这样一来，一个企业可以通过阻止其他企业生产相同的产品来获得竞争优势。通常，专业知识或专业技术可以用来作为阻止其他企业参与竞争的壁垒手段。一个企业制造壁垒的方法很多。一个方法是对发明申请法律保护或知识产权以阻止其他企业随意使用。微软（Microsoft）等软件公司通过对其软件产品申请专利和版权来获取巨大的竞争优势。网上书店亚马逊（Amozon.com）成立于 1995 年，是全球电子商务的成功代表。亚马逊对其一站式（One Click）购物申请了专利，其网站允许读者买到近 150 万种英文图书，而且付款方法非常简便，可以认为是一站式服务。当 BarnesandNoble.com 采用了同样的技术时，亚马逊对其进行了成功的控告。Priceline.com 拥有了在线反向拍卖“由你定价格”（Name you Price）的专利，成功阻止了其他竞争者对其业务的介入。

### 3.2.3 建立高昂的转移成本

当一个顾客停止购买一种产品或服务而转向其他一个供应商时所需付出的费用被称为转移成本。当顾客从一种品牌转移到另一种品牌的成本非常高时，就会面临着经济学上所谓的锁定现象。一个明显的解释是锁定来源于转移成本，它使得被锁定者的未来选择受制于当前的现实。转移成本可以是明确的，例如，买卖双方在交易时明确规定的停止合同的惩罚条款。转移成本也可以是隐含的，例如，顾客在采用新的产品或服务时消耗在学习和适应阶段的时间和金钱。通常，明确的转移成本是固定的、不可退还的，例如，顾客提前终止合同所需付出的经济惩罚（顾萍 2004）。

美国学者 Klemperer （1987）总结了三种类型的转移成本，即转换成本、学习成本和契约成本。当一个客户将其金融理财和投资活动从一家银行转换到另一家银行时，由于存款、贷款和信用以及支付和自动扣款等原因，将可能承担相当高的转换成本。当一个消费者学会使用一种计算机操作系统时，不仅需要购买许多专用于此操作系统上的软件，而且还会付出学习成本，如果他们转移到另一种计算机操作系统，不仅原来的投资失去作用，而且还将面临高昂的学习成本和文本转换的损失。契约成本主要出现在消费者和企业签订契约承诺购买该企业的产品的情况下，如果消费者违反契约，而购买其他企业的产品，那么消费者将承受违约赔偿。

另外，心理成本也可以看成是顾客转移成本的一种，即由于情感因素导致的成本感受，例如，对未知产品的预期收益和损失、对风险的态度、改变习惯与偏好的成本。

现在很多企业的信息系统都是自己建设的。信息系统是一个高投入的项目，一个信息系统的投入少则几百万元，多则上千万甚至上亿元，这么高的成本投入意味着企业如果要更换自己的信息系统，那将是一笔很高昂的转移成本。企业在建立了自己的信息系统后，由于客户需求的变化，必须不断地对自身的信息系统进行调整，还必须根据自己的生产情况不断地对信息系统进行改进。事实上，企业一旦自己建设了信息系统就不可避免地要受到锁定。当企业被锁定后才发现原来建设自己的信息系统耗资如此之巨大。准备退出的时候，将面临两难的选择，选择退出就意味着高昂的转移成本，而选择继续建设同样也会消耗大量的资源。

值得指出，信息技术作为转移成本存在的一种重要因素已经逐渐被人们所认识。例如，20 世纪 80 年代，贝尔大西洋电话公司投资 30 亿元购买了 AT&T 公司的数字转换器。因为当时 AT&T 公司的转换器是比较新的产品，但是，这种转换器采用了一种被 AT&T 公司控制的封闭的操作系统。因此，只要贝尔想要增加一项新功能或把这些转换器和新的周边设备相连接时，就发现自己不得不依靠 AT&T 公司来提供必要的操作系统升级和开发所需界面。由于更换转换器很昂贵，因此贝尔公司就被锁定在 AT&T 公司的转换器中了。换句话说，贝尔公司如果要把 AT&T 公司的设备换成另一种品牌的设备，就得承受巨大的转移成本。

在信息时代，顾客从一个系统转移到另一系统时通常都要承受巨大的成本，当转换结构的成本高于转换增加的价值时，顾客就不能转移到另外一个不同的产品中去。一旦顾客选择了一项技术，或存储信息的格式，转移成本是非常高的。在极端的情况下，转移成本之高不允许顾客做出改变，顾客最终只能被现有的技术所束缚。能够造成高昂的转移成本的信息技术因素包含软件、硬件、技术标准等方面（胡祎，娄策群 2007；周磊，张翔 2008）。

在计算机和互联网非常普及的当今社会，一旦顾客习惯于使用某种硬件和软件环境，尤其是软件，包括管理信息系统等，顾客花费了时间和精力去学习和使用，并养成了操作习惯，顾客将很难转移到其他信息技术产品中去。采用信息技术建立高昂的转移成本可以认为是一个战略选择（刘衡，李西垚 2009）。

### 3.2.4 研制新产品和新服务

显而易见，如果一个企业研制并推出了新的产品和新的服务，那么，它将在市场竞争中赢得优势。然而，竞争优势是不可能永远保持的，因为其他企业会因为利益的驱动而相继模仿推出同样的或者类似的产品和服务，且价格具有一定的可比性或更低的价格。这样的例子在软件行业是极其常见的，例如，Lotus 研发公司在成功推出 Lotus 1-2-3 电子表格软件之后成为该类产品市场的主要供货商。当其他竞争者打算推出类似的软件产品时，Lotus 研发公司通过知识产权阻止了竞争者的进入，从而捍卫了其市场的统治地位。然而，几年后，微软公司（Microsoft Corporation）推出了更好的电子表格软件产品 Excel，不但进入了电子表格软件市场，而且还占据了主导地位。

另外一个通过推出新服务而抢占市场的例子是 FedEx。20 世纪 70 年代后期，FedEx 通过提供隔夜快递服务而占领了市场。但是，当美国邮政服务公司、联邦快递公司等邮政公司开始以相同或更低的价格提供相同的服务时，FedEx 的市场份额开始下降。然而，FedEx 通过建立基于互联网的信息系统来允许顾客在线跟踪所邮递包裹的即时状态，重新夺回了失去的市场份额。FedEx 通过提供这项新的服务而吸引了更多的顾客。其他竞争者又开始模仿建立类似的服务。由此可见，战略创新不可能是静态的，如果一个企业要想在市场竞争中永远保持其竞争优势，那么，它的战略创新必须是动态的。

1994 年，网景公司（Netscape Corporation）第一个开始提供网页的浏览服务而占领了浏览器市场。网景公司的浏览器软件 Netscape 是免费下载使用的，从而吸引了客户，占据了 80%的市场份额。同时，浏览器软件 Netscape 的广泛应用带动了与其匹配的软件产品的热销。然而，随着微软公司推出了自己的网页浏览器软件 IE（Internet Explorer），网景公司的市场份额急剧下降。微软公司推出的绝对不比 Netscape 逊色的网页浏览器软件 IE 在免费下载使用的同时，还绑定在其个人计算机操作系统（Windows）上（后来涉嫌垄断官司而分开了），但是，微软公司的网页浏览器软件 IE 仍然占据了 85%的市场份额，而网景公司的浏览器软件 Netscape 的市场份额下降到了 12%。

### 3.2.5 差异化产品和服务

战略大师迈克尔·波特曾经把市场上企业参与竞争的策略分为如下三种，即成本领先策略、集中化策略和差异化策略。一个企业能够长时间维持优于平均水平的经营业绩，所依赖的根本基础就是持久性的竞争优势。而产品和服务的差异化战略正是企业竞争战略的一种，企业通过提供更改好的或者多种选择的产品和服务来满足消费者的偏好，为企业带来竞争优势。

产品或服务的差异化是指同一产业内不同企业的同类产品因质量、性能、式样、销售服务、信息提供和消费者偏好等方面存在的差异导致的产品间替代关系不完全性的状况，或者是特定企业的产品具有独特的可以与同行业其他企业产品相区别的特点。同一产业内不同企业之间产品的可替代程度的大小经常取决于消费者的偏好程度。通常把得到特定消费者强烈偏好的产品称为差异化产品，而把不具有这种消费者偏好的产品称为非差异化产品。为了吸引更多的消费者对本企业产品的特殊偏好，从而在市场竞争中占据有利地位，企业往往积极主动地在产品设计、产品质量、产品品牌、产品包装、产品创新、产品广告、销售服务、销售渠道等诸多方面下工夫，以期达到扩大差别优势的目的。

但是，在产品和服务差异化程度加深的同时，企业也会产生成本加大、协调困难等方面的问题，从而影响了企业成本领先战略的实现。如何将产品和服务差异化战略与成本领先战略统一起来，是实施差异化战略的关键所在。企业应该对差异化发展战略的内涵、优势及风险有充分的认识，在成本领先战略下的统一实施。

现代生产管理模式的变革以及当今信息经济时代的网络信息技术的蓬勃发展使得产品和服务的差异化战略与成本领先战略有机结合起来，并且在制造领域触发了深刻的变革，即大规模定制模式的产生。在大规模定制生产模式下，企业在获得产品和服务的差异化利润和成本领先目标的同时，也为顾客创造了更大的价值。通过对定制的产品和服务进行大规模的生产，把大规模生产和定制生产这两种模式的优势结合起来，在不牺牲企业经济效益的前提下，了解并满足单个消费者的需求。凭借规模优势使生产成本大幅度下降，从而降低产品的价格，刺激需求，创造市场，提高市场份额。网络信息技术的发展极大地促进了大规模定制生产方式的流行，越来越多的企业建立了网上产品平台，允许顾客设计自己想要的产品。由此可见，大量的新技术，尤其是网络信息技术在生产领域的运用，使企业在降低成本的同时实现产品和服务的差异化战略。

例如，亚马逊（Amazon.com）作为第一个通过建立网络平台来销售产品的互联网公司首先占领了市场。区别于传统的图书营销模式，亚马逊的“一站式”服务非常方便地满足了顾客的需求，赢得了顾客的口碑和忠诚。虽然 Barnes & Noble 后来也模仿亚马逊的网上图书营销模式，但是无法超越亚马逊。

戴尔公司 1996 年开始通过其网站 www.dell.com 直接销售其计算机产品，并迅速成为世界上领先的计算机系统厂商。戴尔公司的迅速成长得益于其采用的大规模定制的生产方式以及高效先进的供应链管理。客户通过戴尔的网上电子商务平台提出计算机的各项配置定制的订单要求，并得到戴尔公司的生产、配送等环节的快速反应。同时，戴尔公司通过其电子商务平台始终与客户保持着信息的畅通和互动，了解每一个顾客的个性化需求，为顾客提供多样化的产品和服务。

需要指出，信息技术的模仿是非常普遍的现象，模仿基本上只是人力资源的投入，并且花费的时间很短，因此，基于信息技术的产品和服务的差异化战略最终会被模仿，所以，只有随着顾客的需求不断深化差异化战略才会保持领先，即保持动态的基于技术的产品和服务的差异化战略是企业成功的关键。

### 3.2.6 建立联盟

联盟是指一企业与其他企业长期结盟、一起协调或合用价值链，以扩展它的价值链的有效范围的一个战略。有的学者把战略联盟定义为两个或两个以上的伙伴企业为实现资源共享、优势互补等战略目标而进行以承认和信任为特征的合作活动。有的学者认为战略联盟是一个企业为了实现自己的战略目标，与其他企业在利益共享的基础上形成的一种优势互补、分工协作的松散式网络化联盟。

企业间建立战略联盟具有如下的特点：

（1）战略性。参与联盟的企业进行的是长期的合作行为。

（2）平等性。参与联盟的企业是平等的。

（3）合作的互利性。参与联盟的企业根据各自已有的资源，本着平等互惠互利的原则，结合资源的互补性，追求共同利益的行为。

（4）独立性。联盟企业之间是一种合作伙伴关系，在保持密切合作的同时也保持着各自的独立性。

（5）关系松散。战略联盟主要是按照契约式联结起来的，因此合作各方之间的关系十分松散，兼具了市场机制与行政管理的特点，合作各方主要通过协商的方式解决各种问题。

（6）边界模糊性。战略联盟并不像传统的企业具有明确的层级和边界，而是一种你中有我，我中有你的局面。

（7）动作高效。战略联盟中合作各方将核心资源加入到联盟中来，联盟的各方面都是一流的。在这种条件下，联盟可以高效运作，完成一些企业很难完成的任务。

战略联盟的优势在于以下几个方面：

（1）战略联盟可以创造规模经济。小企业因为远未达到规模经济，与大企业比较，其生产成本就会高些。这些未达到规模经济的小企业通过构建联盟，扩大规模，就能产生协同效应，提高企业的效率，降低成本，增加赢利，以追求企业的长远发展。

（2）战略联盟可以实现联盟企业间的优势互补，形成综合优势。企业各有所长，这些企业如果构建联盟，可以把分散的优势组合起来，形成综合优势，在各方面、各部分之间取长补短，实现互补效应。

（3）战略联盟可以有效地占领新市场。企业进入新的市场或产业需要克服产业壁垒。通过企业间的联盟合作进入新的市场或产业，就可以有效地克服这种壁垒。

（4）战略联盟有利于处理专业化和多样化的生产关系。企业通过纵向联合的合作竞争，有利于组织专业化的协作和稳定供给。如丰田公司只负责主要部件的生产和整车的组装，减少了许多交易的中间环节，节约了交易费用，提高了经济效益。而通过兼并实行联盟战略，从事多样化经营，则有利于企业寻求成长机会，避免经营风险。

企业在选择战略联盟伙伴的同时，有时需要重新组织企业的内部结构与业务流程，有时需要更新经营观念，有时甚至需要了解联盟伙伴的能力、商业理念和企业文化。同时，企业应该考虑联盟的必要性、兼容性、效率性、承诺性和合法性。兼容性是合作的前提，互惠是合作的意义所在，承诺是合作成功的保证，即联盟中的企业要遵守诺言，并按照协议执行。

战略联盟的方式通常有以下几种：品牌联盟、供求联盟、研究开发联盟、市场共享联盟、销售联盟、投资资本联盟等。同一行业内相互竞争的企业间建立联盟是常见的。世界上几个重要的汽车巨头 GM、Ford 等建立了联盟公司 Covisit 共同组织原材料的供应，通过网上目录和拍卖机制来购买成品零件，降低了成本。国内的汽车厂商面临着汽车价格的不断下滑与原材料成本却在节节上涨的不利局面，各整车厂都在想方设法控制成本，大多数通过从零部件供应方面减少成本。由于与丰田相关的整车厂、经销店和供货商在中国各地布局分散，三个公司，即一汽集团、广汽集团和丰田汽车，各自建立的物流网不仅效率低下，而且会给环境造成很大的负担。因此，三方决定将相关物流工作捆绑起来，建立共同的物流网，从而提高效率。2007 年 11 月 22 日，由一汽集团、广汽集团和丰田汽车三方合资组建的物流公司，同方环球（天津）物流有限公司，在天津经济技术开发区开业。由于航线不尽相同，各航空公司建立联盟实现航线的共享来满足顾客的需求，这样一来，不但顾客的行程可以得到保证，而且机票价格也会降低，顾客在获得满意服务的同时，各航空公司也拓展了利润空间。

不同行业内的企业间建立联盟也是常见的。航空公司与酒店、车船租赁公司等建立联盟来实现游客旅行的一条龙服务，不但方便了旅客的行程，还节省了他们的时间和成本。另外，航空公司与信用卡公司合作推出航空里程累积打折活动也刺激了顾客的参与欲望，实现了多方的共赢局面。另外，HP 计算机公司与联邦快递 FedEx 公司的合作是一个非常好的战略联盟。FedEx 公司的优势在于遍及全球运输网络以及其电子商务和商业运作等一系列的全面服务，例如，为全球超过 220 个国家及地区提供快捷、可靠的快递服务。联邦快递的环球航空及陆运网络通常只需一至两个工作日就能迅速运送时限紧迫的货件，而且确保准时送达。而 HP 计算机公司与联邦快递的合作后，将其产品的仓库就设在联邦快递那里，HP 的配货信息直接传递给联邦快递 FedEx 公司，并借助其专业服务将产品快捷地送到顾客的手里。

基于互联网的战略联盟也是多见的，例如，亚马逊（Amazon.com）的联盟会员制（即 Affiliate programs）或联属网络营销（Affiliate marketing）。联盟会员在盟主亚马逊的网站上加入自己网站的链接，通过亚马逊的网站将顾客转接到联盟会员的网站实现交易的完成，亚马逊收取一定的佣金。

### 3.2.7 锁定供应商和顾客

在市场营销理论中，当顾客转移到其他品牌所获得的效用小于或者等于其转移成本时，该顾客户就被锁定。顾客锁定的本质在于顾客将来的选择将受到目前选择的限制（叶乃沂等 2000）。例如，顾客在计算机上一直安装的 Windows 9X 系统，在其系统升级时将优先选择 Windows 的系列产品，而购买新软件时也会优先考虑 Microsoft 的产品，因为在使用过相当长的时期后，许多用户已经形成心理依赖，转移成本将非常高，超过对其他品牌的预期满意度。而微软也正是利用了它在操作系统上锁定的顾客，后来居上，用捆绑销售的 IE 成功地战胜了 Netscape 的浏览器软件 Navigator。

同时，企业不仅要关注顾客的转移成本，更应该关注锁定状态带给顾客的关系收益。关系利益是指“顾客在与企业保持长期合作关系的过程中，除去和超越核心利益之外，带给顾客的其他利益”。有关研究认为：如果顾客从某种关系中获得了更多他们所期望的收益，那么他们在交易过程中的不安和焦虑就会减少，取而代之的是更高的顾客信任和承诺。顾客在与企业的关系中可以获得以下三种主要类型的收益：经济收益、社会收益和结构收益。其中，经济收益是指顾客购买某个供应商的产品或服务可以节省货币、获得额外提供的特别产品或是因为忠诚而获得产品或服务方面的奖励；社会收益是指顾客为供应商所识别，并被视为重要顾客而获得优待与享受友好服务等；结构收益是关系营销的最高形式，在这个层次上顾客已经面临着很高的转换成本。因此，如果企业能够为顾客提供他们在其他地方难以获得或是非常昂贵的“附加值”收益时，那么企业就为保持和强化顾客关系奠定了牢固的基础（王建国　2008）。

从企业的角度来说，“顾客锁定是一种持续的交易关系。它是经济主体为了特定目的，在特定交易领域，通过提高对方转移成本的方式，对交易伙伴所达成的排他性稳定状态；在具体的商业行为中，锁定状态表现为锁定主体对客体的获得与保有”（王琴　2003）。顾客锁定的类型有很多种，根据被锁定的主体，可分为供应商锁定（即供应商被锁定）、用户锁定（即用户被锁定）、双边锁定（即供应商和用户同时被对方锁定）；根据锁定的生成因素，可以分为耐用品锁定、服务锁定、信息锁定、品牌锁定、技术锁定、网络效应锁定、优惠折扣锁定、合同锁定、专有供应锁定等。

锁定是一个动态的概念，是具有周期性的，它通常要经过以下几个环节来实现：

（1）品牌选择，即顾客选择一个新的品牌的时候。

（2）试用。选择品牌之后顾客就进入试用阶段，试用过程形成自己的消费体验，这种体验愉快与否决定顾客是否继续使用。

（3）品牌确认。顾客通过试用过程喜欢并习惯了新品牌，对该品牌形成了偏好。如果这个阶段持续时间足够长，并且形成较高的转移成本，那么就会进入锁定环节。

（4）锁定。在到达锁定以后又会从新的层次上开始新一轮锁定。在当今互联网普及的今天，电子商务的锁定如同现实的商务一样，根本上是依赖于消费者的消费观念、消费行为偏好和最终的消费行为。这也就意味着，电子商务的发展程度和阶段性，根本上依赖于消费者网络消费观念的成熟、网络消费行为偏好的固定和网络消费行为经常化的程度和阶段性（叶乃沂等 2000）。所以，企业应该预见到整个锁定周期，把锁定顾客看作是一个系统工程，从全局着眼进行规划和评估，从而达到效益最大化。

对于企业而言，被锁定的顾客（即市场营销学理论中所说的老顾客）因为不需要额外付出营销成本，所以往往能够给企业带来高于新顾客的净利润，一般是获取新顾客净利润的 5～10 倍，所以长期锁定顾客对于企业具有重要的意义。同时，被锁定的顾客能够给企业带来市场占有优势，由于被锁定顾客与企业进行长期的重复交易，有助于建立双方的信任关系，有利于塑造企业的品牌忠诚，企业因此能够抵制竞争对手发起的攻击。

如果一个企业足够强大而迫使其供货商屈从于它的运作模式或者顾客不得不购买其产品，那么该企业就会在市场竞争中获得优势。拥有足以影响供货商和顾客的议价能力是关键。这样要求企业要足够强大才能做到这样。通常，一个企业锁定顾客的方法有以下几种：

（1）顾客因为高额的转移成本而只能继续购买该企业的产品。例如，在软件产品市场，ERP 软件的购买、安装、实施将顾客套牢。一方面是因为 ERP 软件确实能够将企业各个部门的运作有机结合起来，比如原材料采购、生产、销售、人力资源和金融等；另一方面，ERP 软件高额的购买费用，以及其在人员培训、安装调试和更新等方面的时间与精力的消耗，让企业只能继续使用该 ERP 软件产品。

（2）塑造品牌优势，实施个性化服务。流程式的或标准化的服务方式很难让顾客体验到愉悦，有时还会引起顾客的反感。将销售与服务融为一体，为顾客提供系统化、一体化的售前、售中和售后服务，赋予销售人员更多的职能和内涵吸引顾客。

（3）注重与顾客的心理沟通。在互联网普及的环境下，网络通信技术为企业与消费者之间的信息沟通提供了一个良好的平台，从而实现企业与消费者进行“一对一”交流和沟通。企业应实时注重顾客的抱怨，为顾客提供更多的、便捷的抱怨机会和渠道，例如，增加互联网站、电子邮件、手机短信等投诉途径，这是在用户消费体验之后对抱怨的宣泄途径。注意到，有些抱怨是顾客在进行消费的过程中发生的，那么就要让顾客更加及时、更加便捷的把对产品和服务的不满传递给企业。同时，在接到顾客的抱怨后要以最快的方式来处理并积极反馈，从而让顾客意识到自己受到了充分的尊重。有的企业通过邀请顾客共同参与创建企业的网站来留住他们。企业网站为顾客提供免费的个人主页空间、免费的电子邮箱等服务，在网站中设立许多栏目，邀请顾客参与讨论或主持栏目来实现对企业的产品、服务以及情感的投入。

（4）企业的产品和服务确实比其市场竞争者的要好或者提供独特的价值。如果企业的产品具有独特而不可替代的价值，那么，顾客是不会计较成本的。要想吸引甚至是挽留顾客最有效的方式是产品的价值是独一无二或无可替代的。产品功能层面的价值才是顾客真正关注的东西，不管是服务、形象还是人员感受，都是依附于功能价值而存在的。

（5）创建行业或技术标准。尤其在软件行业，这种策略应用得比较普遍。例如，微软公司允许顾客免费下载和使用其网页浏览器软件IE，而一旦广大的客户群体形成以后，顾客们会自然地购买和使用与IE相匹配的微软公司的其他软件产品，从而达到其战略意图。类似地，Adobe公司通过允许顾客免费下载和使用PDF（Portable Data Format）文档阅读软件Acrobat Reader而将顾客绑定。当Adobe公司的广大的客户群体形成以后，顾客们会购买其PDF文档的编辑软件。就是因为这个战略的成功实施，Adobe公司在竞争中取得了胜利。

一个企业锁定供货商的方法有以下几种：

（1）如果一个行业内企业的竞争者较少，那么，该企业如果是市场的主要参与者的话，该企业就具有较强的议价能力，同时也就很容易将供货商锁定。

（2）如果一个企业从供货商那里的需求量较大，那么，该企业就可以要求供货商按照它的要求去协作。例如，世界上最大的连锁超市沃尔玛（Wal-Mart）在把供货商的商品压到最低价的同时，还要求供货商的企业信息系统与沃尔玛的信息系统相匹配，以便实现信息的无障碍沟通和信息的自动化处理。

（3）一个企业可以通过与行业内的竞争者建立企业联盟的方法来锁定共同的供货商，从而从供货商那里获取低廉的供应商品或配件。尤其在互联网普及的今天，这种方法是十分可行且有效的。

## 3.3 战略信息（系统）作为一种竞争武器

20世纪80年代中期，战略信息系统（Strategic Information Systems，SIS）概念的出现得益于信息技术在一些企业的应用取得了巨大的成功。信息技术在支持企业战略实现上的应用，为企业带来了明显的竞争优势，极大地促进了这些企业的发展。国外有的学者给出了战略信息系统的定义，即战略信息系统是通过生产新产品和服务，改变与客户和供应商的关系，或者通过改变公司内部的运作方式，以使企业具有竞争优势的信息系统。

企业内部常见的信息系统包括事务处理系统（TPS）、办公自动化系统（OA）、管理信息系统（MIS）、决策支持系统（DSS）、企业资源计划系统（ERP）、供应链管理系统（SCM）、客户关系管理系统（CRM）等。但是，并非任何用于管理的信息系统都能称得上是战略信息系统，只有当信息系统能直接支持或影响企业的经营战略，并帮助企业获得竞争优势，或削弱了竞争对手的优势时，才能认为该信息系统是战略信息系统。不同于人们过去的简单看法，即应用信息技术提高效率、减轻员工的劳动、辅助管理决策等的简单模式，战略信息系统是信息技术在企业战略上的应用，是将信息技术与企业的经营战略结合在一起，直接辅助经营战略的实现，或者为经营战略的实施提供新的方案。战略信息系统的功能与作用是战略性的，它支持企业的竞争战略，为企业带来竞争优势。

## 3.3.1 战略信息系统的来源

### 1. 来源于自动化的战略信息系统

许多企业开发企业信息系统的初衷是用自动化来代替手工劳动过程，以实现生产效率的大幅提升，而最终的结果是，这样的信息系统支持了企业赢得战略上的竞争优势。1978 年，医疗设备供应商 AHS 公司（American Hospital Supply Corporation）开始安装使用新的信息系统 ASAP（Analytic Systems Automatic Purchasing），实现了与顾客（医院）的电子化信息沟通。同时，在其顾客的办公室也安装了该系统，允许顾客的工作人员在办公室通过计算机终端下订单并将电子订单传递给 AHS 公司，从而大大缩短了从发出订单信息到收到供应设备的时间。这样的信息系统代替了员工的纸面工作，节省了时间，提高了工作效率，而且将顾客与 AHS 公司紧紧地捆绑在一起，帮助 AHS 公司实现了竞争优势。

20 世纪 80 年代，美国花旗银行（CITIBANK）开始实施“改善客户服务、降低业务成本”的经营战略，率先在纽约建立起包括 800 多台自动提款机（ATM）的网络系统，自动提款机 24 小时全天候为客户提供了更加及时和快捷的服务，允许客户在任何需要的时间都能提取现金。同时，大量自动提款机的应用大大减少了银行分支机构和出纳员的数量，降低了业务成本。显然，这样的以自动提款机网络应用为代表的战略信息系统，为经营战略的实现提供了全新的解决方案，有力地促进了花旗银行战略目标的实现。

### 2. 来源于新服务的战略信息系统

信息技术在服务行业中的创造性应用，造就了战略信息系统对企业竞争优势的巨大支持。美国航空公司的自动订票系统、美国花旗银行（CITIBANK）的自动提款机、联邦快递 FedEx 公司的包裹投递及跟踪管理系统均为这些企业在其所属行业的竞争中赢得了优势，并分别为它们带来了巨大的经济效益，同时也带动了各自行业的发展，促进了社会的发展和进步。

### 3. 来源于新技术的战略信息系统

由战略信息系统的定义可知，信息技术在支持企业实现竞争战略和企业计划中的应用。信息技术在客户服务、市场营销、供应链管理等诸多方面使企业获得或维持竞争优势，例如，面向对象技术、数据仓库技术、互联网技术等。具体地，铁路战略信息系统是运用信息化技术，及时、准确地掌握国内外运输市场的变化动态，为铁路各级战略决策提供支持依据的综合系统。该系统能充分利用路内、路外信息，把传统分散的铁路信息孤岛，整合为一个有机整体，可为铁路内部的战略决策提供支持。

## 3.3.2 企业业务流程的再造和组织变革

值得指出，企业为了适应不断变化的环境，寻求新的发展，需要引进和使用新技术以及实施战略信息系统，往往会引起企业业务流程的改变和再造、人员的精简及组织机构的重组。同时，战略信息系统的实施对企业管理人员的工作方式与决策方法和手段也会产生深刻的影响。基于信息技术的企业业务流程的优化、机构的重组以及管理手段的变革，能大大提高企业运作的效率，降低经营成本，缩短原材料供应、生产、配送的周期，减少库存数量，并极大地改善服务质量，使企业的综合竞争实力显著增强，获得明显的竞争优势。

### 3.3.3 保持竞争优势为移动的目标

企业要想在竞争中获胜，并保持长盛不衰的竞争优势，需要在参与竞争的过程中，充分地了解自身的情况，同时，要以动态的眼光审视产业环境和对手的情况，做到知己知彼，在激烈的市场竞争中制定出合适的战略或战略组合。

在动态的市场环境中，保持企业竞争优势的创新是一个连续过程，每一个创新都会在原有的基础上创造出新的竞争优势。这样连续不断的创新使企业在整个发展期内具有持续的竞争优势。由于行业内企业之间的激烈竞争，使得每一家企业的进步都很快被模仿，这样会给企业造成持续的创新压力，企业只有通过不断创新，采用新技术、新发明，才能在激烈的竞争中保持优势。持续创新是企业持续竞争优势的内在动力。技术研发作为企业的一项辅助活动，对企业的产品质量和竞争优势的确立发挥着巨大作用。所以保持一定比例的技术研发投入是企业长远发展的基础，也是企业保持竞争优势的保证。

同时注意到，波特在《战略与互联网》一文中认为，现代信息技术的发展，大大改变了企业间竞争的性质和结果。如果一个企业在竞争中能够运用信息技术占得先机，就能给其带来暂时的竞争优势。因为某一单项的技术，很容易被其他企业模仿，所以这种竞争优势是暂时的。波特认为，真正能够给企业带来持久竞争优势的是企业各项活动的协调或“关联”（Porter 2001）。

## 3.4 小结

本章首先讨论了战略的概念，讨论了企业为了面对激烈变化的市场环境制定和采用各项战略来满足企业长期生存与发展的目标。明确了战略的价值，即战略能够为企业明确未来的发展方向，战略能够指出企业实现目标的方法，战略能够帮助企业的管理层更好地界定业务，战略能够激励企业的员工，战略能够使企业各部门更加协调一致，战略能够帮助企业更好地组合资源，战略能够使企业更好地赢得市场竞争，战略能够帮助企业更加有效地规避经营风险。同时，注意到，战略是企业设立远景目标并对实现目标的轨迹进行的总体性、指导性谋划，属于宏观管理范畴。尽管每个企业都有自己的战略，但是战略有一些共同的特点是值得注意的，即目标导向性、长期性、全局性、竞争性、系统性、风险性和资源承诺性。

本章重点讨论了实现竞争优势的方法与相应的 IT 支持手段。基于 IT 的低成本策略在帮助企业赢得竞争优势的同时，也赢得了消费者的满意度和忠诚；通过塑造企业品牌与知名度、差异化产品和服务、保护专业知识或专业技术等手段来提高市场进入者的障碍，从而维持企业的竞争优势和利润；通过建立高昂的转移成本来留驻顾客也是企业保持竞争优势的一个方法，在计算机和互联网非常普及的当今社会，采用信息技术建立高昂的转移成本为是一个很好的战略选择；通过不断研制新产品和新服务来满足顾客不断变化的需求，也是企业保持竞争优势的一个方法，而信息技术是实现该方法的关键；产品和服务的差异化也是企业竞争战略的一种，企业通过提供更好的或者多种选择的产品和服务来满足消费者的偏好，为企业带来竞争优势；与其他企业在利益共享的基础上形成的一种优势互补、分工协作的松散式网络化战略联盟同样是一个为企业赢得竞争优势的战略；通过长期锁定顾客能够给企业带来稳定的市场占有率和稳定的利润，通过建立与顾客的信任关系，有利于塑造企业的品牌忠诚，有利于抵制竞争对手的攻击；通过长期锁定供应商，企业可以获得稳定而低廉的原材料或配件的供应，为实现低成本策略奠定扎实的基础。

将信息技术与企业的经营战略结合在一起，战略信息系统是信息技术在企业的战略上的具体应用。战略信息系统直接辅助经营战略的实现，为经营战略的实施提供新的方案。战略信息系统的功能和作用是战略性的、长期的，支持企业获得并维护竞争优势。战略信息系统来源于企业生产过程的自动化、新服务、新技术等因素。但是，同时也注意到，为了引进和使用新技术以及实施战略信息系统，往往会引起企业业务流程的改变和再造、人员的精简及组织机构的重组，企业管理人员的工作方式与决策方法和手段也会发生深刻的变革。基于创新技术的企业业务流程的优化、机构的重组以及管理手段的变革是企业在保持竞争优势的过程中不可回避的问题。

需要指出，企业只有通过持续性的创新，才能使企业获得持续性的竞争优势。企业保持持续的竞争优势是一个动态的过程，需要构建企业竞争优势的动态系统、企业战略能力的培养与保护和创新机制。

## 案例 3.1　佳能对喷墨打印机的开发——开发和培育新的核心替代技术，持久地维持企业的竞争优势

（博锐管理在线：http://esoftbank.com.cn/wz/56_10814.html）

打印机制造业是伴随着计算机的普及而迅速成长起来的一个产业。这个产业经历了从应用碰撞原理的色带打印、针式打印到应用非碰撞原理的感热打印以及目前流行的激光打印和喷墨打印的技术与市场的巨变过程。佳能自 1988 年到 20 世纪 90 年代中期，一直维持着该行业领头羊的优势地位。这一地位的取得，不仅取决于该公司从研发复印机中培养起来的电子照相技术在开发激光打印机得到了充分应用的结果，而且还取决于该公司未雨绸缪地开发和培育起喷墨技术这一新的替代核心技术得以市场化的结果。1986 年—1994 年间佳能的喷墨打印机的累计市场占有率高达 68％。

激光打印机虽然具有打印速度快、清晰度高、噪音低等优势，但是，同时也因其构造复杂，存在着难以小型化、彩色化、低价格化等问题，而能解决这些问题的则是喷墨式打印技术。

1975 年，佳能完成了将电子照相技术应用于激光打印机 LBP 的开发工作，并把它作为企业的一项核心事业。这项事业刚起步，佳能中央研究所的研究人员就开始了探索替

代该技术的新技术。他们把目光投向喷墨打印技术时，发现今后可能成为喷墨打印机技术主流的压电振动子原理的技术专利都已被人申请了。为此，他们只能寻找新的技术，于1977年发明了以热能为喷射源的喷墨技术原理，又称BJ原理。但是靠激光技术起家的公司其他技术人员的反应则是十分冷淡的。他们认为，该技术作为原理虽很理想，但从实现它的方法上看，却是完全“没用的技术”。为了完善这一技术，BJ开发组成员开始了长达10多年的技术开发与改良工作。为了消除其他技术人员的偏见，使自己开发出来的技术得以应用，他们游说遍公司各事业部门。几经周折，最终以使用原有的打印机外壳，不增加产品开发成本为前提，换取了使用他们开发的机芯的机会，实现喷墨打印技术的产品化和量产化。1990年在公司首脑的主导下，他们推出了世界上最廉价的小型喷墨打印机BJ-10V，迈出了该技术走向事业化的最关键的一步。1991年以后喷墨打印机开发集团作为新的核心部门，其产量大大超过了激光打印机，1995年的销售额超过了佳能总销售额的20%。

一般而言，企业要获得竞争的优势，就必须具备其他企业所没有的核心技术，而且还必须进行持续的投资以进一步改良和完善这一技术。但是，通过这一系列努力而达到的技术能力一旦确立，特别是当能为企业带来强大的竞争力时，就蕴含着可能出现阻碍开发和培育另一种新技术的危险性。这是因为在通常情况下，处于发明初期的新技术在多数成果指标上，大都比现有技术拙劣得多，与发明无关的技术开发人员一般不会热心对待这些“不过关的技术”，而产品开发部门也因为它无法满足作为目前事业活动中心的顾客需求而不敢轻易采用这些新技术。也就是说，产品的生命虽来由于它与顾客的密切度，但在技术与市场不断变化的环境中，这种密切完成得越彻底，阻碍在该企业组织内产生新的核心技术与能力的可能就越大。那些曾经一度辉煌的领袖企业之所以走向衰落和失败，其中的一个重要原因在于它们没能及时地开发和培育出适应技术与市场变化环境的新的核心替代技术。

佳能可以说是一个能够比较好地处理和平衡企业现有核心技术与新的核心技术关系的典范企业。该公司在现有企业核心技术作为事业中心起步之时，就着手开发新的核心技术，并且锲而不舍地从人力和财力等多方面培育这一技术。该公司先是应用的电子照相技术开发出激光打印机，取得竞争优势；当激光打印机的技术逐渐被竞争企业所模仿和超越时，又不失时机地应用新的核心技术推出喷墨打印机，比较持久地维持它的竞争优势。

## 案例3.2　信息技术催化现代服务业的创新——沃尔玛（Wal-Mart）的成功分析

（中华人民共和国商务部：http://syggs.mofcom.gov.cn/aarticle/ag/200406/20040600232392.html）

### 1. 背景简介

激烈的市场竞争，顾客对产品的成本、服务的质量和速度提出越来越苛刻的要求，迫使服务业的经营和管理模式发生变化，IT 技术的应用催化了服务业的跨地域连锁和集约化经营管理的形成。信息技术从局域网到广域网到互联网的发展，迫使企业的运作由闭环到协同运作的转变，将企业从封闭的生产、经营和管理带入整个社会的开放协同工作中，引起整个产业链从传统孤立到有机协同互动的变化。信息技术的跨时空和实时特点，给传统企业的经营模式与管理带来前所未有的挑战与创新空间。是信息技术成就了沃尔玛公司（Wal-Mart），帮助沃尔玛大量降低运行和管理成本，并实现了跨地域大规模发展。沃尔玛首先将卫星技术引入商业运营与管理，促进了 IT 技术和产业发展。沃尔玛又将美军在海湾战争中使用的 RFID（射频）技术，引入到沃尔玛的供应链和连锁管理中，要求在 2006 年前所有给沃尔玛提供商品的供应商全部使用 RFID 包装，完成了沃尔玛与供应商的协同运作。下面介绍沃尔玛公司的经营背景、经营战略、营销方法和信息技术支持。

沃尔玛公司是国际著名的大型零售企业。《财富》杂志在 2002 年度公布的世界 500 强企业中，沃尔玛以 2198 亿美元的销售额被列榜首。2003 年再次以 2465 亿美元的销售额名列榜首。

1962 年，第一家沃尔玛折扣商店在美国阿肯色州创立，到 1970 年时仅有 18 家店铺，销售额为 0.4 亿美元。前 20 年的发展基本上是以自己开店为主。1980 年销售额达到 17 亿美元，1990 年达到 330 亿美元，成为世界零售百强首位。在 1991 年前，沃尔玛的收购兼并基本在国内完成。从 1991 年开始从国内市场向海外市场扩展，大举兼并收购。1991 年进入墨西哥，1994 年通过收购加拿大 122 家店铺进入加拿大零售市场，1997 和 1998 年收购德国 95 家店铺成功进入欧洲市场，1999 年收购英国 229 家店铺。目前已扩大到阿根廷、巴西、加拿大、中国、德国、韩国、墨西哥、英国、波多黎各等 9 个国家。到 2004 年 1 月，沃尔玛在全球共开设了 4900 多家分店，包括在美国本土的 1478 家沃尔玛折扣商店、1471 家购物广场、538 家山姆会员商店和 64 家沃尔玛社区店以及 1355 家海外分店，在全球 103 个地区拥有配送中心，国内外员工达 150 万人。2003 年度（2003 年 1 月 31 日至 2004 年 1 月 31 日）公司销售额已达 2563 亿美元。

沃尔玛的历史并不悠久，仅仅几十年，便从美国阿肯色州一个小镇上的杂货店跃居全球销售的首位。这与其不断的业态创新、准确的市场定位、先进的配送管理、强大的技术支持、“天天平价”的营销策略以及和睦的企业文化等几个因素密不可分。

### 2. 不断的业态创新

1）20 世纪 50 年代以杂货店起家

1951 年，沃尔玛的创始人山姆沃顿在美国阿肯色州的本顿威尔盘下一家老式杂货店，取名“沃顿 5 分--1 角”商店，主要经营花边、帽子、裁剪纸样等乡下杂货店的传统商品。山姆扩大了店面，并开始采用自助式服务的经营方式。1952 年 10 月，第二家“沃顿 5 分--1 角”商店开业。到了 1960 年，他已有 15 家商店分布在本顿威尔周围地区，年营业总额达到 140 万美元。当时山姆在杂货业的成功，除了他的努力工作和经营谋略外，还得益于该行业在当时美国零售业中的地位。20 世纪 40 年代后半期和整个 20 世纪 50 年代，杂货业在美国，特别是农村小镇上仍是一种兴旺发达的零售形式。

2）20 世纪 60 年代转入折扣百货业

20 世纪 60 年代初，折扣商店在美国开始进入迅速发展的成长期，并已对小镇的传统杂货店形成了可怕的威胁。这是一种低价大量进货，便宜卖出，以经营宽系列综合商品为特点的零售经营形式。1960 年至 1962 年间，山姆考察了当时美国主要的几个折扣商店连锁集团，下决心从杂货业转入折扣百货业。1962 年 7 月，第一家沃尔玛折扣百货店开业，店名为 Wal-Mart。经过近 20 年的发展，20 世纪 80 年代末，沃尔玛已有 1400 多家分店，分布在美国 29 个州，年销售收入 200 多亿美元，净收入 10 亿美元，总营业面积近 1000 万平方米，成为全美最大的折扣百货连锁公司。

3）20 世纪 80 年代的山姆仓储俱乐部

典型的仓储俱乐部营业面积在 1 万平方米以上，商品组合从食品到一般商品，可以说几乎无所不包，一应俱全，可以最大限度地满足消费者一次购齐的需要。同时，仓储俱乐部的销售毛利平均只有 10%～13%，不但比传统百货公司、食品超市低，甚至比折扣百货店还低一半，因此商品价格格外便宜。保证商品种类齐全、价格又特别便宜的诀窍在于只经营每大类商品中那些需求最多、销量最大的品种、规格或品牌，而且很多商品的最小销售包装要比一般商店大得多，这些措施能使同样商品在仓储俱乐部比普通零售店便宜 30%～40%，大大提高了对顾客的吸引力。补偿成本和稳定顾客的另一措施是实行会员制，目标顾客是购买批量较大、从事小生意的顾客，如餐馆、食品店等。由于以上种种优点，仓储俱乐部被专家视为折扣百货店之后最具创新、最有潜力的商业经营形式，可看作是批发和零售的一种完美结合。1983 年，第一家山姆俱乐部在俄克拉何马城开业，1985 年，山姆店开到了 23 家，1986 年 49 家，1989 年 105 家，销售额近 40 亿美元，在公司总销售额中的份额增至 18.8%。从 1990 年起，山姆俱乐部就占据了美国仓储俱乐部业态销售收入第一的位置。2003 年，山姆俱乐部年度销售额 344 亿美元，仅美国本土就有 538 家山姆会员商店。

4）20 世纪 90 年代发展购物广场

20 世纪 80 年代，在发展单店面积达 2 万平方米的特级市场失败后，山姆总结了顾客的意见及经营中的问题，又开始试验比特级市场面积小一些的购物广场。购物广场营业面积为 1 万平方米左右，毛利率 17%～18%，相比于一般超市的毛利率仍有优势。商品组合相当于一个超市加一个折扣百货店，商品大类比超市略窄，但质量更好，总计约 6.5 万种，食品、综合商品各一半，遵循“一站购齐”的原则，目标是 1 万人口以下的小镇。1988 年，第一家沃尔玛购物广场在密苏里州的一个 9000 人口的小镇开业。年底第二家购物广场在离俄克拉何马州大城市杜萨 50 公里处的一个 6000 人口的小镇开业。公司认为在这些地方设店是因为当地很多人定期要到几十公里外的都市去购物，而购物广场较小的规模和商品组合的灵活性使之具有适应较小社区的能力。特别是在这些地区，沃尔玛 20 多年的经营已建立起良好的声誉和稳定的顾客群。公司将购物广场视为以往折扣百货店的延伸。1992 年沃尔玛购物广场共开业 10 家，1994 年 72 家，到 1996 年增至 239 家。到 2003 年末，在美国本土的沃尔玛购物广场共有 1471 家。

### 3. 准确的市场定位

以往，许多大型企业都在大中城市从事零售业。沃尔玛却盯着中小城镇这个空白，实行“农村包围城市”的战略。其策略采取以州为单位，一县一县地设店，直到整个州市场饱和，再向另一个州扩展。由一个县到一个州，由一个州到一个地区，再由一个地区到全美国，再从全美国扩展到全世界，稳扎稳打，逐渐做大。选址开店一般遵循以下原则：一是选择经济发达的城镇；二是通盘考虑连锁发展计划，以防设店选址太过分散；三是独立设置门店，对山姆俱乐部而言，是独立门店，一般不与其他大型零售店聚集在一起；四是选择城乡结合部。在商品采购上致力于建立一个适销对路的商品结构。以山姆俱乐部为例，其风格为：实行宽广度、中深度的商品组合，充分满足消费者“一站式购物”的需要；重视商品高周转（而不是把高利润摆在首位）；以便利品为主，适当配售选购品；以中档商品为主，适当兼顾高档和低档商品。

### 4. “天天平价”的营销策略

所谓天天平价，是指零售商总是强调把价格定得低于其他零售商的价格。在这种价格策略指引下，同样品质、品牌的商品都要比其他零售商的价格低。沃尔玛折扣店的商品要比其他地方售价低10%～20%，山姆会员店中则要低到30%～40%。

低价策略是沃尔玛一贯的经营方针，在商品采购环节上是“从供货者那里为顾客争取利益”，态度坚决地对供应商坚持低价策略。在采购上，采用供销直通模式和合伙经营模式。在销售环节上，坚持持久不变的低价定位策略。定价的基本原则一是扩大市场份额，兼顾利润最大化；二是严格控制毛利率，确保低位；三是以竞争导向定价法为主要定价手段，全面塑造和强化动态管理定价体系。沃尔玛还坚持低价形象塑造策略。实行折价销售，低成本“便宜”的最初印象。接着，运用攻心战术，如广告语上的“天天平价”，“我们所做的一切都是为您省钱”，营造低价气氛。精心挑选“磁石”商品，制定特别低廉的价格，招揽顾客。对特价商品特别陈列，商品价格也会因应时势变化，灵活多变，及时调整。

价格战是企业竞争频繁运用的商业手段。沃尔玛通常策略是：第一、新开店实施特殊价格，以低价与折价渗透市场；第二、随着市场形势发展，沃尔玛也主动发起价格战，面临对手降价时，也不畏竞争，在弄清对手降价的目的后，会及时跟进甚至主动出击。沃尔玛的广告策略则是低投入，在各种商品上市时，短期内做广告，并将价格作为宣传重点。沃尔玛的特殊广告方式就是低价商品。

沃尔玛的“低成本”是实现“天天平价”的有力保证。一是在商店的选址及装潢上，一般选择租金低而交通集中的地区或公路旁，装潢都比较简单。二是广告费用和管理费用低。沃尔玛有一条不成文的规定，公司办公室的费用只占营业额的2%，而且广告费用也低于行业的平均水平。三是与供应商锱铢必争。在沃尔玛，有这样一种观点，即公司是顾客的代理，于是在公司内部就形成了与供应商锱铢必争的供应商制度。四是沃尔玛拥有自己的卫星系统和全美最大的私人车队，使公司分销成本得以降至销售额的3%，低于竞争者 4.5%～5%的水平，后勤保障的高效为分销成本大幅降低提供了保证。五是大批量进货和全球性采购。沃尔玛的巨大销售额使其确定了供应链中的领袖地位，它的90%的产品直接从厂家进货，并且实现了全球性采购，从而使进货费用得以大幅降低。

### 5. 先进的配送管理

在创建沃尔玛折扣商店之初，创始人山姆沃顿就意识到有效的商品配送是保证公司达到最大销售额和最低成本的核心。当时美国的大型连锁公司如凯玛特等位居城市，有专业的分销商为它们的上千家分店供货；而作为一家新公司，沃尔玛既缺少一个自己的配送系统，也没有大分销商愿意为它那些地处偏僻小镇的分店送货。在这种情况下，山姆沃顿知道唯一使公司可以获得可靠供货保证及成本效率的途径就是建立自己的配送组织。

1969年，随着公司总部在阿肯色州的本顿威尔落成，第一个配送中心也建成了，当时即可集中处理公司所销商品的40%，大大提高了公司大量采购商品的能力。另外，沃尔玛创造了零售供货的新模式，实行从工厂直接进货，使流通环节大为减少。在沃尔玛成立的第一个10年内，共建了5个配送中心。到1975年，沃尔玛已有80%的商品由自己的配送中心统一处理，余下的20%仍由供应商直送分店。到20世纪90年代，沃尔玛在全美建立了三十多个分销中心，设计并完善了与之配套的物流管理系统，整个公司销售的8万多种商品85%由这些配送中心配送供应，而竞争对手只有50%～60%实现了集中配送。配送中心的运行完全实现了自动化，每个配送中心的面积约10万平方米，中心的每种商品都有条码，由十几公里长的传送带传送商品，由激光扫描仪和计算机追踪每件商品的存储位置及运送情况。繁忙时传送带每天能处理20万箱货物。每个配送中心有600～800名员工，24小时连续作业，每天有160辆货车开进来卸货，150辆车装好货物开出。许多商品在配送中心停留的时间总计不超过48小时。配送中心每年处理数亿次商品，99%的订单正确无误。目前沃尔玛在全球103个地区都有自己的配送中心。

许多大连锁公司都是将运输工作外包给专业的货运公司，但沃尔玛一直坚持有自己的车队和自己的司机，以保持灵活性和为一线商店提供最好的服务。沃尔玛拥有全美最大的送货车队，20世纪90年代初大约有2000多辆牵引车头，1万多个拖车车厢，从而确保了产品由分销中心运到各分店的时间不会超过一天。而零售分店从在计算机上开出订单到货物上架的平均时间只有两天。

### 6. 强大的技术支持

沃尔玛将信息技术广泛运用于分销系统和存货管理，投入七亿美元建立了一个卫星交互式通信系统。借助该系统，公司总部得以与数千家连锁店和一百多家配送中心保持即时联络，整个公司实现计算机网络化和24小时连续通信。总部的决策与会议都可以通过卫星传送到各分店，也可以进行新产品演示。

沃尔玛拥有世界上最大的民用数据库，比美国的电话电报公司还要大。到了20世纪80年代，沃尔玛所有商店和配送中心都安装了电子条码扫描系统，并开始利用数据交换系统（EDI）与供应商建立全自动的订货系统。通过计算机联网向供应商提供商业文件，发出采购指令，获取收据和装运清单，同时也使供应商及时精确地把握其产品销售情况。

到了 1990 年，沃尔玛已与它的 5000 多家供应商中的近 2000 家实现了电子数据交换，成为 EDI 技术的全美国最大用户。

沃尔玛还利用更先进的快速反应系统代替采购指令，真正实现了自动订货。这些系统利用条码扫描和卫星通信，与供应商每日交换商品销售、运输和订货信息，包括商品规格、款式、颜色等细节。最快的时候，从发出订单、生产到将货物送达商店，总共不到 10 天时间。现在，沃尔玛公司的计算机追踪着业务的每一环节，了解公司出售的一切商品。它了解每件商品价格多少；该店出售该商品赚了多少钱；收银员对这件商品扫描需要多少时间；顾客在买这种商品时往往同时购买哪些其他商品；供应商还有多少存货；有多少货物正在运往该店的途中，或存储在周围 300 公里的仓库里等。利用先进的电子通信等技术手段，沃尔玛的经理们可精确地了解这些数据，从而知道如何使商店的销售与配送中心保持同步，配送中心与供应商保持同步。

**7. 和睦的企业文化**

在沃尔玛，员工并不被当做“雇员”看待，而是称作“合伙人”。公司对员工利益的关心落实在一套详细而具体的实施方案中，包括利润分享计划和薪酬福利方案等。在企业决策上，发扬民主参与的精神，广泛吸取一线员工的意见。团结活泼的企业文化与沃尔玛紧张高效的管理体制相适应，共同营造了一支优秀的零售团队。

沃尔玛于 1996 年进入我国零售市场，首先在深圳成功开设了亚洲第一家沃尔玛购物广场和山姆会员商店。1996 年 10 月，位于深圳福田区香蜜湖的中国首家山姆会员店开业，这是一家会员制仓储商店，主要经营的商品包括五金家电、日用品、办公用品、保安设备、保健美容品、新鲜和冷冻食品、大件箱包和组合包装等。同期开业的首家沃尔玛购物广场位于深圳罗湖区湖景花园。

1997 年 10 月，东莞沃尔玛购物广场宣布开业，它位于东莞市场城区东纵大道东湖花园，总面积为 2 万多平方米，它将沃尔玛购物广场的商品结构和零售技术与山姆会员店的会员服务融为一体。截止到 2003 年底，沃尔玛在我国共开设了 33 家分店。在中国的商店里 95%以上的商品都是中国制造，2002 年沃尔玛以直接和间接的方式从中国采购的产品总额超过 120 亿美元，2003 年达 150 亿美元。2003 年，沃尔玛在中国的销售额为 58.5 亿元人民币，同比增长了 23.5%。

## 复习题

### 一、填空题

1. 亨利·明茨伯格采用 5 个 P 给出了战略的综合定义：________、________、________、________和________。
2. 战略的基本准则包括________、________、________和________。
3. 尽管每个企业都有自己的战略，但是战略有一些共同的特点是值得注意的，即________、________、________、________、________、________和

__________。

4. 根据迈克尔·波特的模型，下列因素是构成行业进入障碍的主要因素：__________、__________、__________、__________和进入渠道的难度等。
5. 美国学者 Klemperer （1987）总结了三种类型的转移成本，即__________、__________和契约成本。
6. __________是指同一产业内不同企业的同类产品因质量、性能、式样、销售服务、信息提供和消费者偏好等方面存在的差异导致的产品间替代关系不完全性的状况。
7. __________是指一企业与其他企业长期结盟、一起协调或合用价值链，以扩展它的价值链的有效范围的一个战略。
8. __________是通过生成新产品和服务，改变与客户和供应商的关系，或者通过改变公司内部的运作方式，以使公司具有竞争优势的信息系统。
9. 战略信息系统的功能与作用是战略性的，它支持企业的__________，为企业带来__________。

## 二、单项选择题

1. 企业通过有效途径降低成本，使企业的全部成本低于竞争对手的成本，从而获取竞争优势的一种战略是（　　）。
   A. 低成本战略　　B. 领先战略
   C. 竞争优势战略　　D. 差异化战略
2. 规模经济是指（　　）。
   A. 当在一个特定时期内，产品产量增加时，单位产品的生产成本也会增加
   B. 当在一个特定时期内，产品产量增加时，单位产品的生产成本会减少
   C. 当在一个特定时期内，产品产量增加时，单位产品的生产成本保持不变
   D. 产品的物理尺寸越大，生产成本会越低
3. 战略与结构关系的基本原则是（　　）。
   A. 组织战略服从于组织结构　　B. 组织的结构服从于组织战略
   C. 组织战略与组织结构并列　　D. 产生共同愿景
4. 现有企业间的竞争是指（　　）各个企业之间的竞争关系和程度。
   A. 行业内　　B. 区域内
   C. 产品市场领域内　　D. 集团内
5. 差异化战略的核心是取得某种对顾客有价值的（　　）。
   A. 差异性　　B. 独特性
   C. 使用性　　D. 信誉性
6. 在成熟产业中选择竞争战略时，如果是大量生产则采用（　　）较好。
   A. 差异化战略　　B. 集中战略
   C. 成本领先战略　　D. 一体化战略

7. 在《竞争战略》一书中（　　）提出了著名的五方面竞争力量模型。
A. 波特　　B. 钱德勒
C. 魁因　　D. 安索夫

8. 进入壁垒高和退出壁垒高对产业获利能力影响是（　　）。
A. 稳定的高利润　　B. 稳定的低利润
C. 高利润高风险　　D. 低利润的低风险

9. 如果一个产业的进入壁垒比较高，对产业内现有企业的威胁就（　　）。
A. 越大　　B. 越小
C. 不明显　　D. 明显

10.（　　）不是行业进入壁垒。
A. 预期的竞争者的报复　　B. 规模经济
C. 品牌忠诚度　　D. 供应商的讨价还价能力

11. 新竞争者进入的威胁主要受到（　　）的影响。
A. 进入壁垒，预期的市场先入者的报复
B. 供应商和购买者的讨价还价能力
C. 行业的赢利率，行业中领导企业的市场份额
D. 产品需求，竞争者的赢利率

12. 所谓差异化战略，是指为使企业产品与（　　）有明显的区别，形成与众不同的特点而采取的一种战略。
A. 原产品　　B. 竞争对手产品
C. 本企业产品　　D. 同行业产品

13. 并不是企业的所有资源、知识和技术都能形成持续的竞争优势，都能发展成为核心能力。核心能力的特征包括价值性、异质性、不可模仿性、难以替代性以及（　　）。
A. 独立性　　B. 创新性
C. 扩展性　　D. 实用性

14. 战略实施离不开信息系统的支持。在战略实施过程中，信息系统的重要作用体现在战略分解与沟通、战略反馈以及（　　）。
A. 战略表达　　B. 战略假设
C. 战略互动　　D. 战略支持

15. 与传统的职能管理相比，战略管理对企业发展来说，重在改进效能，是一种高层次管理、整体性管理和（　　）。
A. 计划性管理　　B. 应用性管理
C. 动态性管理　　D. 持续性管理

16. 企业战略制定的第一步是（　　）。
A. 分析外部环境，评价自身能力　　B. 确定企业使命与目标
C. 识别和鉴定现行的战略　　D. 准备战略方案

17. 战略管理是企业（　　）管理理论。
A. 市场营销　　B. 职能管理

C. 最高层次　　D. 经营管理

18. （　　）是企业总体的、最高层次的战略。

A. 公司战略　　B. 职能战略

C. 市场战略　　D. 经营战略

19. 市场挑战者在行业中是属于（　　）位置的企业。

A. 第一　　B. 领导　　C. 第三　　D. 跟随

20. 一个某服装企业在开发产品时坚持高质量、体现个性化色彩的原则。在营销理念上，主要是通过专卖店的方式进行销售，而且销售人员都通过专门的培训，要求他们掌握销售技巧并树立为顾客服务的理念和行为准则。根据以上信息，你认为这个品牌产品的战略是（　　）。

A. 总成本领先战略　　B. 差异化战略

C. 目标集中战略　　D. 多样化战略

21. 锁定消费者的一个方法是让消费者惧怕高额的（　　）。

A. 离线成本　　B. 转换成本

C. 在线成本　　D. 转换效益

22. 如果一家企业能够不断地改进和提高为其保持竞争优势的战略信息系统，那么，会对该企业的竞争对手产生（　　）。

A. 压力　　B. 宿命

C. 主要目标　　D. 移动目标

## 三、多项选择题

1. 战略对于企业的健康发展具有以下几个方面的重要价值：（　　）。

A. 战略能够为我们明确未来的发展方向

B. 战略能够指出企业实现目标的方法

C. 战略能够帮助企业管理层更好地界定业务

D. 战略能够激励企业的员工

E. 战略能够帮助企业更好地组合资源

F. 战略能够使企业各部门更加协调一致

2. 进入威胁的大小取决于进入壁垒的高低以及（　　）。

A. 进入者的多少　　B. 退出壁垒的高低

C. 产业内竞争的程度　　D. 现有企业的反映程度

E. 替代品的数量

3. 成本领先战略有哪些具体类型（　　）。

A. 简化产品　　B. 改造设计

C. 材料节约　　D. 降低人工费用

E. 生产创新　　F. 提高效率

4. 支持差异化战略的主要技能包括（　　）。

A. 产品设计　　B. 过程设计

C. 营销　　D. 研究能力

E. 创造性的本领

5. 企业的战略可划分为（　　）等三个层次。

A. 公司战略　　B. 事业部级战略

C. 职能战略　　D. 人力资源战略

6. 以下哪几项是会使供应商变得更有讨价还价能力的条件？（　　）

A. 有令顾客满意的替代品供应

B. 供应商的产品已经给购买者制造了很高的转换成本

C. 对供应商来说，购买者是他的重要客户

D. 供应商具有前向整合的能力

7. 在以下哪个条件下，购买者群体没有很强的讨价还价能力？（　　）

A. 当供应商出售的是日用品时　　B. 当存在很高的转换成本时

C. 他们不是供应商产品的重要采购者　　D. 当他们有能力进行后向整合时

8. 企业培育核心能力的方法主要有（　　）。

A. 合作　　B. 外部购买

C. 战略联盟　　D. 企业自身力量

9. 战略联盟的优势在于以下哪几个方面：（　　）。

A. 战略联盟可以创造规模经济

B. 战略联盟可以实现联盟企业间的优势互补，形成综合优势

C. 战略联盟可以有效地占领新市场

D. 战略联盟有利于处理专业化和多样化的生产关系

10. 并非任何用于管理的信息系统都能称得上是战略信息系统，只有当信息系统（　　）时，才能认为该信息系统是战略信息系统。

A. 能直接支持企业的经营战略　　B. 能直接影响企业的经营战略

C. 帮助企业获得竞争优势　　D. 削弱了竞争对手的优势

## 四、简答题

1. 什么是战略？战略的价值如何？
2. 战略有哪些特点？
3. 如何理解成本领先战略？
4. 实现竞争优势的方法有哪些？如何应用 IT 支持这些方法？
5. 举例说明应用 IT 实现产品和服务的差异化。
6. 何谓战略信息系统？
7. 如何理解战略信息系统作为一种竞争武器？
8. 战略信息系统是如何产生的？
9. 如何保持竞争优势为竞争对手的移动目标？

# 第 4 章

# 信息系统在企业内各管理层次上的应用

## 4.1 管理人员与信息

企业内部的管理人员按其所处层次的不同可分为高层管理人员、中层管理人员和基层管理人员。企业的高层管理人员是企业的最高管理者，操控着整个企业的运作，结合企业自身的能力与外界环境的情况，制定企业长远的发展规划；企业的中层管理人员是企业运作的中间层，处于承上启下的层面。从高层来看，中层的管理人员是其政策的执行者，从基层来看，是他们的领导者。企业的中层管理人员把高层的意图通过自己的工作转变为基层的行动；企业的基层管理人员是行为执行的组织者和监督者。简而言之，企业内不同管理层次上的工作人员需要做出不同类型的决策，控制不同的运作过程，有着不同的信息需求。

### 4.1.1 企业内部不同层次上的管理人员不同的决策类型

决策是指组织或个人为了实现某种目标而对未来一定时期内有关活动的方向、内容及方式的选择或调整过程。决策是管理的核心，它充满了整个管理的过程。通常地，企业内部按照决策发生的层次，决策可以分为以下三种：战略决策、管理决策和业务决策。

（1）战略决策是高层管理人员做出的关系到企业全局的、长期性的、方向性的决策，通常包括确定企业的长期发展目标、产品的更新换代、技术改造、组织机构调整等方面。战略决策一般需经过较长的时期才能看出其执行后的效果。战略决策所面对的是企业外部环境中复杂多变的竞争问题，需要高层管理人员具有敏锐的洞察力和判断力。根据他们的直觉、经验和判断力，高层管理人员通常需要运用定性和定量相结合的技术做出风险型的和不确定型的决策。

（2）中层管理人员做出的管理决策是在内部范围内贯彻执行高层管理人员制订的战略计划。管理决策负责协调组织内部各环节活动和资源的合理使用。例如，企业的生产计划、销售计划、更新设备选择、新产品定价、资金筹措等问题。管理决策负责执行上级的决定，其管理效能的高低将在很大程度上影响企业目标的实现程度。

（3）业务决策又称实施性决策，是基层管理人员在日常工作中为了提高生产效率、工作效率所做的决策。业务决策所涉及范围较小，对企业产生局部的影响。例如，工作任务的日常分配与检查，工作日程（生产进度）的安排与监督，岗位责任制的制定与执行，企业的库存控制，材料的采购等，都是属于业务方面的决策。在管理决策和业务决策中，中层管理人员和基层管理人员往往需要运用定量决策技术尽可能做出最优决策。

### 4.1.2 企业内部不同层次上的管理人员控制不同的过程

企业的高层管理人员所做出的决策通常是非程序化的。企业内部管理人员所做出的决策按照重复程度可划分为程序化决策和非程序化决策。非程序化决策是为了解决不经常重复出现的、非例行的新问题所进行的决策。这类决策又称为非定型化决策或者非常规决策，通常涉及重大的战略问题，例如，新产品的开发、组织结构的调整、企业战略联盟的建立等。非程序化决策通常没有先例可循，因此，该类决策更多地依赖高层管理人员的知识、经验、直觉、判断能力和解决问题的创造力等。

企业的中层管理人员和基层管理人员所做出的通常是程序化决策。程序化决策是按预先规定的程序、处理方法和标准来解决管理中经常重复出现的问题，又称重复性决策、定型化决策、常规决策。例如，物资订货、日常生产技术管理等。这类决策问题可以通过规则和标准操作程序来简化决策工作。在一般的企业中，约有80%的决策可以成为程序化决策。

### 4.1.3 企业内部不同层次上的管理人员不同的信息需求

企业内部不同管理层次的管理人员对信息的需求也是不同的，底层的一般业务人员是数据和信息的主要收集者和提供者，他们通常工作在企业的边缘，并且通常需要在一个共享的业务信息处理平台上从事他们的本职工作；企业的中层管理人员关注的是局部业务的数据信息，通常在一个适合自己责权的管理平台上，执行上级分配的任务，并对本部门的运作进行监控；而企业领导层的管理人员则关注企业全局的运营，需要的是从企业内部各部门综合的、经过加工和提炼过的数据信息，因此需要决策支持平台。所以，企业的信息化建设应该关注企业内不同的需求，为处于不同岗位、不同管理层次的用户提供适宜的信息平台。

## 4.2 管理层次上信息的特点

企业内部的管理人员根据其所处层次的不同，他们对信息的需求与利用具有不同的特点。

首先，数据的幅度不同。一方面，就数据抽取范围的企业内部部门数量而言，数据的幅度是指数据抽取的范围或部门数量；另一方面，数据的幅度不同也是指数据的时间跨度不同。显然，从一个部门抽取的数据要比从多个部门抽取的数据要少。同时，从一个部门抽取的几个月内的数据要比一个星期内的数据要多。例如，企业的高级管理人员在制定战略规划时需要全面考虑企业内部的各个环节与部门的情况，然后进行汇总形成综合的能力报告。

其次，如图 4.1 所示，不同层次上的管理人员的信息需求侧重点不同。高层管理人员关注更多的是企业外部生存环境的变化情况，例如，消费者需求的变化趋势与偏好的转变，竞争对手的战略变化、营销策略的变化以及研发能力的提升情况，国家的政策，国际金融市场的变化等方面。而基层管理人员关注更多的是企业内部日常运转的情况，处理企业内外部日常发生的各种问题，例如，生产质量的监控，消费者的意见反馈等问题。

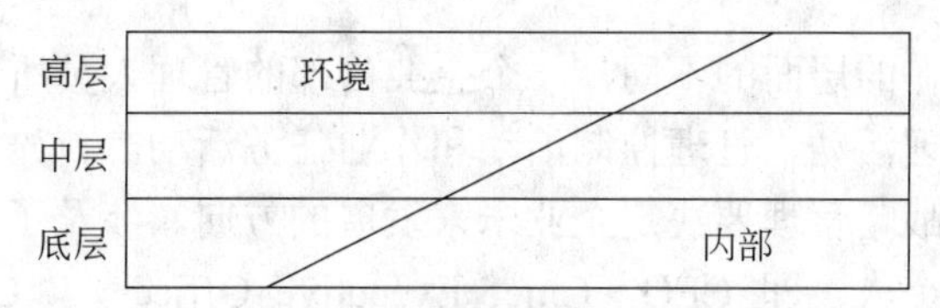


图 4.1　不同层次上的管理人员的信息需求侧重点不同

再次，不同层次上的管理人员对信息需求的形式与详细程度不同。如图 4.2 所示，高层管理人员需要的信息包括企业内部各方面的总结性的、综合性的信息。而随着管理人员管理层次的降低，他们需要的信息的详细程度在逐渐增强，他们需要的信息越具体。

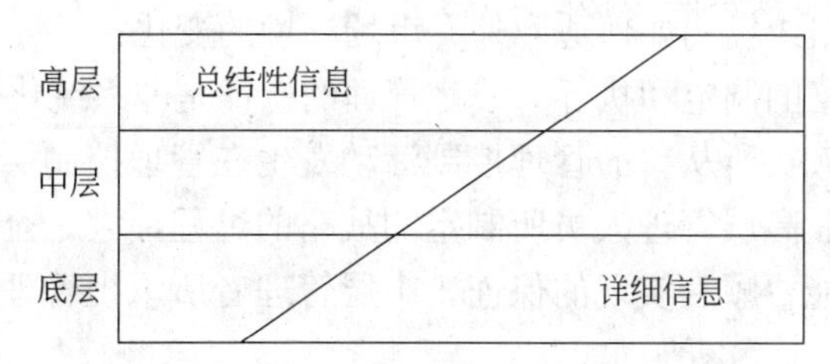


图 4.2　不同层次上的管理人员的信息需求的形式与详细程度不同

最后，需要指出，管理人员所处的层次越高，他们所面临的数据的结构化程度越差，即越是非结构化。管理人员所处的层次越低，他们所面临的数据的结构化程度越高，即越是结构化。所谓结构化数据是指企业内部那些含义确定、清晰，并且容易表达的可以顺序存取的数据。而所谓的非结构化数据是指那些很难按照一个概念或顺序去进行抽取，且无规律可循的数据，例如文件、电子邮件、网页、多媒体信息、银行、保险票据等。非结构化数据具有的特性包括格式多样性、标准多样性、异构性以及信息量非常大的特点。非结构化数据的管理和应用日益重要，因为绝大多数的数据和信息是非结构化的。非结构化数据也已经日益成为政府、企业等部门决策的依据。

面对非结构化的数据和信息，企业的高层管理人员的决策过程复杂，决策过程和决策方法没有固定的规律可以遵循，没有固定的决策规则和通用模型可以依据，他们的主观行为，例如，学识、经验、直觉、判断力、洞察力、个人偏好和决策风格等因素对他们的决策效果具有相当的影响。面对结构化的数据和信息，企业底层管理人员的决策过程比较简单、直接，其决策过程和决策方法有固定的规律可以遵循，能用明确的语言和模型加以描述，并可依据一定的通用模型和决策规则基本实现其决策过程的自动化。早期的多数管理信息系统能够求解这类问题，例如，应用运筹学方法等求解资源优化问题。

# 4.3 管理工作的本质

## 4.3.1 不同层面的管理活动

根据管理人员所在的层面的不同，一个企业内部的管理人员所从事的活动可以分为以下三种，即战略管理活动、管理控制活动和作业任务活动。首先，最高层次的活动发生在战略管理层面。战略管理要决定企业未来发展的方向，涉及了企业的生存。该层面的管理人员是少数几个人，即 CEO（Chief Executive Officer）、CFO（Chief Financial Officer）、COO（Chief Operation Officer）、CIO（Chief Information Officer）等。他们所关注和从事的战略管理工作涉及以下的主要内容：

（1）时刻关注外部环境的变化，及时捕捉外部环境带来的机会或及时避免外来的各种威胁；

（2）判断企业的核心竞争力及其在市场竞争中的地位；

（3）思考企业的组织机构如何适应外界市场环境的变化；

（4）企业长期战略的制定和执行。战略管理的特征是非系统化的。

其次，中层管理人员所从事的管理控制活动发生在管理控制层面。从本质上说，管理控制活动是落实企业高层管理人员所制定的战略的过程，它是企业日常经营运作的中坚力量，是战略目标能否顺利实现的保证。中层管理者所承担管理控制工作涉及的主要内容如下：

（1）制定年度计划并落实其实施细节；

（2）实行企业的全面预算；

（3）按照不同职能进行职能管理；

（4）协调组织中多部门的行为；

（5）传递信息和沟通信息；

（6）进行业绩评价等。管理控制已具备系统化的特征，即按照程序化的规章制度进行。

最后，在任务控制层面发生的管理活动是保证企业作业层有效完成任务的过程，它是管理控制活动的具体化，可以看成是管理控制的基础工作。任务控制涉及企业作业活动的各个方面，其特征是管理活动系统化和结构化。

值得指出，在企业的不同层面的管理人员所关心的问题具有不同的侧重点，最高管理层的管理人员所关心的是企业与经营环境的关系和企业竞争力问题等重大的和长远的问题；中层管理人员所关心的是高层管理人员所制定的战略计划的执行情况；而作业层执行人员所关心的问题是下发的任务是否完成和工作效率问题。

## 4.3.2 管理工作的本质

就管理工作的本质而言，管理工作可分为计划、组织、控制、决策、领导等。管理人员作计划的目的就是消除不确定性，减少风险。管理人员采用的各种控制手段是为了保证企业的实际运转尽可能地按照规定好的计划进行。

### 1. 计划

计划首先表现为长期的战略规划，既包括战略目标，又包括详细的目标体系与其具体数值。同时，计划也包括了长期的或者短期的资源的分配与调度、资金分配等方面。重要的是，计划的好与差取决于所掌握的信息的质量。真实、准确的信息可以帮助企业的管理人员准确地把握当前的机遇，做好短期的规划和资源的调配，同时也可以保证对将来发展的切实可行的筹谋。具体地，计划包含以下三个方面的内容，即调度、资金的分配和资源的分配。调度可以是原材料的接收安排、产品的配货、新员工的需求聘任、任务的完成期限安排和班组的轮换等；资金的分配可以是企业范围内的，也可以是部门级的分配或者是季度的与全年的分配；资源的分配包括人员、机器设备以及外部技术顾问的调配。

### 2. 控制

控制是根据设定的目标，对企业进行的活动进行监控，把企业实际的运转情况与预期的目标进行比较，及时发现问题，并找出问题所在的原因，以便尽快解决问题，使企业的运转按照既定的目标进行。有时，如果企业的实际运转情况大大好于预期，也可以根据实际情况及时调整设定好的目标。下面就成本控制问题展开讨论管理人员所进行的控制操作。利润等于价格减去成本，因此，成本控制的目的是为了不断地降低成本，获取更大的利润，所以，制定目标成本时首先要考虑企业的赢利目标，同时又要考虑有竞争力的销售价格。由于成本形成于生产全过程，费用发生在每一个环节、每一件事情、每一项活动上，因此，要把目标成本层层分解到各个部门甚至个人。

企业内部不同层面的管理人员针对成本控制问题，展开不同的控制手段。

企业的高层管理人员关注的是企业层成本。企业层成本表现为企业价值链上整体成本结构。通过分析与对比竞争对手的成本与相对地位，企业的高层管理人员通过调整企业价值链上的成本结构，以达到获取持久成本优势的目的。有关研究表明，影响企业价值链整体成本结构的因素有规模经济、学习能力、生产能力利用模式、联系沟通、相互关系、整合、时机选择、自主政策、地理位置和机构因素十种驱动因素。同时，可以认为，没有哪一种成本驱动因素，如规模经济、学习能力等会成为企业成本地位的唯一决定因素，往往诸多因素之间相互作用以决定一种特定的成本行为。企业的高层管理人员通常采用两个途径降低价值链的整体成本：一是控制成本驱动因素，二是重构价值链。企业层成本是一种基于整体面的战略成本，不同于会计制度计算的财务成本性质，更注重长期性和整体性，这种成本函数往往是非线性的，它主要通过管理层和作业层的成本信息汇总所得到，有时夹杂着当局的主观判断和定性分析。

企业的中层管理人员进行的成本控制具有典型的战术成本特征，通过与目标成本进行比较，如果有差异产生，则进行控制。值得注意的是，在现代管理过程中，强调过程控制管理，进行动态跟踪、记录。

作业层成本是执行层面具体活动所引起资源耗用的一种货币表现，即为进行某项活动所花费的代价。由于作业层关心具体作业的成本耗用，因此，成本显现出具体性和短期性的特征。作业层成本是一种基于作业的成本，具有实时性，可以通过优化业务流程，减少不增值环节来降低作业层成本。同时，也可以通过技术创新，降低直接成本消耗。作业层成本信息不仅要满足作业层管理的需要，还需要汇总生成管理控制层和企业战略层所需成本信息。计算机应用可以大大改善作业层成本信息质量。

#### 3. 决策

决策是指组织或个人为了实现某种目标而对未来一定时期内有关活动的方向、内容及方式的选择或调整过程。管理人员进行的决策过程通常有以下几个步骤完成：

（1）研究企业的现状，判断是否存在问题与是否需要采取措施进行控制以改变现状。这时需要参照企业的战略目标与各级的规划。

（2）企业的管理人员研究存在问题的解决方案。

（3）对提出的方案进行比较和选择。

决策可分为战略决策与战术决策。从调整对象上看，战略决策调整企业总的活动方向和内容。战术决策是调整在既定方向和内容下的活动方式；从涉及的时空范围来看，战略决策面对的是企业整体在未来较长一段时期内的活动，战术决策需要解决的是企业的某个或某些具体部门在未来各个较短时期内的行动方案；从作用和影响上来看，战略决策的实施是企业活动能力的形成与创造过程，战术决策的实施则是对已经形成的能力的应用。

#### 4. 领导

领导就是企业的管理人员引导其团队成员去实现目标的过程。企业各个层面的管理人员，尤其是高层管理人员应当具备决断力、创新力、协调力、影响力、处理危机等各种能力，即领导力。企业的管理人员应该积极培养作为合格并出色领导者的能力。首先，要树立个人的信心与责任心，树立起领导的榜样，通过实际行动向员工表明其所作所为是符合企业与员工的利益和愿望的；其次，企业的管理人员应该个人信誉好，待人真诚，业务能力强，而且能够通过行动公开、明确表达工作热情、富有革新精神；再次，善于激励员工实现自我目标。同时，具有出色的协调能力，把企业的利益作为总体的目标，鼓励员工在完成任务和充分促进个人成长、发展的过程中一起工作，相互帮助；最后，要塑造良好的企业文化。

## 4.4 管理人员与信息系统

应该指出，企业内部不同层次上的管理人员具有不同的职责，做不同类型的决策，需要不同的信息，因此，他们使用不同类型的信息系统，使用信息系统的目的也不尽相同（见图 4.3）。企业建设信息系统的目的是为了配合企业的各个层次的经营目标，对企业运作过程中的内部或外部的数据、信息进行采集、处理和传播，提供企业内的工作人员所需的信息支持。最底层工作人员使用的是事务处理系统（TPS），订单输入系统，或者终端销售机（即 Point of Sale， 或者 POS)，用于进行对企业日常运作所发生的数据和信息的采集、传输、加工、存储、维护等方面。在企业底层发生的业务数据常常为最新的、基础性的数据，例如，仓库中某种原材料的库存量、客户的最新银行储蓄额、客户订单的具体内容与配货日期等。该层次发生的数据和信息为更高层次的管理与决策提供基础性的数据。

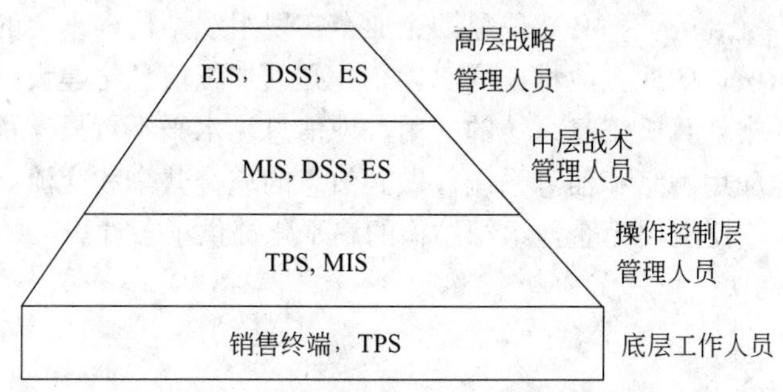


图 4.3 企业内部各层次的工作人员以及他们使用的信息系统

通常，底层工作人员的直接上级为操作控制层的管理人员，该层次管理人员使用的信息系统多为事务处理系统（TPS）和管理信息系统（MIS)。MIS 的主要任务是最大限度地利用现代计算机及网络通信技术加强企业的信息管理，通过收集企业拥有的人力、物力、财力、设备、技术等资源的数据信息，建立正确的数据并加工处理为各种图表信息资料以便及时或定期地提供给管理人员，以辅助他们进行正确的决策。MIS 的具体应用体现在以下几个方面：库存管理、销售预算分析、资产投入分析、人员分配等。例如，美国通用汽车公司和克莱斯勒公司的即时供货（JIT）系统，将具体的汽车部件数量和部件发货计划输入该信息系统中，这些需求信息被及时传递到部件供应商的订单输入系统中以便各供应商能够按照要求准时供货到指定地点；该 MIS 系统使供应商与企业紧密相连以满足业务的精确需求，能够帮助企业降低库存成本，同时也减少了货物的存放场所，并缩短了项目的建设时间。

企业的中层管理人员进行的是战术管理，常用的信息系统多为决策支持系统（DSS)、管理信息系统（MIS）和专家系统（ES)。决策支持系统通常应用在销售渠道分析、生产进度安排、成本管理、价格/效益分析等方面。专家系统通常应用在中、长期销售趋势预测、预算与利润计划、人力资源规划等方面。相对于下面层次的管理人员，中层管理人员所面临的问题多为半结构化，并且更加复杂、无规律可循。

企业的高层管理人员通常应用决策支持系统（DSS）和专家系统（ES）来辅助他们进行决策，同时，企业的高层管理人员更常用执行信息系统（Executive Information Systems，EIS)。通过对内部数据信息的及时收集，执行信息系统能够及时、准确地提供给企业的高层管理人员关于企业经营状态和自身能力的总结性的信息，帮助他们及时掌握企业的动态。更重要的是，执行信息系统跟外界保持即时的信息沟通，能够及时提供外界关于政策、经济方面的新闻和消息，例如，各种经济指标、股票与商品的价格、产业信息等。因此，执行信息系统能够帮助企业的高层管理人员及时把握市场中出现的机遇或避免各种因素引起的损失。

20 世纪 90 年代以来，企业的扁平化组织结构越来越盛行，越来越多的国内外企业开始采用扁平化组织结构。所谓企业组织结构的扁平化，是指通过破除企业自上而下的垂直高耸的结构，减少管理层次，增加管理幅度，裁减冗员来建立的一种紧凑的横向组织，以达到企业组织变得灵活、敏捷、富有柔性、创造性的目的，以满足市场需求的多样性。企业组织结构的扁平化强调系统、管理层次的简化、管理幅度的增加与分权，是企业形态适应经济发展的一种必然现象。企业在实现组织结构扁平化的过程中，必须再造其内部与其合作伙伴的业务流程。同时，企业必须加强信息化建设，必须在企业内部推行信息技术与各类计算机信息系统的应用，使信息化水平不再只停留在信息电子化阶段，而是要切实地应用网络和信息系统，做到信息的充分共享和交流。总而言之，信息技术与信息系统的广泛应用为企业组织结构的扁平化提供了条件。

## 4.5 小结

本章首先分析了企业内部的管理人员所处的管理层次的不同，并将其划分为高层管理人员、中层管理人员和基层管理人员。同时注意到，企业内部不同层次上的管理人员所做的决策类型不同，例如，高层管理人员做出的是关系到企业全局的、长期性的、方向性的战略性决策，通常包括确定企业的长期发展目标、产品的更新换代、技术改造、组织机构调整等方面。企业的中层管理人员做出的管理决策是在内部范围内贯彻执行高层管理人员制订的战略计划，例如，协调组织内部各环节活动和资源的合理使用。企业的基层操作控制管理人员所做的业务决策所涉及的范围较小，对组织产生局部的影响，例如，工作任务的日常分配与检查、工作日程（生产进度）的安排与监督、岗位责任制的制定与执行、企业的库存控制、材料采购等提高生产效率、工作效率方面的决策。

需要指出，企业内部不同层次上的管理人员控制不同的运作过程、具有不同的信息需求。企业底层的一般业务人员是数据和信息的主要收集者和提供者，企业的中层管理人员关注的是局部业务的数据信息，执行上级分配的任务，并对本部门的运作进行监控，而企业高层管理人员关注的是企业全局的运营，需要的是从企业内部各部门综合的、经过加工和提炼过的数据信息。因此，企业的信息化建设应关注企业内部不同的需求，为处于不同岗位、不同管理层次的用户提供适宜的信息平台。

本章也讨论了不同管理层次上信息的特点，例如，数据的幅度不同（内部部门跨度与时间跨度的不同），信息需求的形式与详细程度不同，信息需求侧重点不同（内部与外部），问题的结构化程度不同（结构化与非结构化）。

关于管理工作的本质，即计划、控制、决策、领导等，给予了详细的讨论与分析。最后，讨论了管理人员与信息系统之间的关系。由于企业内部不同层次上的管理人员具有不同的职责，做出不同类型的决策，需要不同的信息，因此，他们使用不同类型的信息系统，使用信息系统的目的也不尽相同。企业最底层工作人员使用的是事务处理系统（TPS）、订单输入系统或者终端销售机，用于进行对企业日常运作所发生的基础数据和信息的采集、传输、加工、存储、维护等。操作控制层的管理人员使用的信息系统多为管理信息系统（MIS）和事务处理系统（TPS）。MIS 将数据加工处理为各种图表信息资料以便及时或定期地提供给管理人员，以辅助他们进行正确的决策。企业的中层管理人员常用决策支持系统（DSS）和专家系统（ES）进行战术管理解决半结构化问题，例如，生产进度安排，成本管理，价格/效益分析，中、长期销售趋势预测，预算与利润计划，人力资源规划等方面。企业的高层管理人员通常也应用决策支持系统和专家系统来辅助他们进行决策。同时，企业的高层管理人员更常用执行信息系统以便及时、准确地掌握企业经营状态和自身能力的动态，并即时获得外界关于政策、经济方面的新闻和消息，以帮助他们及时把握市场中出现的机遇和对面各种挑战。

随着信息技术与信息系统的广泛应用，扁平化的组织结构已经越来越被大多数企业所认同，以适应产品和市场的多样化需求和竞争。

## 案例 4.1　中石化物流供应链管理决策案例

（CIO 时代网：http://tech.ddvip.com）

### 1. 背景介绍

数十年前，中国石油化工集团公司（简称中国石化集团公司或中石化，英文缩写 Sinopec Group）采用的是用户到石化厂自行提货或用户到网点提货两种模式，而这种变革，得益于中石化对于物流调度决策支持管理水平的提升。

中国石化是1998年7月国家在原中国石油化工总公司基础上重组成立的特大型石油石化企业集团，是国家独资设立的国有公司、国家授权投资的机构和国家控股公司。中国石化集团公司注册资本1049亿元，总经理为法定代表人，总部设在北京。中国石化集团公司对其全资企业、控股企业、参股企业的有关国有资产行使资产受益、重大决策和选择管理者等出资人的权力，对国有资产依法进行经营、管理和监督，并相应承担保值增值责任。中国石化集团公司控股的中国石油化工股份有限公司先后于2000年10月和2001年8月在境外境内发行H股和A股，并分别在香港、纽约、伦敦和上海上市。2006年底，中国石化股份公司总股本867亿股，中国石化集团公司持股占75.84%，外资股占19.35%，境内公众股占4.81%。

中国石化集团公司主营业务范围包括实业投资及投资管理；石油、天然气的勘探、开采、储运（含管道运输）、销售和综合利用；石油炼制；汽油、煤油、柴油的批发；石油化工及其他化工产品的生产、销售、存储、运输；石油石化工程的勘探设计、施工、建筑安装；石油石化设备检修维修；机电设备制造；技术及信息、替代能源产品的研究、开发、应用、咨询服务；自营和代理各类商品和技术的进出口（国家限定公司经营或禁止进出口的商品和技术除外）。

中国石化集团公司在《财富》2006年度全球500强企业中排名第23位。

### 2. 管理诉求

中国石油化工集团公司希望实现公司全国范围内的数据集中式管理，通过构建集中式决策支持平台，支持全国范围的业务决策多级扩展，使公司内部的资源可以充分共享，总部可以更加关注诸如资源流向、调运计划、运力资源等有限关键资源，物流部可以实现对区域内的生产企业仓库、配送中心以及网点库的物流资源实行集中管理，最终达到总部可以全面控制供应链各环节的管理要求。

另外，中国石化也希望建立以订单处理、业务协同为核心的管理机制，通过加强对物流业务协同的核心经营管理，实现外部单一物流订单向内部多个作业执行指令的转变，当订单处理结束下达以后，各协同机构都可以看到与某订单有关的作业指令单，及时安排本责任范围内的操作，同时实现对物流全过程的业务监控，对运输配送的订单和调拨订单进行全程跟踪，对订单执行过程中的业务异常情况进行实时反馈至调度中心，调度中心根据实际情况进行相应决策，并对业务进行及时调整。

### 3. 项目实施

中国石化作为中国石油化工行业的龙头老大，其信息化发展一直走在行业的最前沿，它的 ERP 系统项目是由世界知名公司 SAP 完成。此次选中上海博科资讯股份有限公司也正是看重博科公司强大的技术实力以及丰富的行业经验和完善的项目管理实施能力，尤其是在物流供应链软件方面拥有众多成功的知名实施案例。

中国石化对此次物流系统项目的要求极其严格，要求项目完成的时间仅有 3 个月。博科项目小组面对中石化庞大的营销网络和复杂的物流调度决策体系，在如此紧迫的时间和质量要求下刻苦工作，废寝忘食，仅仅 2 个多月就顺利完成项目调研和现场开发，中国石化物流调度决策支持信息系统项目于 2007 年 2 月 14 日成功上线，目前已在全国全面推广使用。

项目实施所应用的软件平台为上海博科资讯股份有限公司自主开发的 Himalaya（喜马拉雅）软件平台，通过平台提供的开放 RIA 架构，结合 J2EE 和.NET 双重体系的优点，实施人员可以充分保证应用的可扩展性。平台以业务逻辑为驱动，提供面向服务的架构和工具，从而可以达到深度灵活、满足动态需求的客户要求。

在本次的项目实施过程中，项目组提出的项目目标为建立中石化国内统一的物流网，支持九个生产企业十一个省的化工销售业务。物流供应链管理决策支持项目范围包括基础信息系统、业务信息系统及管理信息系统三个子系统的构建。通过项目实施帮助中石化构建多级物流网络（生产企业、区域配送中心、网点库），并可以按照销售情况合理安排资源流向。以上项目目标均在本次项目中达成。

### 4. 应用效果

此次物流供应链管理决策支持项目上线后，中石化建立了更加完备的现代化物流体系，通过现代化信息技术，企业优化了资源流向，保证了化工产品安全高效的运送，完全达到了项目建设初期提出的“稳定渠道、在途跟踪、提高效率、降低成本”的系统目标。截至目前，本项目已经成为除了 SAP 系统之外支撑中石化化工销售业务板块的第二大管理信息系统。

从应用效果的层面看，该系统支撑了中石化全国业务近千亿化工产品的销售和物流配送，支撑了中石化全国各地数百个信息点的同时在线操作，实现了中石化全国各分公司信息的充分共享，系统为中石化整个供应链各环节提供了数百个业务功能，通过系统的实际应用，中石化目前已节约了大量的巨额交通运输费用、平均每笔业务交货周期也缩短了数天。

#### 5. 物流新模式的拓展

由于中石化物流供应链管理决策支持系统的成功上线，中国石化集团公司从 2007 年起将采用三种物流模式，这三种物流模式分别为用户到石化厂自行提货，用户到网点（区域代理商）提货，销售分公司直接将货送到用户手中。三种模式执行三种不同的价格，到石化厂自行提货享受厂价，网点提货为区域价，送货上门模式采用送货价。此举目的旨在降低物流成本，提高配送效率，增强对用户的服务。

三种物流模式对中石化而言，可谓开了先河，更是一种变革。此前数十年，中石化采用的都是用户到石化厂自行提货或用户到网点提货两种模式，而这种变革，得益于中石化对于物流调度决策支持管理水平的提升。

### 案例 4.2　中国五矿集团管理决策支持系统成功案例

（eNet 硅谷动力：http://www.enet.com.cn/article/2006/1130/A20061130319868.shtml）

#### 1. 面临的挑战

中国五矿集团公司成立于 1950 年，是中国最大的五金矿产品贸易企业。五矿以金属、矿产品和机电产品的生产和经营为主，兼具金融、房地产、货运、招标和投资业务，实行跨国经营的大型企业集团。1992 年，中国五矿集团公司被国务院确定为全国首批 55 家企业集团试点和 7 家国有资产授权经营单位之一。1999 年，中国五矿集团公司被列入由中央管理的 44 家国有重要骨干企业。2005 年，集团公司的总经营额为 177.8 亿美元，在中国最大 500 家企业排名中列第 11 位。中国五矿集团公司拥有全球化的营销网络，在国内 20 个省区建有 168 家全资或合资企业，控股和参股 14 家国内上市公司，控股香港"五矿资源"和"东方有色"两家红筹股上市公司，在世界主要国家和地区设有 44 家海外企业，服务于中国和世界各地超过 8000 家的客户。

中国五矿集团公司因其内部经营范围的多样性以及业务流程的繁杂，设有多个涉及不同业务范围和流程的专业业务系统，其中大部分系统都已运行多年，累积了大量的历史数据。同时，五矿也在通过其他途径不断获得行业内的相关数据资料。随着业务的发展，无论高层决策层还是各级公司的业务人员，都希望能从庞杂的历史数据中获得更多更准确的信息，让不同业务系统中的相关信息集中起来，为不同的业务部门实现信息共享，为业务决策提供更多实时的、横向的、全局的支持，以提高效率，帮助公司提高市场竞争力和效益。因此，建立一个统一的、高质量的管理系统，成为中国五矿的迫切需求。

### 2. 选择 Business Objects 的原因

Business Objects 商务智能解决方案具有强大的数据分析以及前端展现功能，能够在业务分析模型的基础上进行自助分析。Business Objects 整体解决方案完全可以满足五矿集团复杂的数据分析和数据管理的需求。同时，跟其他竞争对手相比，Business Objects 是国内唯一一家提供客户服务支持的商务智能原厂商。另外，Business Objects 商务智能解决方案在用户体验上比竞争对手更出色，而它的操作管理的易用性和指标展现的直观性受到用户的认可，这也是中国五矿集团选用 Business Objects 的一个决定性因素。

### 3. 业务驱动

中国五矿集团进出口业务的主要数据来源有，每月从商务部 EDI 中心传来的进出口月报数据，以及五矿内部系统数据。五矿目前已有的“五矿进出口统计分析系统”，是在商务部 EDI 中心提供的报关数据的基础上建立的数据分析和报表应用系统。

“五矿进出口统计分析系统”通过对数据的查询、分析，为决策层领导和相关业务人员提供了各种统计分析数据。该系统是 2000 年完成的，在投入使用的 5 年中，集团公司的发展战略、组织机构及各种代码分类方法等均发生了较大变化，虽然在使用过程中不断修改完善该系统，但系统已不能适应集团公司当前实际工作的需要。例如，大部分二级企业不能从系统中得到工作需要的数据、某些业务的数据不能准确处理、对集团业务整合的要求不能完全支持等，影响了集团公司和各二级公司对经营情况的及时掌握。

这几套数据的规模和结构都不尽相同，如何将不同的数据整合在一起，具有可比性，成为一个棘手问题。五矿现有各个系统已有统一的权限管理规范和编码管理，如何将新的数据仓库系统加入，融为一体，具备与其他系统一致的管理方式和使用同一套标准编码。

公司各部门对海关数据的查询要求多，报表类型多，报表数量多。在现有的数据量的基础上，动态生成模型的时间不能满足及时的要求。现有系统中存在编码变更不及时、未进行板块划分等问题。另外，五矿对于数据系统的要求不仅仅是能够提供及时灵活查询和分析，还能够提供符合五矿要求的复杂报表，只有这样的数据展现平台才能够满足五矿的不同管理层和业务部门的需求。

进出口统计分析系统的问题最为明确和迫切，因此五矿信息中心决定从进出口数据入手，构建五矿的数据仓库框架，逐步扩充、深入建设管理决策支持系统。

### 4. 解决方案

经过多方比较和慎重选择，中国五矿集团公司最终选择 Business Objects 作为其商务智能供应厂商，在商务智能领域全面采用 Business Objects 的产品，包括整体商务智能平台、企业报表软件、即席查询软件、企业绩效管理软件等。以满足系统能够进行数据分析、复杂的固定报表展现以及权限管理等功能，提高企业绩效，满足企业发展的长远需求。

报表是一种基本的业务要求，也是实施 BI（即 Business Intelligence，或商务智能）战略的基础。五矿集团采用 Business Objects 的报表产品 Crystal Report 来访问和格式化来自不同数据源的信息，按照严格和复杂的报表要求，通过丰富的图表功能来创建报表，并且以可靠和安全的方式展现出来，在企业内部和用户之间分享。Business Objects 为商务报表树立了标准。Crystal Reportsreg 因不断发展已经成为了报表的一种实际标准，它所具备的功能是帮助五矿集团通过网络或者企业应用软件为随时获得他们所需要的有价值信息，把数据真正变成有价值的经营信息。

五矿各部门对海关数据的查询要求多，报表类型多，报表数量多，而且对动态数据的时效性也有很高要求，也需要与业务数据信息进行互动。Business Objects 的高级而又易于使用的查询和分析工具，可以在单一平台上享用多种类型的复杂分析功能。因此用户可以实现自助服务而不需要太多复杂的技术培训。这样，最终用户能够以更低的企业总拥有成本来获得更强大的信息功能和控制能力。

以上所有的产品以及功能都是 Business Objects 商务智能平台 Business Objects XI Release 2 来进行统一集中管理，用户通过这个平台来获取数据，管理各种商务智能产品模块。Business Objects XI Release2 是业界唯一可以提供完整 BI 功能的商务智能平台，帮助五矿部署和管理完整的信息需求，从企业报表到复杂的应用，从安全、实时的 Microsoft Office 文件到战略图表。五矿通过 Business Objects XI Release 2 可以轻松解决任何数据整合中的问题，例如，本地数据访问、企业应用的连接、元数据和复杂数据的整合。这一切都在一个单一的平台上面完成，满足整个企业范围在实施 BI 标准化方面的需求。

### 5. 实施成果

整个项目是从 2006 年 1 月正式开始实施的，到 2006 年 7 月第一期实施完毕。Business Objects 商务智能解决方案带来的成果也非常明显，表现在：

（1）信息及时性大为提高，过去公司领导至少需要两三天才能了解全国各地的业务情况，而现在只需短短几个小时。

（2）直观性大大增加，通过各种数据和图表的比较，以及对历史情况的比较，管理层可以很快发现业绩好或坏的原因，从而提出有效的解决办法，对业务有深入的理解和洞察力。

（3）现在实现了资源共享，原来只有公司总部的用户可以访问的数据，现在全球的公司用户都可以通过登录公司网站根据权限访问，大大提高了工作效率。

中国五矿集团利用 Business Objects 公司的商务智能解决了对进出口数据的分析和管理需求，对经营有深入的了解，为提高五矿企业绩效做出了贡献。

## 复习题

### 一、填空题

1. 按决策发生的层次，企业内的决策可以分为 __________、__________和__________。
2. 战略决策是高层管理人员做出的关系到企业全局的、__________和__________。

3. 根据他们的直觉、经验和判断力，高层管理人员通常需要运用________和________相结合的技术做出风险型的和不确定型的决策。
4. 在管理决策和业务决策中，中层管理人员和基层管理人员往往需要运用________尽可能做出最优决策。
5. 企业内的决策问题按照重复程度可划分为________和________。
6. ________是为解决不经常重复出现的、非例行的新问题所进行的决策。
7. 企业的中层管理人员和基层管理人员所做出的通常是________的决策。
8. 又称重复性决策，________是按预先规定的程序、处理方法和标准来解决管理中经常重复出现的问题。
9. CIO 的含义是________________。
10. ________是指企业内部那些含义确定、清晰，且容易表达的可以顺序存取得数据。
11. ________是指那些很难按照一个概念或顺序去进行抽取，且无规律可循的数据。

## 二、单项选择题

1.（　）是基层管理人员在日常工作中为提高生产效率、工作效率所做的决策。
   A. 战略决策　　B. 管理决策
   C. 业务决策　　D. 战术决策
2. 高层管理人员通常需要运用（　）相结合的技术做出风险型的和不确定型的决策。
   A. 定性　　B. 定量
   C. 定性和定量　　D. 非定性和定量
3.（　）是按预先规定的程序、处理方法和标准来解决管理中经常重复出现的问题。
   A. 结构化决策　　B. 非程序化决策
   C. 程序化决策　　D. 非结构化决策
4. 企业的最底层工作人员使用的是（　）、订单输入系统，或者终端销售机。
   A. 管理信息系统　　B. 事务处理系统
   C. 决策支持系统　　D. 战略信息系统

## 三、多项选择题

1. 战略管理工作涉及的主要内容包括（　）。
   A. 时刻关注外部环境的变化，及时捕捉外部环境带来机会或及时避免外来的各种威胁
   B. 判断企业的核心竞争力及其在市场竞争中的地位
   C. 思考企业的组织机构如何适应外界市场环境的变化
   D. 企业长期战略的制定和执行
2. 中层管理者所承担管理控制工作涉及的主要内容包括（　）。
   A. 制定年度计划并落实其实施细节
   B. 实行公司全面预算
   C. 按不同职能进行职能管理

D. 协调组织中多部门的行为

E. 传递信息和沟通信息

F. 进行业绩评价

3. 企业中管理人员的层次越高，他们所面临的数据的（　　）。

A. 结构化程度越高　　B. 结构化程度越差

C. 越是有规律　　D. 越是无规律

4. 企业中管理人员的层次越低，他们所面临的数据的（　　）。

A. 结构化程度越高　　B. 结构化程度越差

C. 越是有规律　　D. 越是无规律

5. 就管理工作的本质而言，管理工作可分为（　　）等。

A. 计划　　B. 控制

C. 决策　　D. 领导

6. 企业的高层管理人员通常应用（　　）来辅助他们进行决策。

A. 决策支持系统　　B. 专家系统

C. 执行信息系统　　D. 事务处理系统

7. 企业内部不同层次上的管理人员对信息的需求与利用具有不同的特点，即（　　）。

A. 数据的幅度不同　　B. 信息需求的内外侧重点不同

C. 信息需求的形式与详细程度不同　　D. 数据的结构化程度不同

## 四、简答题

1. 企业内部不同层次上的管理人员进行哪些类型的决策?
2. 企业内部不同层次上的管理人员的信息需求有何不同?
3. 企业内部各管理层次上信息有何特点?
4. 何谓计划?
5. 何谓控制?
6. 何谓决策?
7. 企业内部不同层次的管理人员使用哪些信息系统?
8. 举例说明 MIS 系统的功能。
9. 举例说明 EIS 系统的功能。
10. 何谓企业组织结构的扁平化？信息系统的作用如何？

# 第5章 信息系统在各职能部门中的应用

## 5.1 信息系统在会计部门中的应用

会计工作的目的和任务是跟踪企业内部发生的每一笔财务事件。例如，成本会计信息系统即时跟踪记载了劳动力、原材料与服务的购买成本等情况。如果没有成本会计信息系统，那么企业就无法给出一个合理的产品定价。企业内部常见的会计信息系统有应收账款系统和应付账款系统。应收账款会计信息系统记载着哪些公司、个人拖欠着企业的资金、数额以及应归还期。这样的系统会自动定期地发出催款通知以尽快地帮助企业收回资金。应付账款会计信息系统记载着企业需要付给哪些公司、个人的资金、数额以及应付款期限。应付账款会计信息系统能够掌握好付款的时机以便最大可能地利用好自己的资金。应收账款会计信息系统和应付账款会计信息系统会自动地制作资产损益报表、资产平衡表和现金流报表，以便年底企业核算本身的经营业绩并给出政府需要的财务材料汇报。

同时，企业的会计信息系统还能够帮助企业进行管理工作，例如帮助企业做好季度预算和年度预算，帮助企业实时控制好收入和支出的资金，为股东和检查人员提供财务信息和财务报表。

传统的会计信息系统，包括MRPⅡ中的会计和财务模块，其主要的特点是用于事后收集和反映会计数据，实现手工会计职能的自动化，系统的结构是面向任务和职能的，虽然已经满足会计核算的要求，但是，在业务流程的监控和与其他系统的集成性上还需要加以完善，并且在管理控制和决策支持方面的功能相对较弱。

当企业进入实现全面信息化管理的ERP阶段，财务管理始终是核心的模块和职能。国际主要的ERP供应商，例如，SAP、Oracle、PeopleSoft等，都提供了功能强大、集成性好的财务应用系统，并在许多国际著名企业和国内一些企业的ERP应用中发挥了比较显著的效用，具体的功能如下：

（1）支持企业的全球化经营。为分布在世界各地的分支机构提供一个统一的会计核算和财务管理平台，同时也支持各国当地的财务法规和报表要求。例如，提供多币种会计处理能力，支持各币种间的转换；支持多国会计实体的财务报表合并等；支持基于Web的财务信息处理。

（2）支持企业的ERP采购、应付账款和固定资产模块的集成性，既减少了费用数据的重复录入，又自动地收集，形成报表供有关人员分析和评估。财务系统不仅在内部的各模块充分集成，与供应链和生产制造等系统也达到了无缝集成，使得企业各项经营业务的财务信息能及时准确地得到反馈，从而加强了资金流的全局管理和控制。

（3）支持面向业务流程的财务信息的收集、分析和控制，使财务系统支持重组后的业务流程，并做到对业务活动的成本控制。

（4）更全面地提供财务管理信息，为包括战略决策和业务操作等各层次的管理需要服务。除了提供必需的财务报表外，能够提供多种管理性报表和查询功能，并提供方便于最终用户使用的财务建模和分析模块，例如，Oracle 公司的 Financial Analyzer 和 OLAP（On-Line Analysis Process）。

## 5.2 信息系统在金融部门中的应用

信息系统能够有效地帮助企业进行金融管理。企业的金融管理人员为了尽可能有效地管理好资金，通常采取的办法如下：

（1）尽可能快地收回应收账款；

（2）尽可能把应付账款拖到最后一天偿付；

（3）保证企业每天正常运转所需的资金；

（4）把握好机会实现资金的最高回报和升值。

这些方法可以通过金融信息系统实现有效的现金管理和投资分析来完成。

### 5.2.1 现金管理

“现金为王”一直以来都被人们视为企业资金管理的中心理念。企业现金流量的管理水平往往是决定企业存亡的关键所在。金融信息系统能够帮助管理人员时刻跟踪企业的现金流，关注每一笔资金的流入和流出。企业在销售商品、提供劳务或是出售固定资产、向银行借款的时候都会取得现金，形成现金的流入。而企业为了生存、发展、扩大需要购买原材料、支付工资、构建固定资产、对外投资、偿还债务等，这些活动都会导致企业现金流的流出。从企业的整体发展来看，现金流比利润更为重要，它贯穿于企业的每个环节。如果企业的现金流量不充沛，那么它就会倒闭。有的企业虽然长期处于亏损当中，但是，它却可以依赖着自身拥有的现金流得以长期生存。因此，可以认为：企业的持续性发展经营，靠的不是高利润而是良好、充足的现金流。

金融信息系统能够帮助企业合理规划现金流、控制现金流。通过对企业现金流的集中控制、收付款的控制，将更有利于企业资金管理者了解企业资金的整体情况，在更广的范围内迅速而有效地控制好这部分现金流，从而使这些现金的保存和运用达到最佳状态。同时，基于互联网的金融信息系统能够更有效地帮助企业的管理人员实现资金的管理，例如，在线付账单，在线转账或交易等，节省了时间，提高效率。

### 5.2.2 投资分析

企业进行股票、证券类投资是资产保值、增值的一种手段。基于互联网允许进行在线即时买卖的股票、证券类分析软件能够帮助企业即时实现买入或卖出交易，十分方便和快捷。重要的是，有些股票、证券类分析信息系统能够提供辅助投资决策分析功能，例如，投资组合选择、图形显示以及买入或卖出的时机等，以帮助企业准确把握投资决策机会。

## 5.3 信息系统在工程部门中的应用

在企业的运作过程中，一个产品从创意到大规模生产之间的活动过程称为工程（Engineering）。通常地，工程包括头脑风暴、产生产品的创意、建立模型、创建原型与测试等活动。这些活动需要投入一定的人力、时间和资金。如果企业能够有效缩短工程的时间，其竞争者就无法跟上它推出新产品的步伐，那么，它就获得了赢得市场竞争优势的关键。近几十年来，信息系统在有效改进汽车产业工程活动方面取得了显著的成效，大大缩短了汽车从概念创意到顾客商品的时间，例如，计算机辅助设计（CAD）和快速原型制造（即 Rapid Prototyping）。计算机辅助设计改变了工程技术人员使用铅笔和纸张的传统的画图方法，而是采用计算机电子绘图、修改、存储的方式，快速且简捷。群支持软件系统允许身处异地的工程技术人员联合讨论、绘制产品。有的信息系统（例如，Computerized Numeric Control，即数控机床）允许人们给出数据参数和指令来控制机器或机器人进行生产。由于相关计算机信息系统的应用，企业的工程活动与生产活动的时间大大缩短了，生产效率也大大提升了。

CAD 技术的使用，极大地提高了产品质量，缩短了从设计到生产的周期，实现了设计的自动化，使设计人员从烦琐的绘图中解放出来，集中精力进行创造性的劳动，例如，设计工作。早在 1994 年，美国波音飞机公司在推出波音 777 大型双发运输机的时候，从设计、分析、制造、装配、管理等各个环节都已经全部实现全过程无纸化。波音公司在 767-X 项目上，总结过去的试验经验，选用 CAD 系统作为设计工具，使设计员在计算机上以三维方式设计全部零件，进行电子预装配。这样，从工程部门到使用部门都可以共享这些设计模型，可以尽早获得有关技术集成、可靠性、可维护性、工艺性、便于服务等方面的反馈信息。

## 5.4 信息系统在制造和库存控制部门中的应用

企业的制造过程是将原材料加工为成品的过程，其中蕴涵着一些复杂的生产活动，例如，按照消费者的需求设计产品，原材料的组织、供应和仓储，生产计划的安排，机器设备、人员与生产线的调度等。而信息技术与信息系统的应用使得企业能够及时甚至即时适应市场需求的变化而调整生产过程，例如，负责企业资源规划的 ERP 系统、辅助设计与制造的 CAD/CAM 系统等。

同时，信息技术与信息系统在降低生产成本与控制库存方面展示了显著的作用，例如 JIT 系统。借助于互联网实现虚拟供应链是思科公司（Cisco System）成功的关键。超过 90%的思科的订单是通过该平台得到的，然而，思科的工作人员直接经手的订单不超过 50%，因为思科通过互联网与零部件供应商、分销商和合同制造商的企业信息系统相连接，以此形成一个虚拟的、适时的企业间合作的供应链系统。当客户通过思科的网站订购一种典型的思科产品时，例如，路由器，其所下的订单将触发一系列的消息，并传递给其生产印刷电路板的合同厂商，同时，分销商也会被通知提供路由器的通用部件，例如，电源。组装成品的合同制造商通过登录到思科公司的企业网站获取所需的订单类型和数量，并连接至其生产执行系统实施组装。信息整合与共享使整个虚拟供应链上的企业都能高效地、即时地为完成客户的订单而服务。

需要指出的是，作为近10年来在国际上迅速发展、面向车间层的生产管理技术与实时信息系统，制造执行系统（Manufacturing Executive Systems，MES）是生产制造系统的核心，是企业系统信息化集成的纽带，是实施企业敏捷制造战略和实现车间生产管理敏捷化的基本技术手段。MES系统向其他系统提供有关生产的数据：MES向ERP提供实际生产数据，如成本、周期时间、产出和其他生产数据；MES向SCM（供应链管理）提供实际订货状态、生产能力和容量、班次间（Shift-to-shift）的约束等；MES向SSM（Sale and Service Management，即销售和服务管理）提供在一定时间内根据生产设备和能力成功进行报价和交货期的数据；MES向P/PE（Product and Process Engineering，即产品和过程工程）提供有关产品产出和质量的实际数据，便于CAD/CAM进行适当调整；MES向控制提供在一定时间内使整个生产设备以优化的方式进行生产的工艺规程、配方和指令等，将其下载。

通过实时数据库连接基本信息系统的理论数据和企业的实际数据，并提供业务计划系统与制造控制系统之间的通信功能，MES实现各系统之间实时数据沟通。MES信息的及时性能够以分甚至秒的速度进行反应，以适应迅速变化的生产运行方式。

如图5.1所示，MES共有11个功能模块，即资源（包括机械设备、工具、熟练劳工、材料、其他设备及文档等）配置和状态管理模块，生产单元（以任务、订单、批次、批量和工作命令等形式表达）调度模块，运行细节计划编制与调度（提供按分钟为时间单位编制的基于优先级、属性、特性和/或与具体特性相关的配方、工艺等的安排顺序）模块，产品跟踪模块，数据采集与获取模块，性能分析（提供不超过以分为计时单位的实际制造运行结果的报告，包括SPC/SQC）模块，过程管理（监控生产，并自动校正或向操作人员提供决策支持，以校正和改善生产流程中的活动）模块，质量管理模块，维护管理模块，人力资源管理模块，文件与文档控制模块（http://www. erp.com/html/qiyexinxihua/MES/）。

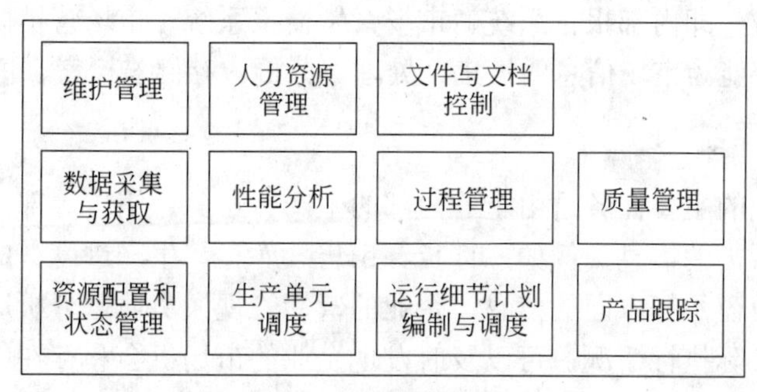


图5.1　MES 功能模块示意图

由于每个行业的生产和流通流程不同，还有其特定的行规，不同的行业对MES的要求和着重点是完全不同的。例如，电子工业通常要求MES着重于建立精确的产品记录，即使在产品经常变化以及工艺和设计经常变化的情况下仍有精确记录。纺织行业、食品工业以及许多批量处理的行业使用 MES 是为了改善设备利用率，保证不间断的批量记录，进行配方管理和加速生产过程。航空和军工企业需要 MES 能满足在线的工作指令，在加工过程中保持出错几乎为零，对产品进行完整的历史记录以保证法规和用户的检验，以及跟踪大项目的进程。制药行业通常要求 MES 能精确地进行便于管理的批量记录，证明产品符合法规。甚至同一个行业中不同企业也各具特色，所以，MES 软件包总是针对某一个行业的特定要求而开发的。而且 MES 具体的应用程序开发和应用服务的工作量相当大，也相当专业化（http://www.LoveErp.com）。

总而言之，生产执行系统 MES 可以为企业提供一个快速反应、有弹性、精细化的制造业环境，帮助企业降低成本、按期交货、提高产品质量和服务质量。适用于不同行业，例如，汽车、家电、通信、半导体、IT、医药，能够对单一的大批量生产和既有多品种小批量生产又有大批量生产的混合型制造企业提供良好的企业信息管理。目前，国外知名企业应用 MES 系统已经成为普遍现象，国内许多企业也逐渐开始采用这项技术来增强自身的核心竞争力。

## 5.5 信息系统在市场营销与客户服务部门中的应用

在企业进行的市场营销活动中，企业有目的地对市场环境、竞争对手、产品信息等相关市场因素进行调查，并对相关的信息数据进行分析，得出对市场的认识结果。市场营销的特点是对企业面临的市场状况系统地设计、搜集、分析，准确及时地掌握市场动态，以极大地提升企业的营销管理战略和策略的制定和实施，使企业的经营决策建立在坚实可靠的基础之上。一般来说，企业决策的正确与否除了取决于管理者的能力和素质，更主要与企业的内部条件和所面临的市场营销外部条件两个因素有关。

营销信息系统（Marketing Information System）是由人员、计算机和计算机程序所构成的一种相互作用的有组织的系统，是企业的管理活动中那些有计划、有规则地收集、分类、分析、评价与处理市场竞争环境中关于竞争对手、消费者等方面信息的程序和方法，通过有效地提供有用信息，供企业营销决策者制订规划和策略。营销信息系统通常由四个子系统构成，即内部报告系统、市场营销情报系统、市场营销研究系统和市场营销分析系统。其职能为市场信息的搜集、处理、分析、存储与检索、评价和传递。

### 1. 内部报告系统

内部报告系统的主要任务是由企业内部的生产、财务、销售等部门定期提供控制企业全部营销活动所需的信息，例如，订货、销售、库存、生产进度、成本、现金流量、应收应付账款以及盈亏等方面的信息。企业的营销管理人员通过分析这些信息，比较各种指标的计划和实际执行情况，可以及时发现企业的市场机会和存在的问题。企业内部报告系统的关键是如何提高这一循环系统的运行效率，并使整个内部报告系统能够迅速、准确、可靠地向企业的营销决策者提供各种有用的信息。而基于互联网的企业内部报告系统是一个很好的解决方案。

### 2. 市场营销情报系统

企业的市场营销情报系统帮助企业的营销人员取得外部市场营销环境中的动态信息，例如，通过查阅各种商业报刊、文件、网上下载，直接与顾客、供应商、经销商交谈，与企业内部有关人员交换信息，通过雇用专家收集有关的市场信息，通过向情报商购买市场信息等。系统要求采取正规的程序提高情报的质量和数量，必须训练和鼓励营销人员收集情报，鼓励中间商及合作者互通情报，参加各种贸易展览会等。基于互联网的市场营销情报系统，例如，网上获取顾客的资料和意见，企业内部的即时通信系统等能够大大提高营销情报的收取速度，也会提高市场反应速度。

### 3. 市场营销研究系统

针对确定的市场营销问题收集、分析和评价有关的信息资料，市场营销研究系统提出研究报告供决策者针对性地用于解决特定问题，以减少由主观判断可能造成的决策失误。因为各企业所面临的问题不同，所以，需要进行的市场研究的内容也不同，通常地，包括市场特性的确定、市场需求潜量的测量、市场占有率分析、销售分析、企业趋势研究、竞争产品研究、短期预测、新产品接受性和潜力研究、长期预测、定价研究等。

### 4. 市场营销分析系统

市场营销分析系统采用统计分析模型和市场营销模型来分析市场资料和解决复杂问题。首先，通过借助各种统计方法对所输入的市场信息进行分析；其次，采用营销模型协助企业决策者选择最佳的市场营销策略。

基于互联网的客户服务，例如在线 FAQs、在线信息资源、在线技术支持等，能够有效帮助消费者解决售前顾虑和售后使用问题。

## 5.6 信息系统在人力资源管理部门中的应用

在现代企业中，人是决定企业发展最重要的因素，是企业的核心竞争力所在。人力资源管理信息系统是应用计算机及网格技术，融合科学的管理方法，辅助人力资源管理人员完成信息管理和职能完善的应用系统。该系统能够帮助企业的管理人员进行日常人事管理工作，例如，人事档案、劳资、福利、保险、招聘、员工考勤与绩效考核、员工教育培训等。信息技术的应用大大降低了例行性工作占用人力资源管理人员时间的比例，极大地提高了人力资源管理部门的工作效率。同时，该系统能够存储和提供人力资源计划和决策时所需的相关信息，例如，进行人力资源预测，根据企业产品的市场需求来预测所需员工的数量、质量和类型等。因此，人力资源信息系统是企业管理的有力工具，也是企业人力资源管理走向规范化、现代化和信息化的重要标志。面对新时代信息化进程的加快，建立一个高效的企业人力资源管理信息系统显得尤为重要。

人力资源管理信息系统帮助企业实现各项人力资源管理业务，例如，在招聘管理中，系统提供招聘需求的申请、审批、发布流程，应聘人员可以在线投递简历，申请职位，帮助企业实现人才库管理；同时，系统提供简历的自动筛选功能，能够进行人岗自动匹配，方便人员的筛选；系统提供招聘效果分析、简历分析等功能。在员工的保险计划管理中，系统为企业员工提供了保险核算功能，提供账户的建立、转移、继承、支付等个人账户的管理。提供各种保险报表、名册的创建、生成、打印，各种保险数据分析等功能，从而减轻了人力资源部门的繁重工作，提高了工作效率。尤其是基于企业内部局域网的在线人力资源管理信息系统帮助企业的员工随时随地管理好自己的各种账户，实现账户管理的自助功能。

## 5.7 小结

本章首先分析了信息系统在会计业务中的应用。会计信息系统即时跟踪并记载企业日常发生的劳动力、原材料与服务的购买成本等方面的支出情况，为企业产品的合理定价提供依据。同时，应收账款会计信息系统帮助企业尽快地收回客户所拖欠的资金，例如，自动地、定期地发出催款通知。应付账款会计信息系统能够为企业掌握好付款的时机以便最大可能地利用好自己的资金。会计信息系统自动地制作资产损益报表、资产平衡表和现金流报表，以便年底企业核算本身的经营业绩并给出政府需要的财务材料汇报，并帮助制作季度预算和年度预算。重要的是，基于互联网与信息技术，会计信息系统支持企业的全球化经营，为分布在世界各地的分支结构提供一个统一的会计核算和财务管理平台，支持企业的 ERP 采购、应付账款和固定资产模块的集成性，支持面向业务流程的财务信息的收集、分析和控制，使财务系统支持重组后的业务流程，并做到对业务活动的成本控制。

其次，金融信息系统能够帮助企业合理规划现金流、控制现金流。同时，基于互联网的金融信息系统能够更有效地帮助企业的管理人员实现资金的管理，投资决策分析。

再次，计算机信息系统的应用帮助企业大大缩短了工程活动与生产活动的时间，大大提升了生产效率。例如，CAD 技术的使用极大地提高了产品质量，缩短了从设计到生产的周期，实现了设计的自动化，使设计人员从烦琐的绘图中解放出来，集中精力进行创造性的劳动。

同时，信息技术与信息系统的应用，例如，企业资源规划系统（ERP）、辅助设计与制造的 CAD/CAM 系统等，使企业能够及时甚至即时适应市场需求的变化而调整生产过程。并且，信息技术与信息系统在降低生产成本与控制库存方面展示了显著的作用，例如，JIT 系统和借助于互联网实现虚拟供应链系统。值得指出的是，生产执行系统 MES 可以为企业提供一个快速反应、有弹性、精细化的制造业环境，帮助企业降低成本、按期交货、提高产品质量和服务质量。作为生产制造系统的核心，MES 是企业系统信息化集成的纽带，它是面向车间层的生产管理技术与实时信息系统，是实施企业敏捷制造战略和实现车间生产管理敏捷化的基本技术手段。

营销信息系统，尤其是基于信息技术与互联网的营销信息系统能够帮助企业有效地收集、分析、评价与处理市场竞争环境中各方面的信息，帮助企业营销决策者制定规划和策略，准确及时地把握市场中的机遇以及应对挑战。

最后，人力资源管理信息系统，尤其是基于互联网，能够极大地提高管理人员从事日常人事管理，诸如人事档案、劳资、福利、保险、招聘、员工考勤与绩效考核、员工教育培训等工作的效率。同时，该系统能够根据企业产品的市场需求来预测所需员工的数量、质量和类型等。

## 案例 5.1　银行信息化建设推动金融业务发展

（计世网：http://www2.ccw.com.cn/03/0348/g/0348g03_3.asp，计算机世界报 第 48 期 G12、G13）

### 1. 引言

目前，我国金融行业处于一个历史转折时期，在经历了多年传统的、较为闭塞的经营管理状况下，不得不在短短的几年时间里面对全球金融界的残酷竞争和巨大的生存考验。因此，如何构建一个以客户为中心的具有灵活的业务流程、实现业务流程自动化定制、适应快速的新产品开发的核心应用平台，以及充分利用信息资源为银行提供客户化管理、信息分析决策等信息管理平台，是摆在光大银行面前的重大课题。

### 2. 数据集中和应用整合

面对竞争日益激烈的国内外金融环境，光大银行将加快推进银行信息化建设进程，从银行战略发展的高度，重新规划银行信息化建设蓝图，并根据现代化商业银行先进的经营模式和管理方法，对应用进行进一步的数据集中和系统整合，建立起一个完整的银行核心业务与管理会计系统。

1）建立完整的银行核心业务与管理会计系统

光大银行将建立一个全国集中的“以客户为中心”的银行核心账务处理系统，对现有应用系统进行重新整合。该系统将负责处理全行所有营业网点的临柜业务，以及来自各类银行产品销售渠道（网络银行、电话银行、移动银行、ATM、POS、自助银行亭以及其他中间业务等）的 7×24 小时记账请求；建立一个独立于各业务处理系统之外的统一的客户信息系统，负责采集客户信息资料，建立客户、账户的关联关系；实现准 7×24 小时服务；统一的前端系统，柜员服务综合化；系统设计参数化、模块化；满足各类资产和负债业务产品要求以及建立风险控制体系等系统目标。

建设中的管理会计系统将实现独立的总账系统，统一总账，灵活定制各类报表；统一规范全行的费用和固定资产核算和过程控制，优化业务流程；按产品、客户或部门的成本归集或分摊，支持全面成本管理和责任会计；科学确定内部转移价格，按产品、部门、客户进行赢利分析和职员的贡献度分析；提供以利率风险管理为核心的资产负债管理的工具和手段，逐步实现对风险的量化分析和产品的科学定价以及建立科学的预算管理体系和业绩评价体系等目标。

2）建设综合大前置系统

综合大前置系统将作为一个集成的服务分发及渠道管理平台，接受来自柜台终端、自助设备、网络银行、电话银行和其他信息终端等各种客户服务渠道的业务请求，按照统一的接口标准向核心系统转发交易请求，接收返回的交易结果，并记录相应的交易信息；同时，也为分（支）行具有地方特点的中间业务提供标准统一和管理灵活的开发平台。通过在分行配置大前置系统，一方面作为账务处理系统的分行管理平台；另一方面作为各类中间业务的应用路由；在支行营业网点，整合各类系统前置设备，简化低端设备维护工作；在临柜业务操作上实现全面柜员制，以达到优化营业柜台人员劳动组合，提高工作效率。

3）采用项目外包方式建设贷记卡业务系统

贷记卡正成为中国零售银行业务中的重要产品，为迅速实施一套符合国际通行标准，既能保证现有的银行系统和 ATM 网络继续支持借记卡业务，又能满足全国性信用卡业务发展需要的贷记卡业务系统，提高光大银行信用卡业务管理水平。系统建设将采用全新的项目外包方式，可实现信用卡发卡和商户收单业务；全国范围内的贷记卡发卡和商户收单业务操作流程标准化；多种信用卡类型和双币卡，具备多级内部和外部访问控制；支持各地不同的业务需求；提供增值服务及产品，提高银行市场地位以及支持发卡业务及商户收单业务规模未来的不断增长等主要目标。

### 3. 管理信息平台构建

光大银行将充分利用业务系统已实现的全国主机集中、数据集中的优势，进一步推进信息化系统的建设步伐，构建管理信息平台，加速数据向信息转化的进程。通过对数据仓库技术、在线联机分析技术、数据挖掘技术以及 Internet 技术等的研究与应用，提供数据分析等银行管理的现代化手段，实现全行的信息共享，从而增强光大银行市场竞争能力，提升业务管理、风险防范和对外服务的水准。同时，光大银行将实现基于各业务处理系统和各部门管理系统之上的全方位、多视角的分析金融风险、辅助决策的银行风险管理。

在实现数据共享、能从各角度进行复杂报表统计分析的同时，研究建立光大银行各项业务分析的指标体系，构造决策分析模型，利用数据挖掘技术，通过各种分析模型的建立，做到快速发现业务的发展趋势，合理解释已知事实，轻松预测未来结果，准确地识别出完成任务所需的关键因素，实现银行战略发展的预测与展望，辅助领导决策。

1）信贷风险管理系统

中国光大银行自成立以来，特别是近年来，致力于建立以风险控制为核心的信贷管理文化，努力防范和控制信贷风险。在具体的信贷管理工作中，光大银行强调以风险控制为核心，明确了加强信贷风险管理工作的主攻目标。在考虑外部制约的环境下，从内部适应现代银行管理和银行发展的需要，改进信贷风险评价和决策系统，对信贷资产实行全程跟踪和动态管理，把风险控制贯穿于信贷业务的各个环节、整个过程。

在竞争越来越激烈的市场竞争面前，光大银行决定向国际标准看齐，进一步改进信贷风险评价和决策系统，对信贷资产实行全程跟踪和动态管理，把风险控制贯穿于信贷业务的各个环节、整个过程。借鉴和采用国外先进技术和管理经验，考虑《巴塞尔新资本协议》前瞻性的银行管理需要，构建内部信用风险评级体系，加快信贷流程再造，建立与柜台系统共享信息的信贷全过程电子化系统，使银行从经验性传统管理上升为专业化现代管理，全面提高光大银行识别、防范、控制风险的能力。

光大银行希望通过整合其目前的信贷管理体系，改进信用风险度量和信用风险管理，跟进《巴塞尔新资本协议》，引入 IRB 这一信用风险管理工具建立信用评级体系，改善信用风险管理架构和信贷流程，实现信贷管理全过程的电子化，全面进行信贷风险管理的基础建设；引入先进的技术手段和成熟的银行管理经验，实现信贷管理文化的转变，实现一个既与国际接轨又符合光大银行实际的、基本定型的、符合内控要求的、有效而低成本的风险管理程序，从而有效识别、衡量和管理信贷风险，全面提升信贷管理能力。

2）利用数据仓库技术，实施统计分析系统

光大银行主要围绕理清数据仓库应用建设的总体思路和技术平台搭建，着手制订了数据仓库应用建设的总体目标和应用系统的总体规划以及系统技术框架规划，并形成草案。着手进行技术实现框架的论证和产品选型，搭建数据仓库应用实施所需的基础平台，探讨数据仓库系统建设的切入点。

国际结算业务统计分析系统是光大银行首次利用先进的数据仓库技术开发和实施的信息管理系统，2003 年上半年成功地完成了系统的开发、上线和全国推广，为光大银行国际业务添加了新的业务统计分析手段。在此应用的基础上，在公司业务等方面进行进一步的开发和探索，借此带动光大银行管理信息业务系统建设的全面发展，从而实现集数据采取、查询、报表处理、统计分析为一体，以多维数据集为基础的数据处理方式，充分利用信息数据，为银行管理人员在查询数据、生成报表等方面提供有力支持。

3）统一的客户服务平台的搭建

为全面提升光大银行客户服务质量， 95595 客户服务平台将采取总行集中管理、集中监控、集中培训的管理模式，建立一套具有先进性、前瞻性的多渠道客户服务、营销、信息采集与管理、电子交易系统，建成国际水准、国内银行业一流的客户服务平台。

它将接受客户的咨询，为客户提供联络、咨询、业务通知、交叉营销等服务内容；成为银行的产品营销中心，充分利用所掌握客户资源对客户进行细分，依据不同客户的贡献度，为恰当的客户提供恰当的产品服务；利用直接与客户接触的便利条件，采集并有效管理客户资料，为银行业务发展提供可靠、精确的客户信息；客户服务平台将成为集电话、网上、短信、手机、邮件、传真等多种渠道为一体的业务处理中心，在确保安全的前提下，为客户提供多种方便、快捷的交易手段，如电话交易、网上交易、手机银行交易等，全面提升光大银行的客户管理和服务水准。

4）虚拟空间的拓展

光大银行网上银行系统将在以往的基础上有长足的发展，实现向客户、业务及管理的延伸。它将具有多方面的优势，包括提供多种交易渠道，满足多种服务需求，连通多种外部单位，支持多种支付方式。同时它还将具备高安全、高可用、高性能、可伸缩、易管理、开放性、连通性等特性，提供一个既囊括所有传统银行业务，同时又具有各种新型金融产品的电子服务平台。

网上银行电子服务平台将对各种交易渠道的访问信息进行组织，并协调银行业务系统、CA 认证中心及其他第三方机构、商户及其他合作伙伴共同完成对客户的服务，为银行进一步拓展金融业务品种和渠道提供可靠的保证。

## 案例 5.2　RFID 技术在制造业管理信息系统中的应用研究

（杨川，2008）

在制造型企业中，RFID 把各个部门的物流信息实时、准确地汇聚到物流管理信息系统的特点已引起各国 IT 企业和制造行业的广泛关注。制造业各个物流环节是相互关联、紧密结合的，如验证元器件系列编码自动保证选用元器件的正确性、半成品搬运标识、生产制造流水线管理、仓储转存过程、物流运输及配送、装卸搬运和保管等过程，采用 RFID 技术处理后能为提高制造速度、提高准确率、减少库存、缩短生产周期等环节带来革命性的影响。

### 1. 射频识别技术（RFID）简介

RFID 技术是利用无线电波进行通信的一种非接触式自动识别技术，其基本原理是通过识别头和粘附在物体表面上的标签之间的电磁耦合或者电感耦合来进行数据通信以达到对标签物品的非接触式自动识别。由阅读器发送指令给天线，由天线发送无线电波"扫描"射频标签，射频标签接到信号后将数据信息返回成无线电波的形式，再由天线接收后解码成计算机可以使用的数据。

射频识别系统一般由以下三部分构成:

（1）应答器（射频标签）。应答器是射频识别系统的数据载体，应答器应放置在要识别的物体上，通常，应答器没有自己的供电电源（电池），只是在阅读器的响应范围之内，应答器才是有源的。应答器工作所需的能量，如同时钟脉冲和数据一样，是通过耦合元件传输给应答器的，另外，射频标签可以封装成各种形状。

（2）阅读器。读取应答器数据的装置，有的具有读写功能。一台典型的阅读器包含有高频模块（发送器和接收器）、控制单元以及与应答器连接的耦合元件，此外，许多阅读器还都有附加的接口以便将所获得的数据进一步传输给另外的系统（PC 等）。

（3）应用系统。用来管理收集而来的数据，如筛选、存储数据并与企业后台管理系统整合。

### 2. 基于 RFID 的物流管理信息系统的工作原理

基于 RFID 的物流管理信息系统可以帮助制造企业实现对各种资源的实时跟踪，及时完成生产用料的补给和生产节拍的调整，从而提高资源的追踪、定位和管理水平，提升制造行业自动化水平和整体生产效率。基于 RFID 的物流管理信息系统分为四个层次，如图 5.2 所示。

（1）物理层：主要是 RFID 读写器通过读取制造业中各种资源的电子标签，以便获取所需的信息，这实际上属于物理操作层次，一般不涉及数据处理过程。

（2）过渡层：主要由 RFID 中间件和服务器完成数据的收集、过滤、整理及与后台管理系统的整合；另外，该层在改善数据处理速度和提高数据在互联网上传递快慢有决定性的作用。

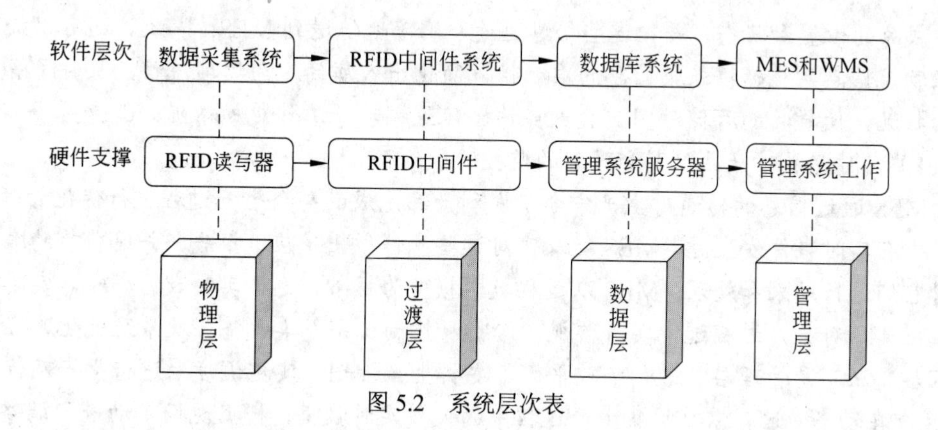

图 5.2　系统层次表

（3）数据层：通过数据库管理系统服务器实现对已收集的数据存储和处理，比如，数据库服务器一般可以考虑安装 SQL Server 或 ORACLE 等软件，以满足对制造业海量数据处理。

（4）管理层：该层主要是对存储的数据进行统计、比较，分析、下达操作指令及制作决策所需报表等管理活动，可以说该层是整个管理信息系统的核心层。

RFID 与 MES、WMS（Warehouse Management System，仓储管理系统）结合的物流管理信息系统结构框架如图 5.3 所示。

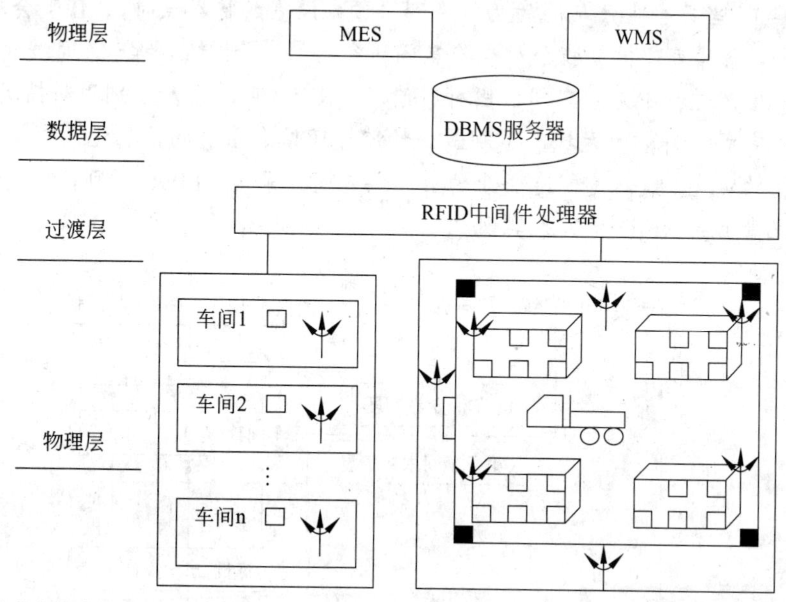

图 5.3　RFID 与 MES、WMS 结合的物流管理信息系统结构图

### 3. RFID 技术在制造业物流管理信息系统的应用设计

RFID 在制造业物流信息系统中应用的优势主要表现在以下两个方面：首先，RFID 可以在工厂内部各制造过程发挥巨大作用，可以自动识别生产物流各环节中物料、半成

品、成品的位置和状态，并把这些信息迅速、准确地传送到MES；其次，还可以提高制造业物流信息系统数据采集信息的准确性，简化出入库的人为烦琐流程，及时了解库存货物状况，使货物的存储时间、盘点操作、位置调动等工作更加精确、迅速。

1）实时完成对产品识别和跟踪的监控

MES通过信息的传递对生产命令下发到产品完成的整个生产过程进行优化管理。当工厂中有实时事件发生时，MES能及实对这些事件做出反应、报告，并用当前的准确数据对它们进行约束和处理。MES以过程数学模型为核心，连接实时数据库或非实时的关系数据库，对生产过程进行实时监视、诊断和控制，完成单元整合及系统优化，在生产过程层（而不是管理层）进行物料平衡，安排生产计划，实施调度、进行生产及优化。MES重在动态管理，需要收集生产过程中的大量实时数据，根据现场变动进行调整。而RFID恰恰能快速、准确地完成大量实时数据的采集工作。因此可以通过RFID和MES的结合，对各个生产环节进行实时控制，确保生产过程顺利进行。

通过安装在各个车间的固定读写器实时读取各个车间内物料的消耗情况，并把数据传输到数据库中，MES根据实时监控得到的数据，对各个车间工作地点下达指令，进行调度（调度是基于有限能力的调度，并通过考虑生产中的交错、重叠和并行操作来准确计算出设备上下料和调整时间，其目的是通过良好的作业顺序最大限度减少生产过程中的准备时间，把半成品或成品及时运送到下一环节，使生产同步、顺畅，从而提高整体的生产效率）。当各个生产车间的物料降到了预先设置的临界点时，MES会对WMS发出补料指令，仓库可以根据指令对生产车间进行补给，如图5.4所示。通过RFID的应用可以看到，生产过程中无须车间提出补料请求，RFID可以自动识别用料情况，向WMS发出请求，完成补料，大大提高了制造业物流管理信息系统的信息化、自动化程度。但是以上功能的实现，最好是制造企业的上游供应商也采用RFID；否则，需通过承载货物的容器或托盘上的RFID标签来实现。

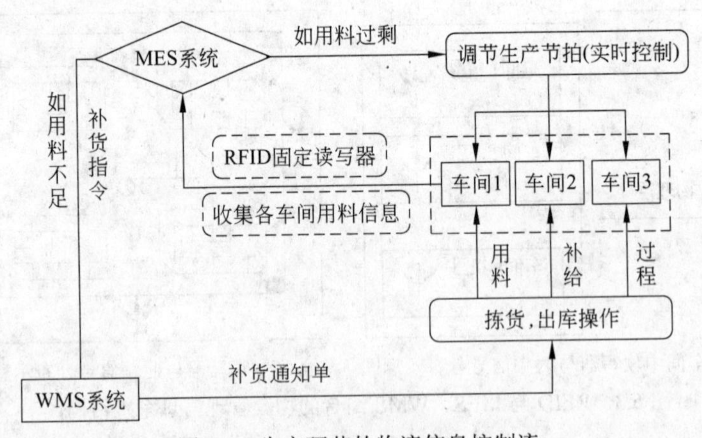


图5.4　生产环节的物流信息控制流

2）提高仓库作业能力，简化流程

基于RFID的仓库管理系统（WMS）能够更好地满足目前制造业普遍采用的供应商

管理库存模式（VMI）的需求，并能保证仓储管理的先进先出原则，提高制造业库存管理的整体水平。

在此假设供应商都采取 RFID 技术，并且货物的容器或托盘都贴有电子标签，此时的收货、入库流程和拣货、出库流程如图 5.5 和图 5.6 所示。

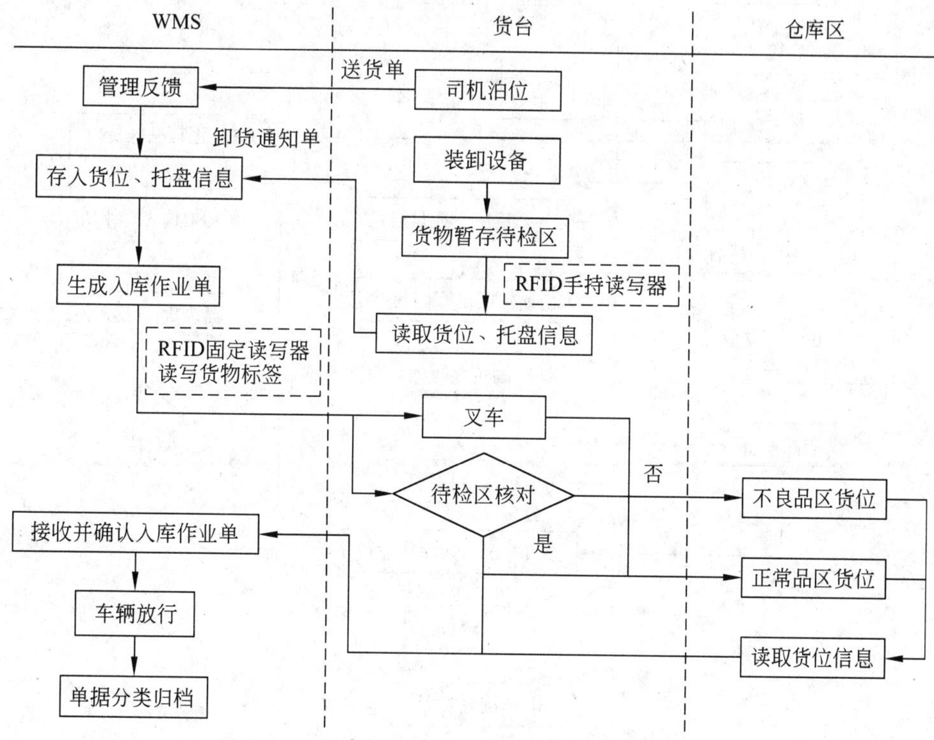


图 5.5　基于 RFID 的 WMS 收货、入库流程

RFID 在流程中的应用主要有三个方面：出入库信息的确认、日常库存的盘点、仓库设备的实时监控。

（1）RFID 门禁系统用于出入库信息的确认：采用固定读写器和手持读写器联合使用的方式，手持读写器用于对货位及托盘信息的读取，固定读写器用来实现对货物信息和托盘信息的确认。两种读写器的应用不仅可以在运动中实现对多目标的识别，提高出入库的效率，还可以实现对货物及托盘容器的状态监控。

（2）日常库存的盘点：采用手持读写器，通过对标准化、单元化包装上标签的读取，来完成日常盘点，不仅可以节约人力成本，还可以提高准确率和盘点效率。

（3）仓库设备的实时监控：采用 UWB 读写器，可以确定设备在仓库的位置和当前的状态，便于在货物进库后，对货位与搬运工具线路进行选取，同时可以提高入库效率，并降低设备的运作成本。

（4）此外，在库存管理方面还可以实现信息收集自动化、产品来源入库前的核对、更改电子标签上的资料而无须更改产品包装和有效管理装货（减少丢失）、更方便于品

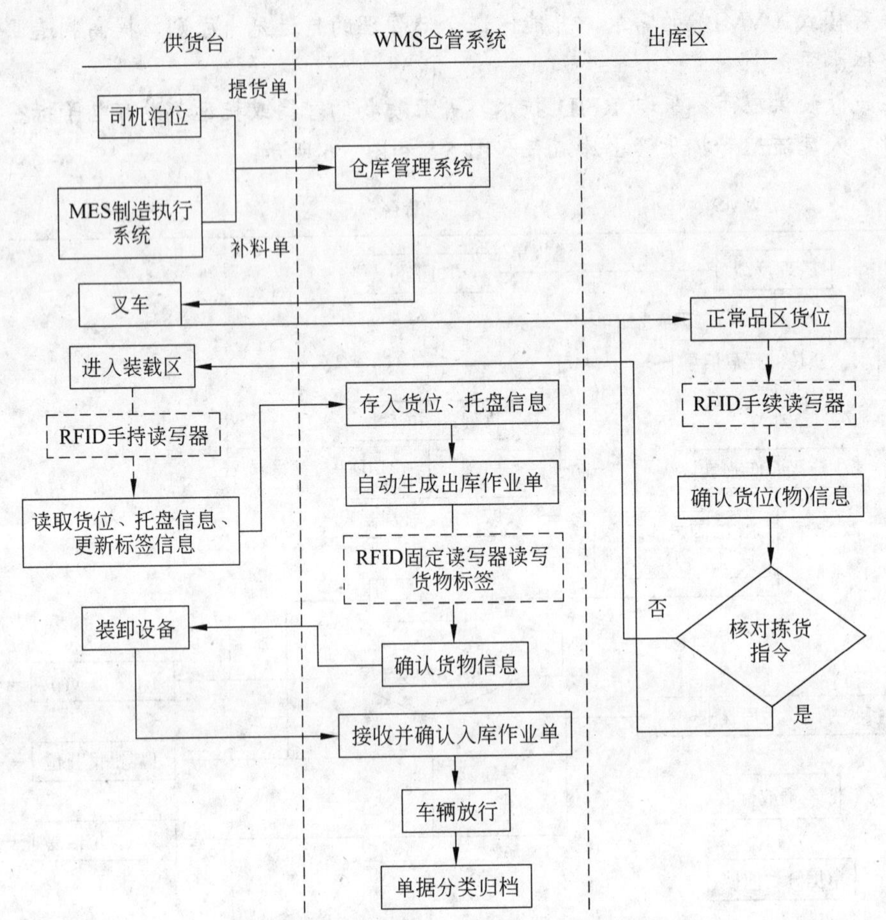


图 5.6 基于 RFID 的 WMS 拣货、出库流程

质监督、可以全程跟踪库存货物的物流情况，将损失和失误降低到最低点。

### 4. RFID 技术在制造型企业中的其他应用

电子标签因为其具有防冲撞性、封装任意性、使用寿命长、可重复利用等特点，适合应用于制造行业中的许多场合。如生产制造型企业的生产、物流、仓储、供应链管理的产品追踪、生产过程控制、成品下线、入库管理、产品质量检验、RFID 托盘识别和追踪、产品防伪识别系统、零配件防伪防盗、自动化仓储管理，分布式仓储管理系统、货品识别和配送管理、零售业 RFID 解决方案等。基于这些广泛应用，商家们已投入了大量的精力开发出了全系列电子标签（RFID）产品，各频率电子标签、读写器、中间件、系统集成和整体解决方案。我们衷心希望把 RFID 技术和制造业物流管理信息系统结合起来，使 RFID 完成 MES、WMS 的数据采集、整理，改进传统制造业的物料补给和仓库管理流程，实现对物流各环节信息的实时监控与跟踪，从而在降低成本的同时提高生产效率，能够为制造型企业带来显著收益。

## 复习题

### 一、填空题

1. 企业的会计信息系统包括成本会计信息系统、__________和应付账款会计信息系统。
2. 企业的____________________记载着哪些公司、个人拖欠着企业的资金、数额以及应归还期等数据信息。
3. 信息系统在企业的金融业务中的应用包括______________、投资分析等。
4. CAD 是指______________________________。
5. CAM 是指______________________________。
6. 生产执行系统 MES 可以为企业提供一个快速反应、__________、精细化的制造业环境，帮助企业__________、按期交货、提高__________和__________。
7. 营销信息系统的职能是市场信息的搜集、__________、__________、__________、__________和传递。

### 二、单项选择题

1. 企业的（　　）即时跟踪记载了劳动力、原材料与服务的购买成本等情况。

   A. 人力资源信息系统　　B. 项目管理信息系统
   C. 成本会计信息系统　　D. 市场营销信息系统

2. 企业的（　　）记载着哪些公司、个人拖欠着企业的资金、数额以及应归还期。

   A. 成本会计信息系统　　B. 应收账款会计信息系统
   C. 应付账款会计信息系统　　D. 市场营销信息系统

3. 企业的（　　）记载着企业需要付给哪些公司、个人的资金、数额以及应付款期限。

   A. 成本会计信息系统　　B. 应收账款会计信息系统
   C. 应付账款会计信息系统　　D. 市场营销信息系统

4. 企业的（　　）能够帮助管理人员时刻跟踪企业的现金流，关注每一笔资金的流入和流出。

   A. 成本会计信息系统　　B. 应收账款会计信息系统
   C. 应付账款会计信息系统　　D. 金融信息系统

5. 术语 JIT 的中文含义是（　　）。

   A. 制造资源计划　　B. 柔性制造系统
   C. 准时生产　　D. 灵敏制造

6. 企业的（　　）的主要任务是由企业内部的生产、财务、销售等部门定期提供控制企业全部营销活动所需的信息。

   A. 成本会计信息系统　　B. 应收账款会计信息系统
   C. 市场营销研究系统　　D. 内部报告系统

7. 企业的（　　）能够帮助管理人员对新产品投入市场后的接受性和潜力研究。

   A. 成本会计信息系统　　B. 应收账款会计信息系统

C. 市场营销研究系统　　D. 金融信息系统

## 三、多项选择题

1. 生产执行系统 MES 可以为企业提供一个快速反应、有弹性的精细化的制造业环境，帮助企业（　　）。

   A. 降低成本　　B. 按期交货

   C. 提高产品的质量　　D. 提高服务质量

2. 当企业进入全面信息化管理的 ERP 阶段，其财务应用信息系统支持的功能包括（　　）。

   A. 支持企业的全球化经营

   B. 支持企业的 ERP 采购、应付账款和固定资产模块的集成性，既减少了费用数据的重复录入，又自动地收集，形成报表供有关人员分析和评估

   C. 支持面向业务流程的财务信息的收集、分析和控制，使财务系统能支持重组后的业务流程，并做到对业务活动的成本控制

   D. 更全面地提供财务管理信息，为包括战略决策和业务操作等各层次的管理需要服务

3. 营销信息系统的构成包括（　　）。

   A. 内部报告系统　　B. 市场营销情报系统

   C. 市场营销研究系统　　D. 市场营销分析系统

## 四、简答题

1. 企业的会计信息系统有哪些功能？
2. 如何理解会计信息系统支持企业的全球化经营战略？
3. 企业的金融信息系统如何能够帮助企业管理好资金？
4. 如何理解企业在工程方面的信息技术应用缩短了从设计到生产的周期？
5. 举例说明基于互联网的企业虚拟供应链系统。
6. 如何理解企业的制造执行系统的功能？
7. 如何理解企业的营销信息系统的功能？
8. 如何理解信息技术在企业的人力资源管理中的作用？

# 第 6 章

# 电 子 商 务

## 6.1 电子商务简介

### 6.1.1 电子商务的定义

正如第 1 章所叙述的那样，电子商务是基于计算机网络与通信技术通过简单、快捷、低成本的电子通信方式，使参与交易的买卖双方可以跨越时空的限制进行各种诸如消费者网上购物、企业间的网上交易、在线电子支付以及各种交易活动、金融活动和相关的综合服务活动的一种新型的商业运营模式。电子商务的概念有广义和狭义之分。广义的电子商务定义为使用各种电子工具从事商务或活动。这些工具既包括初级的电报、电话、广播、电视、传真到计算机、计算机网络，又包括国家信息基础结构、全球信息基础结构和 Internet 等现代系统。这些商务活动包括实物产品和信息产品的交易、客户的服务、企业间的协作等业务流程。狭义电子商务定义为主要利用 Internet 从事商务或活动。

在 20 世纪 70 年代末期开始应用的电子数据交换（Electronic Data Interchange，EDI）和电子货币转账技术是电子商务的早期应用，例如，将采购订单和发票之类的商业文档通过电子数据的方式发送出去等。20 世纪 80 年代开始应用的信用卡、自动柜员机和电话银行服务，以及 20 世纪 90 年代企业资源规划（ERP）、数据挖掘和数据仓库等应用，都属于电子商务的范畴。当世界进入了.COM 时代，电子商务增加了新的组成部分，即“网络贸易”，它允许顾客在数据加密传输技术的支持下，利用网上商店的虚拟购物平台和信用卡等电子货币支付形式，通过互联网实现商品和服务的购销。

需要指出的是，E-Commerce 和 E-Business 都是电子商务的代名词，但是，它们之间是有一定区别的。E-Commerce 是在 Internet 开放的网络环境下，基于浏览器/服务器应用方式，实现消费者的网上购物、商户之间的网上交易和在线电子支付的一种新型的商业运营模式。而 E-Business（寓意为 The transformation of key business processes through the use of Internet technologies）侧重于把企业的各种事务活动，包括内部管理、生产管理以及与外部的联系、产品的销售等全部架构在 Internet 上的运作模式，即企业整个商业活动和行政作业的全过程的电子化。从这个意义上讲，E-Business 比 E-Commerce 具有更为广泛的应用范围。总而言之，电子商务已经成为一个真正的全球现象。电子商务不是一个单纯的技术概念，也不是一个单纯的商业概念，而是一个依靠 Internet 支撑的企业商务过程。

从服务的角度看，电子商务是一个降低成本、提高质量、改进配货速度的手段；从沟通手段的角度看，电子商务是一个传递商品、信息、服务、付款的计算机网络；从交易流程的角度看，电子商务是对贸易伙伴间的业务流程或者企业内部运作流程的自动化。从离线和在线的角度看，电子商务是在线的商品、信息、服务方式。从合作平台的角度看，电子商务是一个企业间或企业内部各部门间的合作平台。

如图 6.1 所示，有的学者从交易的产品、交易的过程以及配货方法（即物流）三个维度的数字化程度（The Degree of Digitization）的角度对电子商务进行了划分，即纯电子商务和部分电子商务。纯电子商务是指交易的产品、交易的过程以及配货方法这三个维度都是数字化的，例如，在网上购买音乐和软件，获取方式是在线下载，而付款方式为在线信用卡。部分电子商务是指交易的产品、交易的过程以及配货方法这三个维度中部分是数字化的，部分是物理或手工的，例如，在 Amazon 上购买一部新出版的 MIS 教材，付款方式为在线信用卡，而获取方式是联邦快递 FedEX 的人工送货到家服务。而传统的商务是指交易的产品、交易的过程以及配货方法这三个维度都不是数字化的，是人工的，例如，去 WalMart 购买衣物或鞋类商品，现金付账，自己乘车去乘车回 （Turban et al. 2002）。

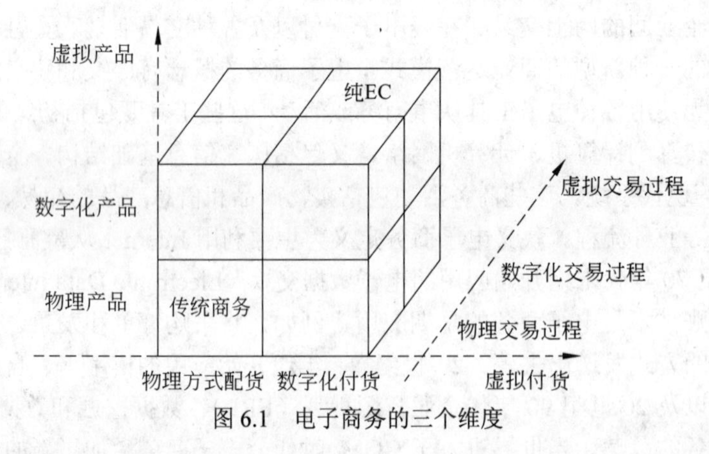


图 6.1 电子商务的三个维度

## 6.1.2 Internet、intranet 和 extranet

### 1. Internet

Internet 的中文译名是因特网，它的前身是美国国防部高级研究计划局（ARPA）主持研制的 ARPAnet。20 世纪 60 年代末的冷战时期，美国军方为了保证自己的计算机网络在受到袭击时，即使部分网络被摧毁，其余部分仍能保持通信联系，便由美国国防部的高级研究计划局建设了一个军用网，叫做“阿帕网”（ARPAnet）。阿帕网于 1969 年正式启用，当时仅连接了 4 台计算机，供科学家们进行计算机联网实验用。这就是因特网的前身。

到了 20 世纪 70 年代，ARPAnet 已经发展成为几十个计算机网络，但是每个网络只能在网络内部的计算机之间互联通信，不同的计算机网络之间仍然不能相互通信。为此，ARPA 又设立了新的研究项目，支持学术界和工业界进行有关的研究，而研究的主要内容就是想用一种新的方法将不同的计算机局域网互联，形成“互联网”，研究人员称为 internetwork，简称 Internet。这个名词就一直沿用到现在。

在研究实现互联的过程中，计算机软件起了主要的作用。1974 年，出现了连接分组网络的协议，其中就包括了著名的传输控制协议 TCP 和网际互联协议 IP ——TCP/IP。这两个协议相互配合，其中，IP 是基本的通信协议，TCP 是帮助 IP 实现可靠传输的协议。TCP/IP 有一个非常重要的特点，就是开放性，即 TCP/IP 的规范和 Internet 的技术都是公开的，其目的就是使任何厂家生产的计算机都能相互通信，使 Internet 成为一个开放的系统。这正是后来 Internet 得到飞速发展的重要原因。

美国国防部高级研究计划局在 1982 年接受了 TCP/IP，选定 Internet 为主要的计算机通信系统，并把其他的军用计算机网络都转换到 TCP/IP。1983 年，ARPAnet 分成两部分：一部分军用，称为 MILNET；另一部分仍称 ARPAnet，供民用。1986 年，美国国家科学基金组织（NSF）将分布在美国各地的 5 个为科研教育服务的超级计算机中心互联，并支持地区网络，形成 NSFnet。1988 年，NSFnet 替代 ARPAnet 成为 Internet 的主干网。NSFnet 主干网利用了在 ARPAnet 中已证明是非常成功的 TCP/IP 技术，准许各大学、政府或私人科研机构的网络加入。1989 年，ARPAnet 解散，Internet 从军用转向民用。Internet 的发展引起了商家的极大兴趣。1992 年，美国 IBM、MCI、MERIT 三家公司联合组建了一个高级网络服务公司（ANS），建立了一个新的网络，叫做 ANSnet，成为 Internet 的另一个主干网。它与 NSFnet 不同，NSFnet 是由国家出资建立的，而 ANSnet 则是 ANS 公司所有，从而使 Internet 开始走向商业化。1995 年 4 月 30 日，NSFnet 正式宣布停止运作。而此时 Internet 的骨干网已经覆盖了全球 91 个国家，主机已超过 400 万台。在最近几年，因特网更以惊人的速度向前发展，很快就达到了今天的规模。

## 2. intranet

intranet（企业内部网或者内联网）是指采用 Internet 技术建立的企业内部专用网络。它以 TCP/IP 协议作为基础，以 Web 为核心应用，构成统一和便利的信息交换平台。企业内部网可提供 Web 发布、交互、目录、电子邮件、广域互连、文件管理、打印和网络管理等多种服务。企业内部网的建立并不需要从头开始，而是完全建立在现有的企业内部网络硬件基础之上。传统的企业信息系统，例如，管理信息系统大多只能管理结构化的信息，因此实用程度有限，而基于内部网的 Web 技术能够把文字、图形、声音、影像等多媒体等非结构化信息都放在内部网上供企业内部人员共享，以浏览的方式实现信息查询，大大提高了企业的内部通信能力和信息交换能力。企业内部网在企业新闻发布、销售服务、提高工作群体的生产力、内部交流与支持、员工的培训和数据库开发等方面发挥不可缺少的作用。

intranet 与 Internet 相比较而言，Internet 是面向全球的网络，而 intranet 则是 Internet 技术在企业内部的实现，它能够以极少的成本和时间将一个企业内部的大量信息资源高效合理地传递到每个员工。Internet 强调网络的互联和通信，而 intranet 则更强调企业的信息交流和协同工作。intranet 为企业提供了一种能充分利用通信线路、经济而有效地建立企业内联网的方案，应用 intranet，企业可以有效进行财务管理、供应链管理、进销存管理、客户关系管理等。过去，只有少数大公司才拥有自己的企业专用网，如今，借助于 intranet 技术，各个中小型企业都有机会建立起适合自己规模的“内部网”。企业关注

intranet 的原因是它只为一个企业内部专有，而外部用户不能通过 Internet 对它进行直接访问。

### 3. extranet

extranet（外联网）是一个使用 Internet/intranet 技术使企业与其客户和其他关联企业相连接来完成它们共同目标的合作网络。extranet 可以看作是一个能被企业成员访问或与其他企业合作的企业 intranet 的一部分。与 intranet 一样，extranet 通常位于防火墙之后，但不像 Internet 那样为大众提供公共的通信服务，也不像 intranet 那样只为企业内部服务和不对公众公开，而是对一些有选择的合作者（供应商和客户）开放或向公众提供有选择的服务。对 extranet 的访问是半私有的，其用户是由关系紧密的企业结成的小组，信息在成员企业的圈内共享。extranet 非常适合于具有时效性的信息共享和企业间完成共同利益目的的活动。

extranet 通常连接两个或多个企业的 intranet，而每个企业的 intranet 由分布在各地的多个 Web 和其他设施构成，因此，extranet 通常是 intranet 和 Internet 基础设施上的逻辑覆盖，仅用访问控制和路由表进行控制，而不是建立新的物理网络。extranet 使用标准的 Web 和 Internet 技术，其实质就是应用，它只是集成扩展（并非系统设计）现有的技术应用。

extranet 的应用实现了网上跨地区的企业间的各种项目合作，提高生产率，具体来说，extranet 可以通过 Web 给企业提供一个更有效的、更经济的信息交换渠道，大大降低成本并减少跨企业之间的合作与商务活动的复杂性；在销售信息的维护和传播方面，取代原有的文本拷贝和昂贵的专递分发方式，extranet 可以定期地将最新的销售信息以各种形式分发给世界各地的销售人员，任何授权的用户都可以在各地用浏览器对 extranet 进行访问、更新、传播每日变化的新消息；在客户服务方面，extranet 通过 Web 安全有效地为客户提供全程的服务，例如，为客户随时随地提供订购信息和托运货物的动态运行轨迹，为客户提供问题的解决方案、提供技术支持服务（桌面帮助、电子邮件及多媒体电子邮件等）。

## 6.1.3 电子商务的优点

因为从根本上改变了传统商贸的业务流程，电子商务在以下几个方面具有明显的优点：

（1）开放性和全球性。电子商务将传统的商贸业务流程电子化、数字化，使交易突破了时间和空间的限制，即允许交易活动可以基于互联网在任何时间、交易双方在任何地点进行，所以电子商务具有开放性和全球性的特点，大大拓展了买卖双方贸易的市场范围，从而为企业创造了更多的贸易机会，为消费者提供了更多、更好、更廉价的产品选择。

（2）成本节约性。首先，电子商务减少了交易的中间环节，使生产企业和消费者直接交易，从而为消费者节约了成本；其次，电子商务改变了以往信息不对称的局面，使消费者借助于网络充分地获取市场信息，对目标商品有充分的选择余地，从而可以买到物美价廉的商品。同时，电子商务降低了企业的管理成本。基于电子商务，企业的行政管理模式朝着扁平化、标准化和无纸化的方向发展，通过企业内部网或外联网，企业的管理层可以随时了解各部门、各分公司的经营总体情况和市场的变化，从而能够及时地调整经营策略，并迅速把有关计划变动传递到下属各部门或分公司，从而降低管理中的耗费，降低管理成本。另外，电子商务降低了企业的采购成本。通过公开招标和电子商务采购方式，降低采购成本。通过 JIT 方式，企业可以降低物流和仓储成本。

（3）交易虚拟化。电子商务支持买卖双方通过互联网进行交易，贸易过程可以完全虚拟化，即从开始洽谈业务到签约、支付等业务流程，买卖双方无须见面，整个交易过程均通过计算机互联网络完成。

（4）提高了业务效率。在降低成本的同时，由于电子商务采用基于互联网的交易方式，以数字化、无纸化的方式代替传统的手工及纸面方式，大大缩短了交易时间，使整个交易环节的运行效率极大地提高，使得在企业内部的运作、企业与供货商、企业与客户间的业务效率大大提高，而且，提高了业务的精确度。

（5）交易更便捷安全。网上交易具有便捷和价格优势的同时，支付过程也由于与银行合作而变得安全、快捷，例如，阿里巴巴的支付宝（包括外币交易）。同时，电子商务发展至今已拥有相当完善、正规的物流配送体系，使网上购物随心所欲，例如，在 2008 年 8 月上线的“五粮液在线”，是第一家高端白酒类电子商务网站，该电子商务网站通过互联网的形式实现交易过程，设置异地取货、货到付款、网上支付等便捷安全的流程，让消费者不用出门就能够满足购物需求。

（6）改进了售后服务。很多企业建立了自己的网站来协助售后服务。与销售过程一样，售后服务给消费者一对一的感觉，而且网上即时的售后服务满足消费者随时随地的需要，例如，安装手册、使用说明、技术支持、意见反馈等。重要的是，这些需求的网上视频代替了人工售后服务会更加高效，实现了个性化服务。另外，如联邦快递那样的产品订单的网上即时跟踪服务能够进一步增加企业的核心服务价值，提升企业的品牌价值和用户忠诚度。

（7）互动性更强。通过互联网，企业之间可以直接交流、谈判、签约，消费者也可以把自己的反馈意见及时反馈到企业或商家的网站，而企业或者商家则可以及时根据消费者的反馈及时调整产品种类及服务品质，做到参与各方的良性互动。

（8）信息资源更加丰富。信息不对称是指在交易活动中，各方对有关信息的了解是有差异的，掌握信息比较充分的一方更了解有关商品的各种信息，往往处于比较有利的地位，而信息贫乏的一方则处于比较不利的地位。掌握更多信息的一方可以通过向信息贫乏的一方传递可靠信息而在市场中获益。买卖双方中拥有信息较少的一方会努力从另一方获取信息，以改变不利地位。电子商务打破了时空壁垒，为买卖双方提供了丰富的信息资源，改变了以往的交易双方信息不对称的局面。

（9）改善了企业的信息资源管理机制与运作模式。电子商务下的企业信息资源管理着重于管理过程中各环节充分利用信息技术手段去搜集、加工、开发和利用各种电子信息资源，从而创造信息增值，即对电子信息资源生产、信息资源建设与配置、信息整合开发、传递服务、吸收利用的活动全过程各种信息要素（包括信息、人员、资金、技术设备、机构、环境等）的计划、组织、指挥、协调、控制，从而有效满足企业商务活动信息需要。可以认为，企业电子商务下的信息资源管理机制可以改善企业的运作模式，增加企业收入，提高企业运作效率，并且降低经营成本，帮助企业与企业间、企业与客户间以及企业和中介机构间建立更密切的合作关系。

### 6.1.4 电子商务的局限性与对策

电子商务的蓬勃发展给消费者、企业及社会带来的革命式的转变。但是，由于以下几方面因素的影响造成电子商务的发展局限性。

（1）消费者的传统观念因素。对于某些人群而言，电子商务仍然属于新生事物，它的运行模式与某些人群固有的消费、购物习惯有很大的差异，所以某些人群往往对电子商务持怀疑、观望甚至否定拒绝等态度。

（2）相关的技术因素。电子商务相关的技术并没有完全完善，有些软件技术仍然处于发展阶段。电子商务软件技术与不同企业的现有硬件的匹配问题，电子商务软件技术与不同企业的现有软件系统的兼容问题，不同企业间所现有的硬件、软件系统的兼容问题，都是不可忽视的技术因素。

（3）企业电子商务系统的安全性和可靠性问题。当前的电子商务交易存在着信息的截获和窃取问题。如果采用加密措施不够，攻击者通过互联网、公共电话网在电磁波辐射范围内安装截获装置或在数据包通过网关和路由器上截获数据，获取机密信息，或者通过对信息流量、流向、通信频度和长度分析，推测出有用信息；同时，当前的电子商务交易存在着信息的篡改问题、信息假冒问题、交易抵赖等问题。当攻击者熟悉网络信息格式后，通过技术手段在网络传输中途修改信息，破坏信息的完整性；信息假冒发生在当攻击者掌握网络信息数据规律或解密商务信息后，假冒合法用户或发送假冒信息欺骗其他用户；交易抵赖包括许多方面，例如，发信者事后否认曾发送信息、收信者事后否认曾收到消息、购买者做了订货单不承认等。

（4）成本问题。企业建立电子商务系统的成本问题也不容忽视，其成本包括硬件系统、软件系统的更新或升级，企业员工的培训，技术研发费用，技术咨询费用，系统维护费用等。

（5）企业高层领导的态度与企业员工的认知问题。企业高层领导的积极态度与企业员工的认可并积极参与会推进企业电子商务系统的快速、有效建立，否则，企业电子商务系统的建立会停滞不前。

（6）企业运作流程改造问题。由于电子商务改变了企业的信息资源管理机制与运作模式，企业的内部运作流程、企业与合作者的业务流程、企业与供货商的业务流程都需要相应的改变。长期来说，这些改变是值得的，短期来说需要一个改变和逐渐适应的过程。

面对全球电子商务发展的汹涌浪潮，我国企业发展电子商务的浪潮热火朝天，然而当前我国关于企业电子商务发展中的许多理论和实践问题尚未很好解决，制约电子商务发展的因素还许多，例如，计算机网络知识匮乏，信息化观念淡薄，电子商务人才缺乏；国内计算机网络设施尚有很大差距；网上支付的效率和安全性不适应，在安全标准和安全认识上各商业银行还不统一；物流配送还没有实现信息化，难以实现信息流、资金流、物流的统一；电子商务立法滞后，有关的标准、法规尚不健全，电子交易双方的法律关系和法律责任难以得到有效的保障等。

为了解决上述我国有关电子商务发展的局限性，通常可以采取下面的对策：

（1）加强对消费者的宣传教育，普及电子商务常识。

（2）参与电子商务的企业领导及员工要提高认识，更新观念，着眼电子商务的长期益处。强调电子商务不是电子和商务的简单相加，而是电子和商务的有效融合，积极动员员工参与企业业务流程改造与相应部门及人事安排。企业高层领导人必须重视加强电子商务技术人才的培养和开发。

（3）采用防火墙技术在网络间建立安全屏障，根据指定策略对数据过滤、分析和审计，并对各种攻击提供防范。加快自主知识产权的网络安全产品的研制，突破国外的技术限制。特别是一些政府和大型的电子商务网站，要在将来努力实现使用国产的软硬件产品。

（4）抓紧建立健全电子商务有关的标准和法规，维护和保障电子交易双方的法律权益。

（5）抓紧建立健全电子商务有关的网上支付与物流配送等有关配套服务，保证电子商务交易的顺畅进行。

（6）抓紧培养电子商务人才，培养既深谙计算机技术，又掌握一定金融商务知识的复合型人才。

（7）大力宣传，建立诚信社会，建立诚信体制。建立全国联网的诚信数据库，对每个 18 岁以上公民和每个工商企业进行信用等级的动态评价，至少做到发生不诚信的事情要在信用评级上体现出来。个人的信用评价要和医保、社保挂钩，企业的信用评价要和市场准入和行业资质挂钩，逐步形成既符合中国国情又与国际接轨的信用服务体系。

## 6.2 电子商务基本模式的分类

商业模式是企业业务运作方式、经营方式和赢利模式的统称。参与电子商务活动的主体目前主要包括政府、企业和消费者三种。电子商务模式是指电子商务活动中的各个主体，按照一定的交互关系和交互内容所形成的相对固定的商务活动样式。可以认为，电子商务模式是传统商务模式的网络化、电子化、虚拟化，是网络时代下的一种新型商业模式。下面具体讨论 B2B、B2C、B2G 和 C2C。

### 6.2.1 B2B

如前所述，作为企业与企业间的电子商务，B2B 是指企业（或公司、商业机构）使用国际互联网或各种商务网络与供应商、客户（公司或企业）之间进行交易和合作等商务活动。B2B 电子商务活动的交易对象是有法人地位的主体，交易内容可以是任何一种产品，既可以是中间产品，也可以是最终产品，或者是商业信息、行业咨询等服务。B2B 电子商务具有以下细分的创新商业模式。

### 1. 以“行业门户+联盟”为主的综合 B2B 模式

此类模式的电子商务企业以联盟的方式对各行业 B2B 网站进行资源整合，提供“既综合又专业”的 B2B 服务。买方的 B2B 行业门户联盟能够迫使供货商之间的价格竞争而以低价获取所需的原材料等商品。卖方的 B2B 行业门户联盟能够实现彼此获益。该类 B2B 模式的赢利来源主要为网络基础服务、网络信息推广服务、广告发布服务、行业门户加盟服务等。较成功的该类 B2B 行业门户联盟交易平台有 Covisint.com、Orbitz.com 等。Covisint.com 是由 General Motors、Ford、Nissan 等汽车巨头联合建立的，用于购买它们所需的原材料，供货商之间相互竞争而导致的提供产品价格的下降，从而使联盟的企业获益。Orbitz.com 提供给客户的搜索引擎允许客户找到最廉价的飞行计划以及其详细的中转情况。与 priceline.com 相比 Orbitz.com 为客户节省了 5～10 美元的佣金支出。国内典型 B2B 行业门户联盟交易平台有生意宝、中国网库、中搜行业中国等。

### 2. 企业自身创建的网站交易平台

通过该平台可实现“鼠标+实体”式的电子商务交易，允许客户在线提交订单，实现对购买者的直销服务，消除了中间商的介入机会。较成功的该类企业交易平台有 Dell.com 和 Cisco.com 等。该类 B2B 模式拓展了企业的市场交易范围，同时也为客户节省了成本、节约了购买时间，并允许客户对所需产品进行定制，满足客户的特殊需求。

### 3. 以提供在线交易服务为主的行业 B2B 模式

此类模式提供买卖双方的交易平台，买卖双方通过协商、拍卖等方式确定交易价格。该类网站交易平台需要建立诚信机制以及相应的支付和物流服务，例如，买卖双方诚信审核、支付的安全性、物流的快捷等，可采用第三方合作伙伴来解决物流、资金流及诚信度审核的问题，交易商品一般为大宗商品。较成功的该类企业交易平台有致力于金属与废金属交易的 MetalSite.com，致力于天然气、电力与石油交易的 Altra.com，采用拍卖方式实现造纸交易的 PaperExchange.com 等。该类 B2B 模式主要通过收取参与交易的企业缴纳的年费与佣金生存。

### 4. 以提供供求商机信息服务为主的行业 B2B 模式

此类模式的行业 B2B 电子商务网站涉及的行业都比较大，需要较多的采购商和供应商参与才能赢利。该类服务模式为买方市场，供应商之间竞争激烈，供应商无法垄断市场。该类电子商务网站涉及的产品品种繁多且标准化。典型的该类电子商务网站包括全球五金网、全球纺织网、中国化工网。

### 5. 以提供行业资讯服务为主的行业 B2B 门户模式

该类模式的行业 B2B 网站需要有精通行业、善于做市场分析调查的行业专家参与，帮助做出高质量的市场调查分析、需求分析预测、价格走势分析等报告，帮助企业做出正确的决策，例如，产品的定价、新产品的上马、生产规模的扩大等，帮助企业扩大产品的销售。该类服务模式为卖方市场，行业内超大型的企业较多参与，且行业具有一定的垄断性，如石油、天然气、化工、钢铁、造纸等行业。典型的该类电子商务网站包括我的钢铁网（mysteel.com）、联讯纸业（umpaper.com）等。

#### 6. 以招商加盟服务为主的行业 B2B 模式

该类行业 B2B 模式的收入来源一般是以收取品牌企业的广告费、会员费。会员企业可在一级或二级栏目上为自己的品牌做广告，其产品销售渠道一般靠经销商、代理商、商场、店铺等。该类行业 B2B 电子商务网站成功的关键是网站的大流量（即访问量）及其排名。典型的该类电子商务网站包括中国服装网（efu.com.cn）、中国医药网（pharmnet.com.cn）、小生意（31jmw.com）等。

#### 7. 以技术社区服务为主的行业 B2B 门户模式

该类行业 B2B 模式多为几种模式的混合体，比如，招聘服务、项目外包服务、在线出版服务等。该类行业 B2B 电子商务网站提供行业技术人员的网上交流沟通平台，允许行业技术新手和行业技术专家网上交流解决行业技术问题。同时，该平台提供行业技术培训班、技术咨询顾问服务等传统的技术服务模式。典型的该类电子商务网站包括中国机械专家网、程序员论坛、螺丝网等。

#### 8. 以项目外包服务为主的行业 B2B 模式

该类行业 B2B 模式的赢利来源是收取加工企业的佣金，为加工企业寻找订单或寻找更好的订单。该类行业 B2B 网站侧重于出口或内销代加工业务的联系工作，比如，服装、软件等。运营时需注意加强对客户的培育或线下运作。典型的该类电子商务网站包括软件项目外包网、全球羊毛衫网等。

在国内，较成功的 B2B 电子商务网站，例如，阿里巴巴和中国制造网，采用以提供线上外贸服务为主的综合 B2B 模式，依赖会员费、提供增值服务所带来的广告和搜索引擎排名费用，以及向认证供应商收取的企业信誉等认证费用作为收入来源。另外，还有以提供内贸服务为主的综合 B2B 模式，例如，慧聪网和环球资源网，它们的收入来源为线下会展、商情刊物、出售行业咨询报告等所带来的广告和所收取的增值服务费用。

### 6.2.2 B2C

根据为消费者提供的服务内容与方式的不同，常见的 B2C 电子商务的模式可以分为以下几个类型：纯网上零售、传统零售商的网上销售、生产企业的网上直销、网上经纪、远程教育、网上娱乐、网上预订、网上发行、网上金融等。

#### 1. 纯网上零售

常见的纯 B2C 网上零售有综合型 B2C 网上零售和垂直型 B2C 网上零售两种。用户数量、商品数量与品类持续增加，销售规模不断扩大是综合型 B2C 网上零售商生存的关键。同时，为了与垂直型 B2C 网上零售商展开竞争，综合型 B2C 网上零售商需要增加商品种类，尤其是 3C 类商品，提供一站式购物服务，改善用户体验，与供应商、物流企业、第三方支付平台和银行更加紧密合作，促进整个产业链的发展和价值提升，将网上零售与线下实体店销售、邮购业务更加紧密结合，逐渐形成成熟的多渠道销售模式。

低价、诚信和服务是所有B2C企业必须坚持的理念。在规模扩张的同时，网上零售商应该保持较低的采购成本、仓储成本、物流成本及其他运营成本来赢得竞争优势。典型的该类电子商务网站包括亚马逊（Amazon.com）、当当网（dangdang.com）、卓越亚马逊（Amazon.cn）和京东商城（360buy.com）等。

垂直型B2C网上零售网站整合了某种产品不同生产商、批发商、零售商，成为直接面对客户的单一体系的交易平台。通常地，垂直型B2C电子商务网站主要针对范围相对狭窄、内容专业的领域，如化妆品、运动鞋或数码产品等商品。垂直型B2C网上零售在其各自所在领域的销售额和市场份额均大于综合型B2C网上零售厂商。从经营角度看，垂直型B2C网上零售，基本上不存在前期烧钱的问题。在赢利能力方面，目前垂直型B2C网上零售的表现均好于综合型B2C网上零售。垂直型B2C网上零售的专业化程度较高，物流配送地域差别较大，价格竞争不激烈，单品利润较高，因此，主要的垂直型B2C网上零售商家均处于赢利状态，但是，随着各细分市场垂直型B2C商家数量的越来越多，该市场也逐步进入了价格竞争阶段，各网上零售商家的赢利能力将会下降。垂直型B2C网上零售商大多采用线上业务与邮购、线下业务相结合的业务模式，通过企业联盟，可以形成较为成熟的多渠道销售模式。同时，扩充商品品类、延长产品线，针对目标人群需求，逐渐形成垂直产品领域的综合B2C服务。随着消费规模的逐渐扩大，垂直型B2C网上零售需要与制造商和供应商更加深入的合作。典型的该类电子商务网站包括Priceline（Priceline.com）、1800flwoers（1800flwoers.com）、衣服网（yifu.com）、淘鞋网（taoxie.cn）、乐友网（leyou.com）等。

### 2. 传统零售商的网上销售

有些传统零售商业已经开始网络零售服务，例如沃尔玛、北京西单商场等。这种具有传统零售店面与其销售网点支撑的网上销售模式是B2C电子商务中较成功的一种，它向在线顾客提供了和店内购物互补的体验。网上零售与店面业务相互结合、互动的形式是多种多样的，其中，最常见的主要有网上选择然后网下购买、网上购买再由附近店面送货、网上购物到店面取货和网上购买在店面实现退货模式。借助于商家广泛的销售网点，许多选择网上购物的消费者在享受低廉的价格与便捷的服务的同时，亲自去当地的销售网点取货，却不让商家送货，一方面是因为消费者要在接收之前检验一下货物，一旦发现所购商品有质量等问题就可以当场退货；另一方面也是想节省送货费用。同时，有一些消费者不愿意焦急地等待送货工人。但是，对许多人来说，最主要的原因是消费者信赖在当地开有店铺的知名品牌。典型的该类电子商务网站包括沃尔玛（walmart.com）、沃尔玛中国（wal-martchina.com）、北京西单商场（xdsc.cn）、国美电器（gome.com.cn）等。

### 3. 生产企业的网上直销

跨过中间商这一环节，网上直销就是生产企业搭建自己的电子商务网站并通过其在网上直接面向终端消费者进行商品销售，即允许消费者自己在网上进行订购、下订单。生产企业网上直销的特点是：直接同顾客联系，增加了互动性；使消费者的购买过程更加方便、快捷，允许消费对其所需产品进行定制，大大提高销售的效率；由于绕过了批发商、零售商等中间环节，商品价格较为低廉，更加能够吸引顾客。因此，生产企业的网上直销的B2C电子商务模式具有以下的优势：降低交易成本、减少库存、缩短生产周期、降低管理成本、提高劳动生产率、扩展市场范围、增加商机、与客户良好沟通、为顾客提供个性化服务等。

需要指出的是，生产企业的网上直销需要有第三方的参与和合作，例如，银行、CA认证中心、权威的安全授权认证。通过第三方的认可或者服务，企业完成与消费者的网上交易，或者向消费者提供特定的服务，例如产品的定制等。该类型的企业大多数具有比较知名的品牌和消费者的认可，在以前的商业活动中有着显著的业绩。同时，该类型企业的信息化建设完全实现了信息的无障碍流通，即通过其网站提供给消费者购物指引、产品信息查询、订单提交、意见反馈等服务，收集到的消费者的信息得到即时的响应与处理，并及时传递给企业内部的信息系统以进一步完成生产计划的安排、调度、产品的配送等环节。

典型的该类电子商务网站包括戴尔（deLL.com）、思科（cisco.com）、耐克（nike.com）、联想（lenovo.com.cn）、TCL（tcl.com）、李宁（e-lining.com）、报喜鸟（baoxiniao.com.cn）等生产商。

#### 4. 网上经纪

网上经纪（WebBroker）是指通过虚拟的网络平台将买卖双方的供求信息聚集在一起，协调其供求关系并从中收取交易费用的市场中介商。这种企业可以是商家对商家的、商家对消费者的、消费者对消费者的或者消费者对商家的经纪商。因此，有人称之为是交易所型的厂商。网上经纪商负责制定关于提供和获得信息的规则，以及交易者达成协议和完成已达成协议等的规则。网上经纪商实质上是为消费者提供一间虚拟的在线交易空间，并在此寻找合适的交易对象。网上经纪在证券金融业、房地产等领域的应用比较广泛和成熟，例如，美林证券（Merrill Lynch）的网上服务（ml.com）、中国的银河证券网（stockstar.com.cn）的网上交易系统等。

### 6.2.3 B2G

B2G电子商务模式是指企业与政府之间通过网络进行交易活动的运作模式，比如政府的网上采购、电子通关，电子报税、电子证照管理、信息咨询服务、中小企业电子服务等。B2G电子商务也支持虚拟工作空间，其中，企业与其代理可以通过共享这个公共的虚拟空间来协调已签约工程的工作、协调在线会议、回顾项目计划并管理进展。B2G电子商务提高了政府部门办公的效率和质量，通过互联网增加了政府部门办公的时间，跨越了时间与空间的限制。同时，由于减少了中间环节，B2G电子商务提高了政府办公的公开性与透明度，减少了中间环节的时间延误和费用。

#### 1. 电子报税

电子报税在美国应用的较早。电子报税采用了现代电子计算机与网络通信技术，使报税方式更加现代化、科学化。从纳税人角度来看，通过实行电子报税，纳税人（包括企业）不必再定期携带申报表、现金、转账支票或存折等物件亲临税务局花整天甚至几天时间来履行纳税义务，而只需坐在自己的办公室或家里花几分钟的时间就可完成纳税义务的全过程。既可以减少纳税人自行上门申报条件下往返于税务机关的路途时间和费用，又可以减少纳税人的纳税成本，并可以消除排队等候的麻烦，提高纳税人的工作效率。重要的是，电子报税可以确保纳税人申报资料的及时性与准确性。

电子报税是通过利用现代的电子计算机与网络通信技术，使纳税人足不出户就可以履行纳税义务全过程的一种报税方法。具体地说，电子报税就是纳税人使用电子报税工具（如计算机），将申报的原始资料通过通信网络以电子数据的形式发送到税务局的计算机主机系统上，税务局主机对这些申报的原始数据通过进行身份识别、逻辑计算审核之后，在税务局主机内生成相应的电子申报数据，并将纳税人的申报款信息发送到相应的银行进行税款保留。同时，税务局主机将申报的结果立即返回给纳税人。

电子报税分电话机报税、报税机报税和计算机报税三种报税方式。电话机报税是适用于双定户的、比较简单的一种报税方式。纳税人报税时先拨通报税电话，然后依据电话里的语音提示进行操作即可；报税机报税是适用于查账征收、尚未配置微机的企业申报税款的一种报税方式。报税机是一种专用的报税工具，它的特点是价格低，操作简便，实现的报税功能均以菜单式结构提供给操作人员。报税机主要实现的一种填表功能，由纳税人将申报数据填入报税机中，然后按发送键将报表打包以电子数据形式通过电话线发送到税务局，并接收申报的结果，将申报结果显示给纳税人；计算机报税是适用于查账征收、配置了微机的企业申报税款的一种报税方式，其特点是界面友好、操作直观，具有很强的税款计算功能，而且可以一机多用。纳税人完成数据输入后，按发送键，此时系统先将数据加密打包，然后通过调制解调器将数据发送到税务局，并接收申报的结果，将申报结果显示给纳税人。

2. 电子收费

在美国，各种电子收费系统已经得到广泛的应用，例如，无线电子收费系统、汽油购买系统、快餐店外卖收费系统等。在美国东北部城市有一个叫做 Zpass 的电子收费系统，它使用射频识别技术，可以让司机在通过过路收费亭的时候不用停车就可以交费。该系统的原理是：司机预付一个月的过路费，并且在挡风玻璃的内侧贴一个无线电发射机应答器（一个像纸牌大小的标志）。在应该收费时，电子收费系统驱动器就会通过装有天线的特殊亭子来收取费用。天线发射出一种无线电频率场来激活司机的无线电应答器，然后应答器就会通过天线发回该司机的账目，这样一来，费用就会从司机的预付账目中扣除。类似地，在美国有些汽车公司使用相同的技术来允许司机购买汽油，其原理是通过在司机的钥匙圈上贴无线电发射机应答器来实现缴费业务。该类电子收费系统在麦当劳等快餐店外卖窗口的收费业务中以无线电应答方式实现外卖销售，并且机动车的行驶更加有效。以上的电子收费系统大大地减少了收费的人工劳动并且使交通更加通畅。

### 6.2.4 C2C

作为消费者与消费者之间的电子商务活动，C2C 是为买卖双方提供一个在线交易平台，允许卖方主动提供商品上网拍卖，而买方可以自行选择商品进行竞价。有代表性的 C2C 电子商务模式是 eBay 的网上拍卖。

就 C2C 的影响因素而言，文化背景、个人特点等方面对买方消费者的决策行为构成一定的影响。例如，“80 后”们追求个性、时尚，都能熟练使用计算机、充分地利用网络，同时他们大多具有较高的学历，而且在网络购物方面积累了一定的经验而能够进行理性的消费。有的网站，例如，淘宝网，就十分重视在这种文化背景下的交易双方的沟通问题。同时，消费者个人特点包括年龄、职业、城市化、生活方式、自我个性等方面对他们的购买行为同样具有一定的影响。调查发现，对于使用 C2C 购物的消费者来说，他们大多数是处于 25 岁以下的年轻一族，大多是拥有着良好教育和收入的白领一族或者对计算机网络操作比较熟悉的大学生、研究生。他们大都集中生活在城市。那些善于沟通、乐于交际的人更愿意通过 C2C 的方式进行购物，并且在 C2C 网站社区中与网友分享自己的购物经历。

## 6.3 电子政务

电子政务是信息系统向政府机构的延伸，是政府信息化建设的新进展。联合国经济社会理事会将电子政务定义为，政府通过信息通信技术手段的密集性和战略性应用组织公共管理的方式，旨在提供效率、增强政府的透明度、改善财政约束、改进公共政策的质量和决策的科学性，建立良好的政府之间、政府与社会、社区以及政府与公民之间的关系，提供公共服务的质量，赢得广泛的社会参与度。

世界银行则认为电子政务主要关注的是政府机构使用信息技术（比如万维网、互联网和移动计算），赋予政府部门以独特的能力，转变其与公民、企业、政府部门之间的关系。这些技术可以服务于不同的目的：向公民提供更加有效的政府服务、改进政府与企业和产业界的关系、通过利用信息技术更好地履行公民权以及增加政府管理效能。因此而产生的效果是可以减少腐败、提高透明度、促进政府服务更加便利化、增加政府收益或减少政府运行成本。

在概念上，电子政务是政府内部业务和对外服务等事务的电子化。而电子政府则是整个政府实体的电子化，包括电子政务和政府形象、政府结构以及政府功能实现等的全面电子化。电子政府表现为虚拟政府，内部实现电子化运作，对外通过开放的信息系统平台和互联的信息网络，行使政府功能，允许社会各界在不与政府部门直接接触的情况下了解政府，不受时间和空间限制地与政府进行交流。

电子政务的类别有 G2G（即政府间电子政务）、B2G（即政府与商业机构间电子政务或电子商务）和 C2G（即政府与公民间电子政务）。

2009 年底，由国家信息中心负责承建的国家电子政务外网一期工程（简称“政务外网”）通过了国家发展改革委组织的竣工验收。该政务外网目前已连接中央政务部门 53

个，连接31个省、自治区、直辖市和新疆生产建设兵团，160多个地市州、420多个区县，接入政务外网的各级政务部门达9400多个，接入终端近31万台。该政务外网是中国电子政务重要的基础设施。该政务外网已承载了国家应急平台系统、监察部纠风业务系统、文化部文化共享工程、“金安”工程、新华社新华传媒项目等11个部委的12项全国性业务应用，已经具备了支撑各部门业务应用的能力，能够为实现跨部门、跨地区电子政务业务应用的快速部署，在各级政府部门开展资源整合、信息共享、业务协同等方面发挥重要作用。

## 6.4 电子商务的成功法则

影响电子商务成功的因素很多。首先，电子商务网站的功能、配套服务、售后服务是影响电子商务成功的重要因素。电子商务网站的功能包括网站的浏览速度、产品的搜索能力、界面的友好程度、界面的易懂性、操作的便易程度等方面。电子商务的配套服务包括电子支付的简易程度、产品物流配送的便捷程度、交易的安全与可靠性的第三方担保、顾客间对产品的交流空间等方面。售后服务包括订单的在线跟踪、产品使用的在线说明与安装、消费者的意见反馈和投诉等方面。

对于纯网上电子商务交易中介，包括B2B、2BC、C2C等形式，足够的交易量或流动性（liquidity）是其生存发展的关键。相应地，纯网上交易中介的配套措施，例如，支付方法、配货、交易保证等因素也是影响交易成功与否的关键。供货商的即时响应、消费者的认可程度也对纯网上交易中介的成功起着不可忽视的影响。

对于具有实体店面的网上零售企业而言，支付的便捷、实体店面对网上交易的配合程度（例如，网上选购，网下在实体店面取货）、第三方配货服务的支持程度是十分重要的影响因素。

对于生产企业的网上直销平台而言，网上平台界面的友好程度、支付的便捷程度、第三方配货服务的支持程度是十分重要的影响因素。另外，生产企业的内部对消费者网上订单的响应速度、生产企业的内部信息化建设程度以及各部门间的协调配合对网上订单的实现具有决定性的作用。

同时，电子商务网站的品牌与形象对顾客的网上购买给予了一定的信誉支持。

需要指出，电子商务网站的产品及服务的市场定位对其成功起着决定性的作用。产品的质量与价格、服务的目标群体定位决定了电子商务网站的业务量的大小。因此，致力于那些能够成为企业产品与服务的消费者的目标顾客是企业应该明确的市场研究方向。进一步地，了解顾客的偏好、消费经历等方面细节有助于为他们提供所需的产品与服务，做到有的放矢，提高效率和效果。产品与服务的定制是常见的营销方法，能够允许消费者自己定制所需的产品与服务，例如DELL的计算机、Nike的鞋、General Motors的汽车的网上直销等。

另外，企业的经营战略、企业内部的信息化建设程度、订单的响应速度、企业文化与人员团队的建设、市场环境的法律政策、顾客的文化素质、消费观念、认可程度等方面对电子商务的成功也起一定的作用。

## 6.5 成功的电子商务运作模式

商业模式（Business Model）是某个特定领域或某种特定产品和服务的运营模式（张千帆，梅娟 2009）。从事电子商务的企业在展开业务之前必须明确确立自身的商业模式，以其明确自己的市场生存或利润来源之道。目前，常见的、较成功的电子商务商业模式有如下几种。

### 1. 由顾客定价的旅行计划在线服务

顾客定价所对应的英文为 Name your price，这种由顾客定价的旅行计划在线服务是由 Priceline.com 最先成功应用的。在 Priceline.com 的网站上，顾客可以对其旅行计划设定价格，然后 Priceline.com 负责找卖方服务供应商。卖方之间展开投标形式的竞争，最后，最适合的报价提供给顾客选择。交易成功后 Priceline.com 收取一定的佣金。

### 2. Affiliate Marketing

Affiliate Marketing 的中文翻译为联属网络营销，它表述了联属机构与商家之间的关系，即“联属机构是指独立的广告客户或网站所有者，他们与商家具有帮助其宣传产品或服务的业务关系。联属机构通过促成销售赚取商家的一小部分佣金；而商家处理付款和履约”。这样一来，联属网络营销的具体含义为商家借助联属机构的网站完成广告等营销业务而支付给联属机构一部分佣金的商业模式。例如，某个消费者在浏览 Amazon.com 网站时点击进入了网站界面上显示的一个感兴趣的链接（link），从而被转接到该链接指定的商家网站并完成了购买业务，这样一来，完成了买卖业务的商家付给 Amazon.com 一笔佣金，作为联属营销的费用。

目前国内外越来越多的商家开始使用这种网络营销模式，而联属机构不需要考虑处理订单、物流、库存和客户服务等问题就可以根据业务量提取一定的佣金。同时，这种网络营销模式最大的共同特征就是加入都是免费的。但是，需要指出，诚信和可靠的产品与服务是值得关注的问题。

### 3. Group Purchasing

Group Purchasing 的中文含义是网上团购。如图 6.2 所示，个人消费者、小型企业、中型企业可以参与网上团购活动来降低采购成本。团购网站集结个人消费者、小型企业、中型企业等多方面的产品与服务的需求订单，把小的订单集结为大的订单，来进一步与供应商讨价还价，以其为参与者获得折扣的优惠。美国知名的团购网站有 BuyWithMe、Qponus、LivingSocial 等。中国的团购在线 Teambuy（http://www.teambuy.com.cn）致力于房产、家居、结婚、汽车、教育等门类，并在国内各直辖市和各省的城市建立了团购站，颇具一定的规模。

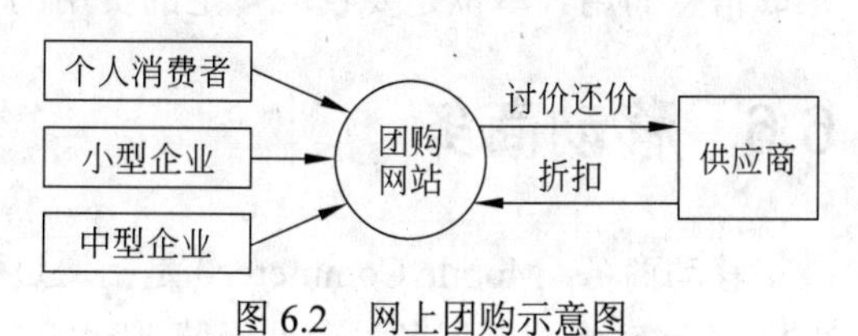

图 6.2 网上团购示意图

### 4. Customization

Customization 的中文含义是产品与服务的定制，它是一种常见的、非常成功的商业模式，它能够按照消费者的特定需求来实现产品与服务，给消费者以一对一服务的感觉，大大提高了消费者的满意度和参与度。DELL.COM 允许消费者对所购买的计算机进行特定的配置，例如，CPU 的主频、内存的大小、硬盘的大小等，尤其能够满足游戏发烧友的特殊需求。Nike.COM 允许消费者对鞋进行设计，例如鞋的外形、鞋绑的材质与颜色、鞋底的材质等方面都可以按照消费者的不同需求来制作。同样，General Motors 允许消费者对所要购买的汽车进行定制。

### 5. Click-and-Mortar retailing

Click-and-Mortar retailing 的中文含义是虚实成功整合的零售。如图 6.3 所示，具有实体店面的零售商（即 Brick-and-Mortar retailers）把它的服务拓展到网上成为虚实成功整合的零售商（即 Click-and-Mortar retailer），是一个十分有效的策略。消费者便利的网上购物与零售商的实体店面相结合让他们体验了便捷而踏实的购物经历。众所周知，消费者都喜欢质优价廉的商品，都喜欢比较价格和商品品质，同时又喜欢亲自验货，因此，虚实成功整合的零售商恰好能够满足消费者的偏好，例如，消费者在网上进行商品的搜索、比较、选择、购买，然后亲自去最近便的零售商的实体店面取货，或则选择最最近便的零售商的实体店面去更换或者退货。典型的虚实成功整合的零售商的代表有 Wal-Wart.Com、BlueLight.com、Kmart.com 等。

图 6.3 传统企业的网上服务模式

### 6. Niche Retailing

Niche Retailing 的中文含义是针对性零售，是采用合理的市场定位、有针对性地把适合的产品销售给真正需要的目标人群。这种营销模式只专注于某类狭窄的细分市场产品，依靠销售高端并且昂贵的产品取得超额的收益。

### 7. Selling hard-to-obtain information

Selling hard-to-obtain information 的中文含义是销售难以得到的信息。在网上销售普通消费者难以得到的信息也是一个值得研究的营销模式。例如，Monster.com 销售求职、招聘信息的业务模式赢得了生存与发展的利润。该网站对求职者是免费的，但是对发布求职信息的用人单位是要收取一定的费用的。

## 6.6 移动商务

移动商务（Mobile Commerce）是指通过移动通信网络进行数据传输，并且利用手机、PDA 等移动终端开展各种商业经营活动的一种新型电子商务模式。移动商务是与商务活动参与主体最贴近的一类电子商务模式。由于用户与移动终端的对应关系，通过与移动终端的通信可以在第一时间准确地与用户进行沟通，使用户更好地脱离设备网络环境的束缚，最大限度地驰骋于自由的商务空间。移动商务也称移动办公，是一种利用手机，实现企业办公信息化的全新方式，它是移动通信、PC与互联网三者融合的最新信息化的成果，其移动商务短信平台，便于企业促销、宣传活动的高效开展，为企业省钱省力，方便、快捷。

相对于普通的电子商务，由于移动商务具有服务的“移动性”和“即时性”等特征，它能够帮助企业充分消除时间和地域的限制，使企业与顾客之间能够更加高效地、直接地进行信息互动，使企业及时把握市场动态和动向（张千帆等 2009）。通过先进的移动商务管理系统，企业可以实现更个性化的客户服务方案、更精确的营销策划、更高效的办公运作、更快速的信息采集与管理，并将为企业创造更高的商业价值，对于提升销售效力、保持和提升企业核心竞争力将会发挥越来越大的作用（于雷 2009）。

需要指出的是，如果从更广泛、更高阶的层面考察移动商务的商业模式，网络运营商和应用服务提供商（包括内容提供商等）是值得研究的对象。张千帆与梅娟（2009）对移动商务具体的商业模式的分类进行了总结，例如，通信模式、信息服务模式、广告模式、销售模式和移动工作者支持模式，以及遵循电子商务模式的分类法，例如，B2C、B2B两种。具体地，张千帆与梅娟（2009）从移动网络运营商的角度对移动商务进行了分析，将整个移动商务的商业模式分为通道式、半开放式、开放式和封闭式四种形式。对于移动商务的通道式模式，网络运营商仅作为业务承载网络提供商而不参与信息服务，而内容提供商利用网络运营商提供的网络平台直接提供给用户所需要的内容，网络运营商不用任何额外的投资就可从中获得利润，具体来自和内容提供商达成的协议，例如，按每分钟WAP、每条SMS或者每兆GPRS流量；对于半开放式模式，内容提供商和网络运营商达成协议，网络运营商直接向用户收取费用，与内容提供商按比例分成。它的收费方式可能是按时间、流量或者包月等。对于后两种开放式和封闭式的商业模式，网络运营商则发挥了主导的作用，网络运营商与内容提供商紧密合作并进一步整合内容提供商的业务统一向用户提供（张千帆等 2009）。

## 6.7 小结

本章首先给出了电子商务的定义，讨论了E-Commerce和 E-Business的概念范畴，以及电子商务的三个维度，即交易的产品、交易的过程和物流。讨论了电子商务的开放性和全球性、成本节约性、交易虚拟化、业务高效性等特点。同时也注意到影响电子商务局限性的几个方面，例如，消费者的传统观念因素、相关的技术因素、安全性和可靠性问题、成本问题、企业运作流程改造问题以及企业高层领导的态度与企业员工的认知问题，并给出了相应的对策。需要说明：intranet，是指采用 Internet 技术建立的企业内部专用网络，而 extranet 是一个使用 Internet/intranet 技术使企业与其客户和其他关联企业相连接来完成它们共同目标的合作网络。

其次，本章讨论了B2B电子商务模式的分类，即以“行业门户+联盟”为主的综合B2B模式、企业自身创建的网站交易平台、以提供在线交易服务为主的行业B2B模式、以提供供求商机信息服务为主的行业 B2B 模式、以提供行业资讯服务为主的行业 B2B 门户模式、以招商加盟服务为主的行业 B2B 模式、以技术社区服务为主的行业 B2B 门户模式和以项目外包服务为主的行业 B2B 模式。

然后，本章讨论了 B2C 电子商务模式的分类，即纯网上零售、传统零售商的网上销售、生产企业的网上直销和网上经纪等常见的类型。

针对电子商务的成功法则，考察了电子商务网站的功能建设、配套服务、售后服务、企业内部的信息化建设程度、订单的响应速度、企业的经营战略、企业文化与人员团队的建设、市场环境的法律政策、顾客的文化素质、消费观念、消费者认可程度等重要的影响因素。

同时，讨论了目前较成功的、常见的电子商务商业模式，例如，由顾客定价的旅行计划在线服务（Name your price）、联属网络营销（Affiliate marketing）、网上团购（Group Purchasing）、产品与服务的定制（Customization）、虚实成功整合的零售（Click-and-Mortar retailing）、针对性零售（Niche Retailing）和 Selling hard-to-obtain information。

最后，本章讨论了移动商务，即通过移动通信网络进行数据传输，并且利用手机、PDA 等移动终端开展各种商业经营活动的一种新电子商务模式。注意到借助于移动商务的企业可以实现更个性化的客户服务方案、更精确的营销策划、更高效的办公运作、更快速的信息采集与管理，企业将创造更高的商业价值、提升销售效力、保持和提升企业核心竞争力。

## 案例 6.1　湖南华菱湘潭钢铁有限公司：电子商务提高供应链协同效率

（中国电子报 20091030 期：http://epaper.xplus.com/papers/zgdzb/20091030/n22.shtml）

湖南华菱湘潭钢铁有限公司（简称“湘钢”）按照“管理先行、业务驱动、IT 支撑”基本思路，稳步推进信息化项目建设。在建设和完善内部信息系统的基础上，构建了集成统一的电子商务平台，通过电子商务系统实现了企业内部与外部市场（客户、供应商）的有效衔接，支撑打造快捷的市场反应能力，较好地满足客户需求。

湘钢电子商务建设于 2005 年 1 月开始启动，2008 年 6 月整体完工。实施的主要内容包括物流管理系统、电子商务支撑系统、电子商务协同管理平台建设等。

其中，物流管理系统是电子商务的后台业务支撑系统。通过物流管理系统对商务执行过程中相关物流需求信息与供应信息进行统一管理与控制，实现及时、准确的物料配送。物流运输管理系统通过对现有产销系统的拓展，拉通供、产、销相对独立的物流环节，并且将计划层、管理层、作业层的管理信息与控制信息结合起来，实现信息共享。

在 MES 等内部支撑系统的建设方面，实施了宽厚板 MES 系统等制造执行系统，为提高生产组织管理水平提供了良好的支撑平台，通过 MES 系统与各 L2 系统的紧密衔接，实现了自动轧钢和物流的实时跟踪。实现了从合同录入到出厂全程跟踪，按量跟踪，按件管理，真实反映合同各工序材料的在库量、计划量、通过量、封锁量、充当量，进行合同欠量平衡，动态刷新合同状态。采用无线数传系统，提高了吊车作业的准确性和工作效率。

在电子商务协同管理平台的建设方面，电子商务协同管理平台主要包括电子采购系统、电子销售系统、网上对账、银企直联系统等四个部分。电子采购系统实现了供应商查询订单情况、接收入库、质量异议、质量信息及应付余额；采购需求信息、招标信息、调剂物资竞卖信息等；业务协同包括网上投标、发运信息录入、网上对账及在线通知等。电子销售系统实现了客户查询订单状态、发运情况、产品质量信息及客户可用余额、现货资源、挂牌资源及竞价资源；业务协同包括挂牌销售、竞价销售、网上询价与回复、日需求计划提交与回复、质量异议投诉与处理、在线通知及客户满意度调查等功能。网上对账实现了客户、供应商通过网上查询同湘钢往来资金明细情况并进行确认与反馈。

## 案例 6.2　阿里巴巴电子商务的赢利战略

（王珩　2008）

### 1. 阿里巴巴电子商务简介

阿里巴巴是全球 B2B 电子商务的著名品牌，是目前全球最大的商务交流社区和网上交易市场。它曾两次被哈佛大学商学院选为 MBA 案例，在美国学术界掀起研究热潮，连续四次被美国权威财经杂志《福布斯》选为全球最佳 B2B 站点之一，多次被相关机构评为全球最受欢迎的 B2B 网站、中国商务类优秀网站、中国百家优秀网站、中国最佳贸易网，被国内外媒体、硅谷和国外风险投资家誉为与 Yahoo、Amazon、eBay、AOL 比肩的五大互联网商务流派代表之一，确立了公司在全球商人交易网站领域内的绝对领先位置。这取决于“良好的定位，稳固的结构，优秀的服务”，阿里巴巴如今已成为全球首家拥有 210 万商人的电子商务网站，成为全球商人网络推广的首选网站，被商人们评为“最受欢迎的 B2B 网站”。杰出的成绩使阿里巴巴受到各界人士的关注。

“倾听客户的声音，满足客户的需求”是阿里巴巴生存与发展的根基，根据相关的调查显示：阿里巴巴的网上会员近五成是通过口碑相传得知阿里巴巴并使用阿里巴巴，各行业会员通过阿里巴巴商务平台双方达成合作者占总会员比率近五成。在产品与服务方面，阿里巴巴公司为中国优秀的出口型生产企业提供在全球市场的“中国供应商”专业推广服务。中国供应商是依托世界级的网上贸易社区，顺应国际采购商网上商务运作的趋势，推荐中国优秀的出口商品供应商，获取更多更有价值的国际订单。

### 2. 阿里巴巴电子商务的运营模式

阿里巴巴的运营模式遵循一个循序渐进的过程。首先抓基础，然后在实施过程中不断捕捉新出现的收入机会。

1）设企业站点

阿里巴巴有能力提供从低端到高端所有的站点解决方案。它能在企业的成长过程中获得全部收益。更大的优势在于制作商品交易市场型的站点。阿里巴巴只是替商品交易市场做一个外观主页，然后将其链接在自己的分类目录下。交易市场有了一个站点，实际上这和阿里巴巴的站点是同一个站点，这就提高了被检索的机会。

2）站点推广

对于网站的媒体定位一直十分模糊，它应该是广播式的，还是特定用户检索式？企业站点设计公司存在一个很大的问题，即没有对应的推广能力。中小企业存在很强烈的营销愿望。而这一愿望没有转化为现实的原因是没有很好的方式。而阿里巴巴的站点推广应运而生，且站点推广的收入占公司总收入的一半还多。

3）诚信通

网络可能是虚拟的，但贸易本身必须是真实的。信用分析是企业的日常工作。"诚信通"作为一项服务不难理解。可以在"诚信通"上出示第三方对其的评估，企业在阿里巴巴的交易记录也有据可循。通过"诚信通"来解决企业的信用问题。

4）贸易通

贸易通是阿里巴巴网站新推出的一项服务，定义的是从企业的每一次日常交易中抽取佣金，"贸易通"可以理解为是一种订单管理软件，通过短消息捆绑按次计费。这一服务所面临的价格敏感性很小，而且存在一个很大的数量。"贸易通"则延伸了企业软件托管的思路。

### 3. 阿里巴巴电子商务的赢利战略

所谓赢利战略就是企业赚钱的渠道，通过怎样的战略和渠道来赚钱。阿里巴巴作为中国电子商务界的一个神话，从1998年创业之初就开始了它的传奇发展。它在短短几年时间里累积300万的企业会员，并且每天以6000多新用户的速度增加。不仅仅是搭上了其创始人马云的传奇神话，它的成功更是得力于其准确的市场定位，以及前瞻性的远见。

1）从运营角度看阿里巴巴电子商务的赢利战略

第一，专做信息流，汇聚大量的市场供求信息。2005 年马云曾阐述以下观点：即中国电子商务将经历三个阶段：信息流、资金流和物流，目前还停留在信息流阶段。交易平台在技术上虽然不难，但没有人使用，企业对在线交易基本上还没有需求，因此做在线交易意义不大。这是阿里巴巴最大的特点，就是做今天能做到的事，循序渐进发展电子商务。功能上，阿里巴巴在充分调研企业需求的基础上，将企业登录汇聚的信息整合分类，形成网站独具特色的栏目，使企业用户获得有效的信息和服务。

第二，采用本土化的网站建设方式。针对不同国家采用当地的语言，简易可读，这种便利性和亲和力将各国市场有机地融为一体。这些网站相互链接，内容相互交融，为会员提供一个整合一体的国际贸易平台。

第三，在起步阶段，网站放低会员准入门槛。以免费会员制吸引企业登录平台注册用户，从而汇聚商流，活跃市场，会员在浏览信息的同时也带来了源源不断的信息流，从而创造无限商机。

第四，通过增值服务为会员提供优越的市场服务。增值服务一方面加强了网上交易市场的服务项目功能；另一方面又使网站能有多种方式实现赢利。

第五，适度但比较成功的市场运作。比如福布斯评选，提升了阿里巴巴的品牌价值和融资能力。阿里巴巴与日本互联网投资公司软库结盟，请软银公司首席执行官、亚洲首富孙正义担任阿里巴巴的首席顾问，请世界贸易组织前任总干事、现任高盛国际集团主席兼总裁彼得·萨瑟兰担任阿里巴巴的特别顾问。通过各类成功的宣传运作，阿里巴巴多次被选为全球最佳 B2B 站点之一。

2）从业绩角度看阿里巴巴电子商务的赢利战略

软银中国一位前高管评价："阿里巴巴的业务没有彩信、网络游戏等政策风险，而且出口是国家鼓励的行业，阿里巴巴上市能获得比新浪、盛大更高的市盈率。"其业务的赢利点有：

（1）阿里巴巴采用抢先快速圈地的模式，坚持下来并贯彻至今。现在阿里巴巴在中国的企业会员是 700 万家，海外是 200 多万家，同时成功地利用抢先快速圈地的模式开展企业的信用认证，敲开了创收的大门。信用对于重建市场经济和经济起飞是中国市场交易的拦路虎，电子商务尤为突出。马云抓住了这个关键问题，2002 年力排众议创新了中国互联网上的企业诚信认证方式。如果说，这种方式在普遍讲诚信的发达国家是多余的，在中国则是恰逢其时了。阿里巴巴既依靠了国内外的信用评价机构的优势，又结合了企业网上行为的评价，恰当配合了国家和社会对于信用的提倡。

（2）阿里巴巴掌握 5000 家的外商采购企业的名单，可以实实在在地帮助中国企业出口。马云采用了免费大量争取企业的方式，这对于一个个人出资的公司，是非常有洞察力和魄力的。2003 年他创立了一个消费者拍卖网站——淘宝网，该网站支持即时通信。后来，他下属的其他业务网站也增加了即时通信这一特色。与 eBay 相对匿名的做法不同，淘宝网让买家与卖家使用即时通信，把照片与个人详细资料张贴到网站上，这样两者之间就会形成亲密的关系。对于一个备受信用缺失困扰的国家来说，把电子商务转变成"朋友"社区是至关重要的。

（3）阿里巴巴在线支付方面也已超越竞争对手。注意到大多数中国人没有信用卡，马云引入了支付宝，一种货到之前现金由第三方保管的系统。这种规避结算风险的策略后来为 eBay 中国所采用。中国强大的银行监管机构一直在密切注视着支付宝。实际上，支付宝就是一家具有成千上万信用历史记录的"在线银行"。淘宝的成功一直是令人惊讶的。其市场份额在 2003—2005 年期间从 8%迅速飙升到了 59%。

（4）阿里巴巴 2003 年 8 月收购雅虎中国后推出的电子商务搜索。2003 年 3 月阿里巴巴已经推出自己的关键字竞价搜索。雅虎的搜索在中国仅低于百度 3 个百分点，超过全球龙头 Google 8 个百分点。现在阿里巴巴依靠雅虎每年几十亿美元技术开发投入形成的技术实力必然要有所创新。创建全球首个有影响力和创收力的专业化搜索应当是合理选择。电子商务搜索可以将电子商务涉及的产品信息、企业信息，以及物流、支付等有关信息串通起来，逐步自然形成一种电子商务信息的标准，推进阿里巴巴的电子商务，并统领全国的电子商务。

### 4. 对我国电子商务网站发展方向的看法

随着我国电子商务网站的增多，电子商务网站之间的差异化逐渐缩小，电子商务网站的市场竞争更加激烈。未来电子商务网站市场将会朝两个方向发展：一是大型化和电子商务门户化；二是专业化和行业化。大型化的门户电子商务网站也许没有精力来提供某个行业专业的服务信息，专业化和行业化电子商务网站也无法提供大型化门户电子商务网站的服务，但它们之间是差异化的竞争和共存之路。

## 复习题

### 一、填空题

1. 有的学者从交易的产品、交易的过程以及配货方法（即物流）三个维度的数字化程度（the degree of digitization）的角度对电子商务进行了划分，即__________和部分电子商务。
2. intranet 是指__________________________。
3. extranet 是指__________________________。
4. 一般而言，电子商务应用包括企业间电子商务、企业内部电子商务和企业与________间的电子商务。
5. 常见的 B2C 电子商务的模式可以分为以下几个类型：__________、__________、__________、__________等。
6. 常见的 B2B 电子商务具有以下细分的创新商业模式：__________、__________、__________、__________、__________、__________等。
7. 电子商务最重要的形式是________间的电子商务形式。
8. 电子商务的优点包括开放性和全球性、________、交易虚拟化、________、________、改进了售后服务、________等。

### 二、单项选择题

1. 下面的说法中，正确的是（　　）。
   A. 因特网起源于美国军事网络，其目的是为了保密信息的安全传输
   B. 目前的因特网非常安全
   C. 在因特网上破坏保密信息并不困难
   D. 在因特网中传输信息，从起始点到目的点时不经过中间环节
2. Internet 的前身是（　　）。
   A. NSFnet　　　　B. Intranet
   C. ARPANET　　　D. extranet
3. 以下哪一项是 Internet 的特点？（　　）
   A. 信息容量大，但不便于检索
   B. 永远提供最新的信息内容
   C. 信息可以在全球范围内传播
   D. 不论采用何种协议，任何两台主机之间都可以进行通信

4. 实现电子商务的前提条件是（　　）。

A. 信息　　B. 人才

C. 物流　　D. 电子信息技术

5. 电子商务的任何一笔交易都包含着（　　）。

A. 物流、资金流、事务流　　B. 资金流、物流、信息流

C. 资金流、物流、人才流　　D. 交易流、信息流、物流

6. 广义地讲，买主和卖主之间的在线资金交换被称为（　　）。

A. 电子结算　　B. 支票结算

C. 现金结算　　D. 信用卡结算

7. 电子商务实质上形成了一个（　　）。

A. 卖方市场　　B. 实体市场

C. 买方市场　　D. 虚拟市场

8. 以下哪种商品不适合在网上销售？（　　）

A. 书籍　　B. 原油

C. 联想电脑　　D. 流行时装

9. 下面的哪一种情况代表的是纯电子商务?（　　）

A. 通过在线选购一本书

B. 客户通过电话方式并提供信用卡信息来购买软件，然后下载到客户本地计算机

C. 通过在线广告点击选购一玩具，并在线提供信用卡信息，然后通过 Fed Ex 传递给购买者

D. 通过在线播放列表点击选购一首歌曲，并在线提供信用卡信息，然后下载到客户的本地计算机

10. 网络商品交易中心为客户提供的服务不包括（　　）。

A. 市场信息　　B. 质量检测

C. 仓储配送　　D. 货款结算

11. 电子交易流程一般包括以下几个步骤：

A. 商户把消费者的支付指令通过支付网关送往商户收单行

B. 银行之间通过支付系统完成最后的结算

C. 消费者向商户发送购物请求

D. 商户取得授权后、向消费者发送购物回应信息

E. 如果支付获取与支付授权并非同时完成，商户还要通过支付网关向收单行发送支付获取请求，以便把该年交易的金额转到商户账户中

F. 收单行通过银行卡网络从发卡行（消费者开户行）取得授权后，把授权信息通过支付网关送回商户

正确的顺序是（　　）。

（1）C→D→E→A→B→F　　（2）C→A→D→E→F→B

(3) C→A→F→D→E→B　　(4) C→A→E→B→F→D

12. 下列电子商务的“四流”中，处于领导和核心地位的是（　　）。
A. 物流　　B. 商流
C. 资金流　　D. 信息流

13. 电子商务能够对企业竞争优势产生多种明显的作用，但不包括（　　）。
A. 确保交易的安全性　　B. 提高企业管理水平
C. 节约企业经营成本　　D. 加快产品的创新速度

14. 电子商务实质上形成了一个（　　）的市场交换场所。
A. 在线实时　　B. 虚拟
C. 全球性　　D. 网上真实

15. 电子商务是一种现代商业方法，这种方法以满足企业、商人和顾客的需要为目的，通过增加（　　），改善服务质量，降低交易费用。
A. 交易时间　　B. 贸易机会
C. 市场范围　　D. 服务传递速度

16. 在线交易的标的物分两种，一种是（　　），另一种是信息产品。
A. 有形商品　　B. 无形商品
C. 百货商品　　D. 服务产品

17. C2C 是一种（　　）。
A. 企业与消费者之间的电子商务　　B. 企业与政府之间的电子商务
C. 消费者与消费者之间的电子商务　　D. 企业与企业之间的电子商务

18. 目前的电子商务中，购物者通过以下何种方式来指定所选物品（　　）。
A. 基于表的订购方式　　B. 发送邮件订购
C. 通过虚拟商店订购　　D. 电子购物车

19. 企业与企业之间的电子商务简称为（　　）。
A. B2G　　B. B2C
C. B2B　　D. C2C

20. 戴尔电脑公司允许客户在线设计满足个性化需求的计算机。这种电子商务属于（　　）模式。
A. 找到最好的价格　　B. 团购
C. 联属网络营销　　D. 定制

21. 政府对企业的电子政务（G2B）主要包括电子采购与招标、（　　）、电子证照办理、信息咨询服务、中小企业电子服务。
A. 电子公文系统　　B. 电子办公系统
C. 电子培训系统　　D. 电子税务

22. Ford、GM 和其他汽车巨头联合建立一个电子交易市场，这种模式属于（　　）。
A. 企业业务流程再造　　B. 战略系统
C. 企业联盟　　D. 直销

23. 一个办公用品经纪在线组织、汇集 15 个小批量的采购合约形成一个单一的大批量的合约，并据此以为小批量的采购者获得一定价格折扣。这种电子商务模式属于（　　）。

A. 动态经纪　　B. 团购

C. 网络营销　　D. 定制

24. 企业内部网 intranet 允许（　　）进入。

A. 有授权者　　B. 所有互联网访问者

C. 企业内部职工　　D. 有交易关系的企业

25. 以下不属于网上百货销售特点的是（　　）。

A. 不受物理空间的影响　　B. 不受时间的影响

C. 不受硬件设备的影响　　D. 不受企业规模限制

26. 在 B2B 电子商务中，垂直型网站成功的最重要因素是（　　）。

A. 网站的服务内容　　B. 网站的专业技能

C. 网站的聚集性　　D. 网站的定向性

27. 电子商务不能对企业竞争优势产生明显作用的方面是（　　）。

A. 提高企业的管理水平　　B. 节约企业的经营成本

C. 加速企业产品的创新　　D. 提高企业的通信水平

28. 网络时代的营销方式具有的特点是（　　）。

A. 同质化　　B. 多样化

C. 大规模　　D. 机械化

29. 企业开展电子商务的基础是（　　）。

A. 企业的全面信息化　　B. 企业前台的商务电子化

C. 企业经营流程的优化　　D. 企业后台的商务电子化

30. 下列关于电子商务与传统的商务的描述，哪一个说法最不正确。（　　）

A. 电子商务的物流配送方式和传统的物流配送方式有所不同

B. 电子商务和传统商务的广告模式的不同之处在于：电子商务可以根据更准确的个性差别将客户进行分类，并有针对性地分别投放不同的广告信息

C. 电子商务活动可以不受时间、空间的限制，而传统的商务做不到这一点

D. 用户购买的任何产品都只能通过人工送达，采用计算机技术用户无法收到其购买的产品

## 三、多项选择题

1. Internet 网又称为（　　）。

A. 网络的网络　　B. 城域网

C. 因特网　　D. 国际互联网

2. 下面关于电子商务含义的说法正确的是（　　）。

A. 从通信的角度看，是通过电话线、计算机网络或其他方式实现的信息、产品/服务或结算款项的传送

B. 从业务流程的角度看，是实现业务和工作流自动化的技术应用

C. 从服务的角度看，是要满足企业、消费者和管理者的愿望，如降低服务成本，同时改进商品的质量并提高服务实现的速度

D. 从在线的角度看，是指提供在和其他联机服务上购买和销售产品的能力

3. 在线零售成功的关键是（　　）。

A. 树立品牌　　B. 减少库存

C. 正确定价　　D. 提高速度

E. 大量定制营销

4. 企业间电子商务应用包括（　　）。

A. 工作组的通信　　B. 渠道管理

C. 购买产品和信息　　D. 供应商管理

E. 存货管理

5. 完成网上交易的电子商务平台，必须具备的功能包括（　　）。

A. 购物车　　B. 交易处理机制

C. 网上广告　　D. 网上娱乐

E. 商品目录显示

## 四、简答题

1. 电子商务是如何定义的？
2. 电子商务有哪些特点、优点和缺点及对策？
3. Internet、intranet 和 extranet 之间有什么关系？
4. B2B 电子商务有哪些细分的模式？
5. B2C 电子商务有哪些具体的模式？
6. 电子商务的成功法则有哪些？
7. 请列举常见的、成功的电子商务运作模式。
8. 何谓移动商务？

# 第 7 章

# 事务处理系统

## 7.1 事务处理系统的概念

在一个企业的运营过程中，为了制造产品或提供服务，经常会发生各种各样的业务活动，即事务（transaction）。例如，一家生产玩具的企业需要原材料和零部件，支付工人的劳动报酬以及电费等支出，配送产品，开具购物发票并收回客户支付的货款。表 7.1 列举了一个生产企业日常经营活动中发生的各种类型的事务活动。

表 7.1　一个生产企业内常发生的事务

| 事务类别 | 具体的事务活动 |
| --- | --- |
| 销售 | 接收订单 |
| | 开具销售发票 |
| | 收回应收账款 |
| | 退货 |
| | 配货 |
| 采购 | 签发采购订单 |
| | 提取采购货物 |
| | 支付采购应付账款 |
| 生产 | 产品质量控制报告 |
| | 生产报告 |
| 劳资 | 计算员工工作时间 |
| | 计算员工报酬、奖励和扣除 |
| | 签发支票 |
| 库存管理 | 材料的使用报告 |
| | 库存水平 |
| 固定资产管理 | 记录企业诸如建筑物、机器设备、车辆等固定资产及其折旧率等 |
| 财务 | 财务报告 |
| | 税务报告 |
| | 资产损益报告 |

通常地，在一个企业的运营过程中所发生的数据流和信息流需要进行采集和记录，而且经常会需要进行相应的数据处理，例如，超级市场的前台结账终端对顾客的消费商

品进行扫描、汇总等处理，银行的前台工作人员对客户的存取款、转账、开户等业务进行处理，而这些常见的数据、信息处理需要事务处理系统（TPS）来进行和完成。事务处理系统是企业进行数据和信息的监控、记录、存储、汇总、传播等日常业务处理的基本业务信息系统，是服务于企业组织架构中操作层面上的基本的商务信息系统。如果从信息技术在企业中的应用的角度考察它，事务处理系统是由计算机硬件和承载面向事务的应用程序的计算机软件组成的，并通过执行应用程序来开展业务所需的例程事务。例如，管理销售订单输入、生产和发货、雇员记录、工资单、机票预订等系统都属于这类事务处理系统。

值得注意的是，事务处理系统是企业执行和记录业务实施的必需的计算机系统。事务处理系统可以帮助企业提高事务处理的效率、保证其正确性、降低业务成本，提高信息的准确度，提升业务服务水平。

需要指出，联机事务处理系统（Online Transaction Processing，OLTP）是一种以事务元作为数据处理单位的人机交互计算机应用系统。它能够对数据进行即时的更新或进行其他类型的操作，使系统内的数据总是保持在最新的状态。联系事务处理系统通过终端、个人计算机或其他设备（例如 ATM 自动提款机等）输入事务元，经过系统的处理后返回结果。联机事务处理系统一般具有数百乃至上千个用户，它通常以交互的方式为用户提供多种服务。

同时，事务处理系统也为企业的信息管理过程中常用的其他信息系统提供数据和信息，例如，管理信息系统、决策支持系统和执行信息系统等。

图 7.1 给出了事务处理系统的过程与原理的示意图，展示了数据由输入、处理到输出的过程。

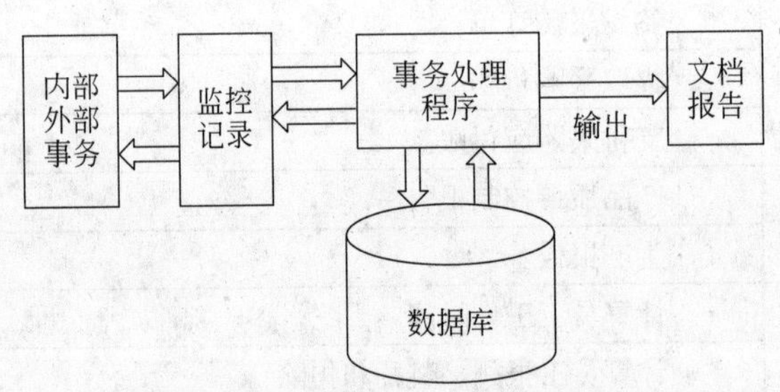


图 7.1 事务处理系统的示意图

## 7.2 事务处理系统的目标和特点

事务处理系统的主要目标是提供政策法规和企业规章所需的数据和信息资源，来保证企业正常地、有效地进行日常的经营活动。具体地，事务处理系统的目标如下：

（1）保证企业的运转有效地、高效地进行。

（2）提供即时的文档和报告。

（3）提升企业的竞争优势。

（4）为企业其他高级信息系统，例如为智能与战略决策系统提供数据与信息来源。

（5）保证数据与信息的准确性与完整性。

（6）保护信息资产。

事务处理系统的特点如下所示。

- 监控和采集发生的数据。
- 处理典型的和大量的数据。
- 面对可观察的、详细的原始数据。
- 可靠性较高。
- 数据的来源大部分是企业内部的，而且系统的输出也主要是面对企业内部。随着企业伙伴间合作的普及，企业间的数据流和信息流也变得常见。
- 数据和信息的处理是每天、每星期、每半个月、每个月、每个季度等有规律进行的。
- 需要大容量的数据存储能力，例如，数据库。
- 源于大容量数据的高速数据处理能力。
- 输入和输出的数据是结构化的，即按照固定的规则进行的。
- 采用简单的数学和统计运算，计算的复杂度较低。
- 规律性的、重复性的。
- 是企业必须进行的。

## 7.3 事务处理系统的功能

如图 7.1 所示，事务处理系统是保证企业日常成功运营的最核心与最关键的计算机信息系统，它连续地、不间断地甚至实时地收集企业事务处理活动中发生的数据流和信息流。因此，事务处理系统的首要功能是记录企业发生的数据和信息。采集和保存精确的数据记录是财会部门不可缺少的业务。

其次，将采集到的数据和信息保存到数据库中供企业内的其他信息系统使用，是其他信息系统的基础，而且，事务处理系统也是企业联系客户的纽带。

同时，事务处理系统能够提高事务处理的效率，并保证事务处理的正确性。

再次，事务处理系统能够产生新的信息，进行数据的计算、汇总、分类、检索等操作。

最后，需要指出，事务处理系统能够产生文件、管理报告、账单等，定期生成常规的报表供检查与监督，也可能生成特别报告。

值得指出，事务处理系统是有别于管理信息系统的。事务处理系统处理事务数据并生成报表，它代表着辅助作业活动的日常基本事务处理工作的自动化。管理信息系统更强调管理方法的运用，强调利用信息来分析组织的经营运转情况，利用模型对组织的经营活动各个细节进行分析、预测和控制，以科学的方法优化对各种资源的分配，并合理地组织经营活动。

一般的管理信息系统都把事务处理作为自身的一个功能。管理信息系统与日常例行的数据处理的一个重要区别是：管理信息系统具有辅助分析、计划和决策的能力。

从企业的组织结构上看，事务处理系统仅仅为企业低级的操作层面或基层处理事务数据，而管理信息系统则为各管理层提供信息。同时，事务处理系统仅仅面向单一职能或部门，而管理信息系统则涉及管理层面的各个职能部门，涉及企业的综合管理职能。

## 7.4 事务处理系统在各职能部门中的应用

事务处理系统普遍存在于企业的各个职能部门，例如，市场营销部门、生产制造部门、财务会计部门、人力资源部门。借助于信息技术的迅猛发展，事务处理系统已成为企业不可缺少的有力基础。

### 7.4.1 事务处理系统在市场营销中的应用

正如第 5 章所述，市场营销信息系统（包括营销事务处理系统）的目的就是有计划、有规则地收集、分类、分析、评价与处理市场竞争环境中关于竞争对手、消费者等方面的信息，通过提供有用信息并有效地采用一定的程序和方法，帮助营销决策者评价、制订规划和策略。在市场营销信息系统的四个子系统中，（即内部报告系统、市场营销情报系统、市场营销研究系统、市场营销分析系统），营销事务处理系统的功能主要体现在市场信息的搜集、处理、储存、检索与传递等方面。内部报告系统可以让企业清楚地认知了企业本身，而营销调研系统则是企业了解外部信息的过程。现代先进的信息技术的发展有效地支持了事务处理在市场营销方面的应用，即事务处理系统在营销内部报告和市场情报调研方面的应用。

#### 1. 内部报告方面

营销事务处理系统的最基本功能是信息的收集和处理，具体包括订单、销售额、存货、应收账款等信息，帮助管理者发现潜在的问题并把握市场机会。其实质是各种销售信息在该系统中的传递和汇集。借助于互联网等现代先进的信息技术，营销事务处理系统能够保证信息收集的及时性、可靠性和高效性，为企业的营销决策者提供各种有用的信息。

#### 2. 市场情报调研方面

营销调研是企业有目的地收集、调查有关消费者、经销商、供应商以及竞争对手等的市场信息并得出市场认识结果的过程。针对企业面临的市场状况系统地设计信息的搜集和调查过程，以准确及时地掌握企业外部的市场动态，有效地提供市场信息数据为分析、制定和实施企业营销管理战略和策略打下坚实的基础。基于互联网，面向市场营销情报的事务处理系统能够提高企业营销情报的收集速度，并帮助企业提高市场反应速度，例如，通过互联网设计问卷搜集顾客的资料和反馈意见、与经销商的即时沟通、销售情况等。

### 7.4.2 事务处理系统在企业生产制造中的应用

根据迈克尔·波特的企业价值活动分析结果，企业进行生产的价值活动包括原材料供应（Inbound logistics）、生产（Operations）、产品出货（Outbound logistics）三个方面。具体地，伴随先进的计算机信息技术和互联网的蓬勃发展与其在工业生产中的普及应用，如第 5 章中所述的面向车间层的生产管理技术的实时信息系统——制造执行系统，已被现代企业所采用，而在制造执行系统所包含的 11 个功能模块中，数据采集与获取模块(即事务处理模块）负责对生产过程（即资源配置和状态管理、生产单元调度、运行细节计划编制与调度和产品跟踪）进行实时的信息采集与监控，以便为更高级的功能模块提供分析和管理的依据。图 7.2 给出了事务处理系统对企业生产过程进行实时的数据信息采集和监控的示意图。

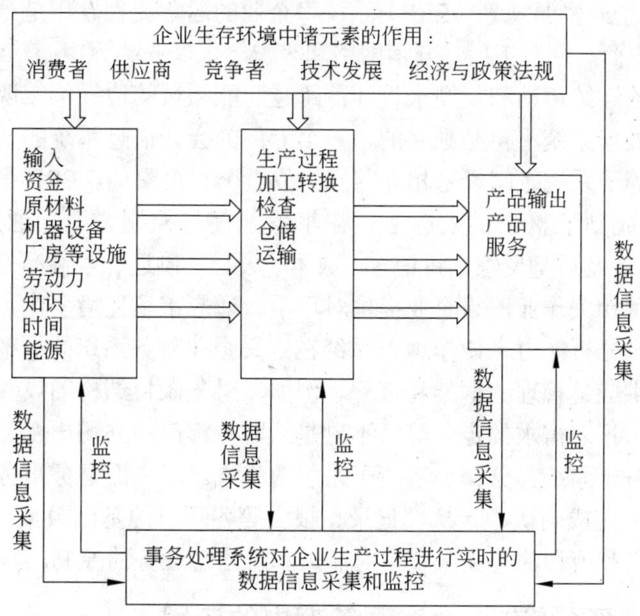


图 7.2　企业生产与事务处理系统的数据信息采集和监控示意图

### 7.4.3　事务处理系统在财务会计中的应用

会计信息系统是利用信息技术对会计信息进行采集、存储和处理，完成会计核算任务，并提供进行会计管理、分析、决策所需的辅助信息的系统。会计信息系统是基于计算机等信息技术将会计数据转换为信息的系统。会计信息系统根据功能和管理层次的高低，可以分为三个层次，即会计事务处理系统、会计管理信息系统和会计决策支持系统。在财务会计中，事务处理系统负责对会计数据进行采集、存储、加工以及会计信息的传输和输出。同时注意到，会计数据与信息具有如下的特点：

（1）数据来源广泛，数据量大；

（2）数据处理的环节多，很多处理步骤具有周期性；

（3）数据的真实性、可靠性要求高；

（4）数据的结构和数据处理的流程较复杂；

（5）数据的加工处理有严格的制度规定并要求留有明确的审计线索；

（6）信息输出种类多，数量大，格式上有严格的要求；

（7）数据处理过程的安全，保密性有严格的要求。

随着科学技术的迅猛发展，以及经济全球化和市场一体化进程的加快，企业的生存环境发生着重要的变化，企业间的竞争显得越来越激烈，企业的经营风险在不断增加，产品与服务交易的复杂度也在提高，企业需要及时准确地掌握外部市场环境与企业内部的数据与信息，基于计算机与互联网的会计事务处理系统能够发挥其应有的作用。一方面，及时捕捉市场中那些为企业进行准确的预测、快速果断的决策提供可靠的信息来源；另一方面，把会计人员从烦琐的日常事务性工作中解脱出来，以集中精力去加强预测、决策、计划、控制和考核等工作。

需要指出，企业资源规划（ERP）系统将企业的运营流程看作是一个紧密连接的供应链，即包括供应商、制造工厂、分销网络和客户等，以业务为中心来组织，根据物流、资金流、信息流的连续运动和反馈来设计，跨越职能领域的边界，实现整个企业信息的集成。会计事务处理系统不再是独立的、一个专门的会计信息系统的一部分，而是与企业的分销、制造等子系统之间紧密相连共同组成一个有机整体。ERP 系统将财务管理和价值控制功能集成到了整个供应链上。在事务处理与控制方面，通过在线分析处理（OLAP）、售后服务及质量反馈，将销售、成本、设计、制造、运输等方面的事务集成起来，并行处理各种相关作业，为企业提供对质量、适应市场环境变化、客户满意、绩效等关键问题的实时分析能力。具体地，系统在定义企业财务系统的框架和流程时综合考虑了制造管理和供应链管理的框架和流程。例如，财务账目结构的设置、账务流程的处理、接口的设计、报表需求的定义等，不只是从财务部门的立场出发，而是从整个企业的角度去实现财务子系统与分销、制造子系统的集成。一方面财务事务处理系统从其他子系统获得有助于完成确认、计量、记录、报告等各环节的基础数据；另一方面，ERP 通过其系统的定义和流程的定义来实现对制造和供应链业务的控制。

### 7.4.4 事务处理系统在人力资源管理中的应用

在人力资源管理中，事务处理系统负责完成的基本功能包括人事信息管理、报表、考勤、招聘、绩效评估、技能培训、薪资和福利等方面。通过建立人力资源事务处理系统，采用集中的数据库将与人力资源相关的数据统一管理起来，形成集成的信息源，提供友好的用户界面、强有力的报表生成工具、分析工具和信息的共享手段，帮助企业的人力资源管理人员摆脱繁重的日常工作，集中精力从战略的角度来考虑企业人力资源规划和政策。例如，记录招聘、岗位描述、个人信息、薪资和福利、各种假期、到离职等与员工个人相关的信息，并以容易访问和可检取的方式存储到集中的数据库中，将企业内部员工的信息统一地管理起来，可以管理较全面的人力资源和薪资数据，具有灵活的报表生成功能和分析功能。

因此，人力资源事务处理系统具有如下显著的作用：

（1）有助于提高人力资源管理部门的工作效率。

（2）有助于规范人力资源管理部门的业务流程。

（3）有效地降低管理成本。

例如，基于互联网和企业内部的人力资源事务处理系统，员工可以“在线”地利用业余时间随时随地接受培训，从而可以节省时间，减少差旅费用，降低培训成本。在绩效评估方面，通过网络，部门经理可以很便捷地得到员工定期递交的述职报告，并进行相应的评估、指导与监督，大大地降低了评估的成本。

（4）提供各种形式的自助服务。

基于互联网和企业内部的人力资源事务处理系统，员工可以在线查看企业的规章制度、内部招聘信息、个人当月薪资及薪资历史情况、个人考勤休假情况、提交请假/休假申请、实现在线报销、注册内部培训课程等。部门经理可以在网上管理本部门员工的人事信息，对员工的培训、休假、离职等流程进行在线审批。处于公司高层经理可以在网上查看企业人力资源的配置、重要员工的状况、人力资源管理的成本分析、员工绩效等。

（5）帮助企业留住人才。

需要指出，建立基于互联网的人力资源事务处理系统，不但可以实现与企业内部其他部门的事务处理系统之间的相互协作，还可以有效地利用外界的资源，例如，获得人才网站、高级人才调查公司、薪酬咨询公司、福利设计公司、劳动事务代理公司、人才评价公司、培训公司等人力资源服务提供商提供的服务。

伴随着先进的信息技术的普及与应用，企业的管理层次大大减少，扁平化、矩阵化的组织结构已成为越来越多的企业的组织构架形式。当前企业的人力资源管理，必须调整组织结构，以适应新的时代和新的价值体系。一方面，必须根据企业的战略对组织架构和部门职责进行调整。在调整过程中，可能会涉及部门职能的重新划分、岗位职责的调整、业务流程的改变、权力利益的重新分配等因素；另一方面，要对人力资源管理结构进行调整。由于实施人力资源管理信息化后，人员的层次结构有了很大变化，原来主要从事重复劳动的管理人员，现在可以把主要精力放到更具创造性的工作上面。

## 7.5 小结

本章首先阐述了事务的概念，并举例说明了一个生产企业内常发生的事务。明确了事务处理系统是服务于企业组织架构中操作层面上的最基本的商务信息系统，是企业进行数据和信息的采集、存储、汇总、传播、监控等日常业务处理的基本业务信息系统。需要指出，事务处理系统是企业执行、描述和记录业务实施的必需的计算机系统。事务处理系统的根本的功能是帮助企业提高事务处理的效率、保证其正确性、降低业务成本，提高信息的准确度，提升业务服务水平。

其次，本章讨论了事务处理系统的主要目标，即提供政策法规和企业规章所需的数据和信息资源，保证企业正常地、有效地进行日常的经营活动，提供即时的文档和报告，保证数据与信息的准确性与完整性，为企业其他高级信息系统提供数据与信息来源，最终提升企业的竞争优势。

同时，本章总结了事务处理系统的特点，例如，监控和采集发生的数据，处理典型的和大量的数据，面对大部分是企业内部的、可观察的、详细的原始数据，按照一定的期间有规律地重复进行等。

最后，本章讨论了事务处理系统在企业内部市场营销、生产制造、财务会计职能和人力资源管理部门中的应用。

## 案例 7.1 大连港集团决策信息系统案例

（http://www.c4m.cn/allrun_new/dxal/）

### 1. 项目背景

大连港集装箱股份有限公司成立于 2002 年 3 月 11 日，注册资本 3.2 亿元人民币。业务范围主要包括集装箱码头装卸、存储、拆装箱；水路运输、中转、多式联运；货运代理、船舶代理。目前主要投资集装箱内外贸码头、船舶代理和集装箱综合物流运输等产业。公司将逐步整合大连口岸集装箱物流产业和信息产业等资源，形成产业体系完整，竞争能力强的综合物流产业体系，为客户提供一体化、专业化、全程无缝隙的综合物流服务。

大连港集装箱物流行业逐渐走上了成熟发展的道路，2002 年召开了管理体系研讨会，整个行业的管理体系逐渐形成，管理工作走上了正轨。但是当前市场经济趋向国际化，地域经济趋向全球化，生产环境更加复杂多变，消费者的需求瞬息万变，多样化趋势更加强烈，大连港集装箱产业为了适应这种需求，急需通过引进先进的 ERP 管理软件来提升自身的管理水平，提高服务质量，降低成本，增加利润，适应国际经济发展潮流，提高科学管理水平，实现产业业务整合，以形成核心竞争力，使得大连港集装箱产业在全国甚至是全球的行业领域内占据一席之地。

出于以上的目的及行业更大发展的考虑，在对多家咨询商和项目实施商考察之后，认为大连泛东管理软件公司（原大连汉康管理软件公司）的管理理念及实施理念比较符合公司的要求，希望借此机会全面提升企业及行业的核心竞争力，在多变的市场中占住先机，为大连市的集装箱产业的发展做出更大的贡献。

### 2. 实施效益

大港 EIS 项目对合同双方都是一个挑战，大港是第一次实施这么大型的企业信息化建设项目；而泛东的强项是制造业的 ERP 实施，仅就大连泛东来看，从大显股份，到大显通信都是典型的制造业用户。因此在大港 EIS 的实施过程中双方都投入了大量的人力、物力，在双方高层领导的大力支持下，经过双方项目小组一年的辛苦努力，融合 ERP 的先进管理思想，并结合大港公司自身的管理信息化需求，采用了标准加客修的实施方法，依靠双方雄厚的技术力量，圆满并超额完成了一期合同的目标。实现了以企业绩效管理为核心，与高速发展的成长性企业的管理实践相结合，具有国内先进水平的集团企业信息化工程，从以下三个方面：

（1）提供先进的信息化系统，确保企业日常交易自动化；

（2）建立完善的运行和监控体系，确保企业有效地执行；

（3）提供全面的企业智能分析工具，帮助企业进行管理优化。

有效地帮助企业构建全面的企业绩效管理基础，来帮助企业提升管理能力和竞争能力。以下是主要模块使用前后对比。

1）财务系统在应用前后的对比

**应用前：**

（1）集团内各公司使用不同的财务软件，各行业、各企业间的财务数据的没有可比性。

（2）集团内部各子公司报表是传统的手工报送的方式，滞后、不及时。

（3）客户、供应商基本资料重复较多，基本信息不全。

（4）报表都是事后的统计，起不到控制作用。

（5）合并报表工作烦琐，抵消分录手工编制，有时集团内部交易的对账工作不准确，容易导致合并报表不能反映集团的财务状况、经营成果。

（6）预算手工编制预算周期较长，费时费力，预算金额确认执行后，预算的控制依靠人工来实现，对超过预算的项目想得到及时的控制，难度比较大。

（7）公司的主要收入来源于固定资产的出租业务，但对于出租的固定资产的管理没有系统软件的支持，也不是很细致，出租金额分析性报表手工编制。

**应用后：**

（1）集团使用统一软件系统，实现了财务信息集中、财务数据可比的应用目的，强化集团财务管理职能；基础数据集团共享，参数统一控制，达到了加强集团在统一的财务规范下，各会计主体财务核算分散、独立进行的情况下，财务信息集中管理的要求。

（2）系统改变了传统的手工报送的方式，采用系统的数据传输功能，对总公司来说，可以随时编制各子公司的报表，方便及时准确。

（3）对客户（供应商）重新编码，方便查询及对账。通过应收/应付管理系统可随时显示各客户（供应商）的不同币别余额资料，并自动计算兑换损益。收付款时立即冲销，并印出应收款和应付款的立账及冲销明细账，准确无误；对于客户应收账款的管理对比原来有较大的提升。

（4）各种报表及时准确。在系统运行顺畅并且相关配套设施和流程设定逐步完善的情况下，通过系统的前端各子系统及 DF 和 BI，可以对超过正常范围的交易和作业进行事前的、及时的控制，从而有效地提升企业管理。

（5）及时准确的合并报表。部分结合手工作业，对内部交易能够准确地实现对账。通过各公司与关联公司的交易生成抵消分录，最终生成合并报表；使合并报表中相关信息可追溯查询，起到复核校验作用。

（6）建立了预算管理系统，提供了针对损益预算以及资本性预算的管理功能；可选择多种的预算控制方法，对预算进行事前管控，更有效地指导预算执行。

（7）细化了固定资产管理，对出租的固定资产进行管理，并且出租的固定资产产生的应收款可以自动生成应收账款资料；对出租固定资产及其出租金额进行多层次分析。

（8）实现银行的对账功能，自动生成余额调节表。

2）人力资源系统在应用前后的对比

**应用前：**

（1）薪资方面：手工计算，工作量大，分析查询不方便，资料整理保存不规范、不系统。

（2）人事管理方面：人事处理流程不规范，随意性大。对于日常的人事工作记录不完整，查询不方便。

（3）培训管理方面：虽然培训计划比较完善，但预算管理不透彻，查询不方便。培训计划的执行控制不严格，反馈没有及时分析、记录、整理，培训资料查询不方便。

（4）绩效考核方面：由于考核体系过于复杂，所以工作量极大，考核文件流转不方便，考核成绩汇总处理不方便，考核结果分析不方便，查询不方便。考核成绩人为调整较多，不够客观。

（5）其他方面：工作流程不够严格，随意性大。管理层的决策审批没有有效的监督，各种文件的整理混乱，查询不便。各项工作执行无监督，执行效果差。对于各项数据的分析不能快速及时提供，影响决策速度。

**应用后：**

（1）薪资方面：完全计算机自动化计算，省时、省力、提高准确性。资料存储自动化，查询方便，条理清晰。同时薪资转财务的工作自动完成，省去人工作业。

（2）人事管理方面：完全按照工作流行动，流程清晰，严谨。对于日常的工作状况计算机系统自动存储，保证了人事工作资料的完整性。人事档案、员工资料等人事资料查询方便。企业内部的执行力得到提高，事务处理速度加快。

（3）培训管理方面：培训工作严格按照系统流程进行，审批规范，培训资料记录完整，反馈及时，报表查询方便，培训预算管理更为严谨。

（4）绩效考核方面：考核流程执行自动化、文件流转自动化、考核汇总自动化、查询自动化、报表分析自动化，大大降低考核工作的工作量，提供了考核的准确性。

（5）其他方面：工作流程严谨、对管理层的决策有监督。人事资料保存完整，条理清晰，查询方便、对于各种资料的分析可通过 BI 方便快速完成。

### 3. 实施重点过程回顾

1）培训过程

从项目启动初期便进行了培训课程的安排，从项目实施步序的培训，EIS 系统软件操作培训，到开发软件工具的技术培训，再到管理培训，再到管理软件的应用培训，项目的实施过程中始终穿插着各类培训的进行。

通过项目启动先期的培训，增强了大家对实施方的了解，对软件的了解，使得部分项目组成员从对项目的不认识、不配合，逐步转变到对项目的了解、认知、积极配合。通过各种管理培训的进行，使各企业的管理层从思想意识上得到转变，逐步认知到 EIS 实施的重要性，从而在项目实施上给予大力支持，项目人员上得以保证，继而使整个项目顺利实施至今。

2）调研过程

项目启动后所面临的直接问题就是实施商对企业的了解程度不足，这也是ERP实施过程中普遍存在的问题，需首要解决的问题。作为实施方的汉康顾问组，针对各企业的特点，制定了不同的调研方案。通过问卷调查、电话询问、面谈、材料提报等各种不同手段，收集到了各企业的第一手资料。通过对各种问卷、提报材料的分析，迈出了了解企业的第一步。

在统一的大规模调研活动之后，顾问组针对调研过程中的各种细节问题，进行了分析汇总，对各种不足之处进行了补充调研工作，继而完成了各企业的调研分析报告。

3）建议过程

通过调研活动，顾问组逐渐熟悉了各企业的现状，对各种作业操作过程中存在的问题也有所发觉。各顾问在自身经验的基础上，分别从财务、人力资源各专业角度上进行分析，找出某些问题症结所在，并提出解决问题的各种建议供企业参考。

4）探讨过程

在顾问了解企业，企业了解顾问的基础上，针对某些存在的问题双方展开探讨。在企业现状与顾问建议之间进行取舍，进而找到解决问题的最佳途径。在对各操作流程细节探讨分析的过程中，项目组意识到了各种问题的存在，针对各种复杂流程提出了调改建议，并将有助于管理提升的建议，提交领导层，供决策选择。

## 案例 7.2　上海 YKK 协同 HRM 系统应用案例

### 1. 公司背景

上海YKK于1992年由世界上最大的拉链制造、销售集团——日本YKK投资成立。公司生产和销售各种拉链，产品包括金属、尼龙、树脂拉链。作为YKK在中国大陆第一个拉链生产基地，上海YKK拥有一流的生产设备，采用了YKK集团独有的生产体系。其设立于闵行的工厂目前总占地61 000平方米。工厂坚持品质至上，先后于1998年，1999年取得了ISO 9002，ISO 14001的国际认证，又在2000年底取得了OHSAS18001的国际认证。其次，公司的物流中心位于外高桥保税区，占地3600平方米，已成为上海YKK与国内外企业进行国际贸易与转口贸易的窗口。上海YKK拥有完善的销售网络，以及朝气蓬勃的销售队伍，其营业所位于浦东陆家嘴金融贸易区，并在全国范围内设有12个办事处，为客户提供了最便捷的购买渠道和最优质的服务。

### 2. 拟解决的问题：信息化需求

作为一家拥有先进管理理念的跨国企业，YKK已经建立了一套比较规范的人力资源管理方法。但是随着公司规模的不断发展和扩大，YKK逐渐意识到，仅靠原有的管理方法已经不足以应对千变万化的实际情况。人力资源部门面对大量的信息，无法有效地将其中所需的重要信息提取出来，并作出相应的判断和处理。管理者的决策只能依靠报表数据，在浪费大量的人力物力同时无法做到实时监控，难以保证数据的准确性。为此，

YKK 非常需要一套具有先进的管理思想又适应其管理模式的人力资源管理系统，来统一规划企业内部的人力资源管理，实现资源的有效共享和内部员工的顺畅沟通。YKK 在人力资源管理系统选型时提出了以下具体要求：

（1）优化业务流程、缩短事务处理周期。

（2）及时更新数据库，简化和精确薪资计算。

（3）完善考勤系统，提高工作效率。

（4）提供清晰的数据分析统计，简化预算等复杂性操作。

（5）利用严密的权限控制以保证薪资及人员资料的保密性。

### 3. 解决方案

基于上海 YKK 的信息化目标和需求，泛微提出了一套基于组织和角色的协同 HRM 解决方案，通过一个协同工作平台电子化、规范化 YKK 人力资源部门的业务流程，员工数据结构化，完全简化了对员工数据的维护和处理。同时提供强大的报表功能，可以使企业从多角度对人力资源进行分析。其主要功能如下：

（1）基于组织和角色的人力资源管理。泛微协同 HRM 解决方案是基于对用户的组织、职务及其角色定位而建立的人力资源管理系统。可以根据企业实际状况定义企业的组织结构，相应地，用户在这个组织结构中都有自己的准确定位，包括所属部门、职务、安全级别、工作级别等。另外，系统内置了一百多种权限定义，在此基础上，企业可以设置无限的权限组合以形成特定的人员角色定义，并将此角色分配给相应的员工。

（2）结构化存储人力资源数据。泛微协同 HRM 解决方案提供了全套的人力资源数据结构，包括个人基本信息、系统登录信息、办公信息、家庭信息、工作信息、组织信息、账户信息、教育和培训信息、薪酬福利、考勤、角色和级别信息等，对各种结构化和非结构化的员工资料进行统一、明晰、高效的管理。

（3）考勤管理。泛微协同 HRM 解决方案可以对员工的出勤情况进行统计。通过与 e-Workflow 的结合，可以自动根据员工的相关请求计算员工的缺勤、休假、加班，并自动根据设定的薪酬计算方法对员工的工资进行调整。

（4）薪酬管理。通过与 e-Financials 的集成，根据员工的职务、技能和绩效定义相应的薪酬，并且可根据员工的职务变动、出勤情况进行调整。

（5）成本管理。泛微协同 HRM 解决方案可以定义一个员工对应某个或某几个成本中心，通过与泛微财务管理 e-Financials 的结合，个人预算和开支情况都将对应这些成本中心进行多角度的成本核算。

（6）个人工作安排。使员工非常容易地对自己的工作进行统筹安排，通过 e-HRM 与 e-Workflow 和 e-Project 的集成，员工可以管理自己的会议安排、个人工作计划和项目安排，在一张日程表上员工的所有工作安排一目了然，并且还可以方便地获得这些工作安排的最具体的细节。

（7）在线工作查看。对于上司来说，只需轻点鼠标就可以查看下属的所有工作和个人相关情况，例如对于销售经理，他只需要从一个信息的归集页面便可以看到他下属的销售人员负责的客户情况、目前正在处理的工作、待审批的合同和方案书、负责的项目情况、预算和开支等，从而帮助经理迅速作出相应的措施，再也不必电话跟踪或亲临现场。

（8）工作委派。通过泛微协同 HRM 可以非常方便地对工作进行委派。例如，由于特殊原因而不再负责某个或某几个客户的跟踪事务，可以选择将这些客户工作转移到被委派的人员那里。同样也可以进行项目工作的委派。工作委派使事务移交过程变得极为便捷，e-cology 保证事务在移交过程中所有相关数据的完整性和正确性。

（9）招聘管理。提供在线招聘信息的编辑、发布和查询功能。向应聘人员提供空缺职位的详细信息并支持应聘简历的在线发送。e-HRM 维护一个动态的人力资源库，企业可以对应聘人员进行比较并发送邮件。与 e-Document 的集成可以为这些邮件定义统一的版式。

（10）分析报告。泛微协同 HRM 可以让管理层从组织图表的层面对人力资源相关数据进行宏观面上的查看和分析，包括人员的角色、安全级别、工作级别、年龄、工作类型等；提供对员工的考勤、财务、工作情况、培训情况、业务表现等方面的统计报告，支持企业对员工进行考核考评及事业规划。

（11）事务处理。所有相关人力资源的事务，如请假、升职、招聘、出差、借款、工作报告、个人计划安排等都可以在系统中进行定义。通过泛微协同 HRM 的工作流程管理，可完成对这些事务的处理并自动更新相关的数据库。

### 4. 实施步骤

整个项目分为三个阶段实施：前期准备、实施与培训和跟踪测试。

1）第一阶段：前期准备

为了更好地实施，泛微项目小组与 YKK 相关人员进行了充分的交流和沟通，确定了明确的时间表以及每个阶段的实施目标和各项目成员的主要任务。同时完善了 YKK 原有的数据库系统，并就系统的平台支持等问题进行了良好的沟通和准备。

2）第二阶段：实施与培训

泛微通过对 YKK 业务流程的分析，统一进行了系统设置，制定了统一的人力资源管理流程，人事方面包括新员工入职、转正、续签、调动、离职等，功能方面包括组织结构、培训管理、招聘管理、合同管理、考勤管理等。

随着实施的深入，泛微项目成员着重对功能的使用、系统的设置以及模块的连接等进行了用户培训，并为终端用户提供了规范的操作和使用手册。

3）第三阶段：跟踪测试

在项目实施后期的跟踪测试阶段，泛微项目小组对系统的所有设置进行了测试，以观察是否和如期的目标一致。技术顾问现场观察，通过电话、E-mail、传真咨询以及远程系统登录，解决各种各样的问题。经过终端用户对系统的各项功能细致测试，一方面操作者熟练了系统应用操作，另一方面也及时解决了存在的许多细小的设置、应用等问题。

4）使用效果

通过实施泛微协同 HRM 解决方案，为 YKK 搭建了一个协同统一，不受地域限制的人力资源管理平台，电子化工作流程使人力资源部门的业务运作更加有序高效，大大提高了其事务处理的工作效率和质量，有效加强了 YKK 的财务监控制及预算管理，公司的领导层可实时了解员工的工作状态，有效数据的及时展现可帮助管理层做出正确的决策分析。

## 复习题

### 一、填空题

1. 在一个企业的运营过程中，为了制造产品或提供服务，经常会产生各种各样的业务活动，叫做______。
2. 事务处理系统是服务于企业组织架构中操作层面上的最基本的商务信息系统，是企业进行数据和信息的______、______、______、______和______等日常业务处理的基本业务信息系统。
3. __________是企业执行和记录业务实施的必需的计算机系统。
4. 事务处理系统区别于管理信息系统在于 ____________________________________。
5. 事务处理系统普遍存在于企业的各个职能部门，例如____________________、____________、____________、____________。

### 二、单项选择题

1. （　　）是信息处理的基础。
   A. 数据　　B. 信息
   C. 知识　　D. 计算机
2. 事务处理系统（TPS）是主要用来（　　）。
   A. 处理突发事件　　B. 产生各种报表
   C. 重点在于实现企业生产的自动化　　D. 提高产品质量
3. 计算机对自动采集的数据按一定方法经过计算，然后输出到指定执行设备。这属于计算机应用的哪一类领域？（　　）
   A. 科学和工程计算　　B. 数据和信息处理
   C. 过程控制　　D. 人工智能
4. 下列应用中，哪些不属于业务处理系统（　　）。
   A. 工资处理系统　　B. 北大方正排版系统
   C. 人事档案管理系统　　D. 财务管理系统
5. 按照需求功能的不同，信息系统已形成多种层次，计算机应用于管理是开始于（　　）。
   A. 数据处理　　B. 办公自动化
   C. 决策支持　　D. 事务处理
6. 市场上出售的通用财务管理软件，按其处理业务的范围和内容，它应该属于（　　）。
   A. 电子数据处理　　B. 事务处理系统

C. 管理信息系统 D. 决策支持系统

7. 按照需求功能的不同，信息系统已形成多种层次，计算机应用于管理是开始于（ ）。

A. 数据处理 B. 办公自动化

C. 决策支持 D. 事务处理

8. 市场上出售的通用财务管理软件，按其处理业务的范围和内容，它应该属于（ ）。

A. 电子数据处理 B. 事务处理系统

C. 管理信息系统 D. 决策支持系统

9. 在计算机辅助管理发展的各阶段中，事务处理阶段的主要目的之一是（ ）。

A. 提高管理信息处理的系统性、综合性

B. 为工作人员创造良好的工作环境

C. 提高了管理信息处理的准确性和及时性

D. 提高了事务处理的工作效率

10. 事务处理是所有信息系统的基础工作，所以事务处理系统应达到多方面的目标，但是不包括（ ）。

A. 处理由事务产生的或与事务相关的数据，并保持数据和信息的准确性、完整性

B. 及时生成文档或报告，提高劳动生产率

C. 支持管理人员的决策

D. 有助于改善服务质量，有助于建立和维持顾客信心

11. 在信息资源管理的框架中，（ ）既是数据资源管理的核心，也为 MIS、DSS 以及基于知识的系统提供基础数据。

A. 数据库 B. 业务

C. 产品 D. 事务处理系统（TPS）

12. 为了提高产品质量、降低生产成本，利用计算机控制、操作和管理生产设备的系统称为（ ）。

A. CAT 系统 B. CAI 系统

C. CAD 系统 D. CAM 系统

## 三、简答题

1. 请举例说明事务的概念与应用。
2. 事务处理系统的目标和特点是什么？
3. 事务处理系统的功能有哪些？
4. 举例说明事务处理系统在市场营销中的应用。
5. 举例说明事务处理系统在企业生产制造中的应用。
6. 举例说明事务处理系统在财务会计中的应用。
7. 举例说明事务处理系统在人力资源管理中的应用。

# 第 8 章

# 管理信息系统

## 8.1 管理信息系统的概念

### 8.1.1 信息管理

在企业的生命周期中存在着两种类型经营活动，生产活动和管理活动。在生产活动中，经过工人在各道工序的机器设备上进行操作、处理，把企业输入的原材料等资源转变成制成品；在企业的管理活动中，伴随和围绕着生产活动的是执行计划、组织、协调、决策和控制等职能，以保证生产活动的有秩序、高效地进行。相应地，从信息管理的角度考察企业，存在着物流和信息流的活动。在生产活动中流动的是物流，即从输入、转换到输出是一股物流；而管理活动中流动的是信息流，即从输入、转换到输出是一股信息流。信息流规划和调节物流的数量、方向、速度、目标，使之按一定的目的、方向活动。企业管理的过程是信息流的过程，并且具有信息反馈的特征。在企业管理的过程中，数据经过采集并加工为信息，来辅助管理人员执行计划、组织、协调和控制等决策职能。

注意到，企业生产经营活动中的信息来源分散，且数量庞大。信息来源于生产第一线、社会经济环境、市场、行政管理部门等。企业的任何经营活动只要有管理就必然有信息。管理职能包括计划、组织、人事、指挥、协调、报告、预算等方面。管理离不开信息。管理在很大程度上是对信息的处理。管理的艺术在于驾驭信息，也就是说，管理者要善于转换信息，实现信息的价值，实现企业内部的科学管理，提高工作效率。信息活动是管理工作的基础和支柱。所谓信息管理是指企业为了有效地开发和利用内部和外部的信息资源，采用现代信息技术，对信息资源进行计划、组织、领导和控制的管理活动。信息管理由信息的采集、信息的传递、信息的存储、信息的加工、信息的维护和信息的使用几个方面组成。信息的采集是指对原始信息的获取；信息的传递是指信息在时间和空间上的转移，因为信息只有及时准确地到达需要者的手中才能发挥作用；信息的存储是指保留获取的原始信息和加工后的信息以备做事后的参考和重复使用；信息的加工包括信息形式的变换和信息内容的处理。信息的形式变换是指在信息的传递过程中，通过变换载体，使信息准确地传递给接收者。信息的内容处理是指对原始信息进行加工整理，深入揭示信息的内涵。经过信息内容的处理，输入的信息才能变成所需要的信息，才能被适时地、有效地利用。

### 8.1.2 管理信息的概念

需要指出，所谓管理信息就是在企业的管理过程中各级管理人员使用的、为管理服务的信息。管理信息应当以准确的、可靠的、易理解的以及恰当的表达形式，在恰当的时间和恰当的位置，提供给恰当的使用者。因此，管理信息所具备的基本特征如下：

（1）及时性。从信息源发送信息，经过接收、加工和传递，到达使用者利用的时间间隔要简短，其效率要高；

（2）客观真实。即管理者感知的管理信息必须客观地反映其管理对象和它所处的环境的真实情况；

（3）准确可靠。即在信息管理的各环节中，信息不能受到外界的干扰，不失真；

（4）全面。即在信息处理能力的约束条件下，管理者必须尽可能全面地获取对其进行决策有影响的信息；

（5）充足。即对特定的决策问题而言，管理者必须获得对决策有重大影响的关键信息，以帮助其足够做出决策为标准。

如图 8.1 所示，管理信息具有三个层次，即战略规划层、管理控制层和作业控制层。在管理信息的战略规划层，企业的高层管理人员根据内部的整体性与总结性信息，以及外部的市场信息（例如消费者和竞争者），来对整个企业的长期的、总体目标进行规划。他们制定战略规划所需要的与重点关注的管理信息大部分是来自企业的外部环境信息。战略规划中要明确达到目标所必需的资源、确定获得资源和使用资源的指导方针等方面。

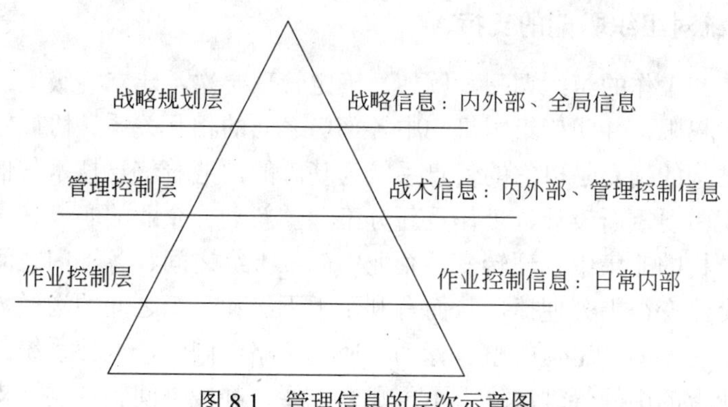


图 8.1　管理信息的层次示意图

在管理信息的管理控制层，企业的中层管理人员为了保证战略规划的实现而确定其管理过程中控制策略所需要的各种信息与管理控制的指令。管理控制信息能够帮助中层管理人员依据企业高层的战略规划制定出具体的实施计划，掌握与监控资源的利用情况，并将实际结果与企业战略所制定的具体计划相比较，从而了解实施计划是否达到预定目的，并指导其采取必要措施来更有效地利用资源，保证各项具体计划的实施从而保证战略规划的实现。

在管理信息的作业控制层，企业的基层管理人员所面对的作业控制信息是指对完成具体的作业进行控制而需要的各种信息和作业控制信号。作业控制信息用来进行作业控制和业务处理，解决经常性的问题，它与企业的日常活动有关，它用来保证按照中层管理活动所制定的计划和进度表来组织人力、物力去切实地完成具体的任务。

### 8.1.3 管理和信息系统

一个企业的管理职能主要包括计划、组织、领导、协调和控制等方面，而且，其中每一方面都离不开信息系统的支持。任何企业都需要管理。管理的任务是通过有效地管理好人力、财力、物资等资源来实现企业的经营目标。需要指出，企业在管理好上述资源的同时，更重要的是要管理好反映这些资源的信息。前面谈到信息管理的过程和管理信息的概念，而基于计算机的信息系统，能够把企业在生产和流通过程中发生的巨大数据流收集、组织和控制起来，经过加工处理转换为各部门必需的数据和信息，以支持各级管理人员做出正确的决策和履行正确的管理职能。随着运筹学、现代控制论、计算机和网络技术的发展，诸多先进的管理理论和方法借助于计算机来处理，例如，高速地、准确地存储和处理海量数据信息，从定性和定量两个方面支持管理人员的决策活动。

信息系统对企业的管理职能的支持具体体现在以下几个方面。

#### 1. 信息系统对计划职能的支持

计划是为了达到预期的目的而对未来做出的安排和部署。信息系统支持计划数据的快速、准确的存取操作，支持计划的基础工作，即预测，支持计划的优化，支持计划编制中的反复试算。

#### 2. 信息系统对组织职能的支持

组织包括人和工作的组织调配，例如，确定管理层次，建立各级组织机构，配备人员，规定职责和权限，并明确组织机构中各部门之间的相互关系、协调原则和方法等。企业内部组织结构的确立是以它的信息系统为基础的，随着信息技术与信息系统的飞跃发展，企业组织需要重新设计、工作重新分工并重新划分企业的职权，传统的组织结构正在向扁平式结构的非集中管理转变，企业中的上下级之间、各部门之间及其与外界环境之间的信息交流变得十分便捷，从而有利于上下级和员工之间的沟通，可以随时根据环境的变化做出统一的、迅速的整体行动和应变策略，同时，通信系统的完善使得上下级指令传输系统上的中间管理层显得不再那么重要，削减中间管理层、支持各部门间的功能互相融合、交叉。

#### 3. 信息系统对领导职能的支持

领导的职能在于指引、影响个人和组织资源按照计划执行去实现目标。信息系统负责提供企业内外的相关信息，帮助管理人员建立并维持一个信息网络，以沟通信息，及时处理矛盾和解决战略、计划、预算、选拔人才等问题。

#### 4. 信息系统对协调职能的支持

现代生产企业各生产环节常常使用一系列独立的软件系统来分别实现对生产订单控制、流程监控、顺序规划、车辆识别、质量管理、维护管理和材料控制等方面进行管理。但是，这些系统有的并未进行集成，它们之间不能进行信息交换与相互协调。建立企业内部统一平台的信息系统将实现不同环节间的交换信息和资源共享，以最终实现各部门、各环节协调一致地发展。

#### 5. 信息系统对控制职能的支持

控制是对企业运作过程中的业务进行测量和纠正，确保计划得以实现。信息系统实现控制职能具体体现在能够随时掌握反映企业运行动态的系统监测信息和调控所必要的反馈信息。信息系统实现自动化与智能化的控制是一种高级的形式，它能自动监控并调整生产的物理过程，实现分散控制、集中操作、监视、集中处理信息、集中管理的集散式控制管理现代模式。

### 8.1.4 管理信息系统的概念

管理信息系统（MIS）是一个由人、计算机及其他外围设备等组成的能进行信息的收集、传递、存储、加工、维护和使用的系统。它涉及经济学、管理学、运筹学、统计学、计算机科学等诸多学科，是各学科紧密相连综合交叉而成的一门学科。其主要任务是最大限度的利用现代计算机及网络通信技术加强企业的信息管理，通过对企业拥有的人力、物力、财力、设备、技术资源以及内部与外部的数据信息资源的调查分析，建立正确的数据库，加工处理并编制成各种信息资料以便及时提供给企业的高层管理人员进行正确的战略决策、中层管理人员进行控制决策和基层管理人员运作提供信息服务（薛华成　2003）。

管理信息系统可以帮助企业总结过去和现在发生的经营活动，供管理人员监控企业的正常运转、及时发现问题、分析问题并提供解决问题的信息。管理信息系统涉及的信息包括企业内部业务和外部的情报，并按一定的时间间隔按照一定的格式提供给企业的各级管理人员相应的信息报告，以便支持他们进行计划、控制和操作功能，辅助他们进行正确的决策。同时，管理信息系统能够运用运筹学、统计学、数学模型和各种最优化技术预测未来，从企业的全局出发辅助企业进行经营管理和决策服务。管理信息系统的最终目标是不断提高企业的管理水平和经济效益（陈国青　李一军　2006）。

## 8.2 管理信息系统的构成与原理

如图 8.2 所示，管理信息系统的基本结构包括数据与信息源、信息处理器、用户和管理人员几部分。管理信息系统中的数据与信息源主要来自由事务处理系统采集的企业经营活动中发生于各职能部门与外部市场中有关消费者、竞争者等方面的数据和信息。信息处理器是管理信息系统的核心，是管理信息系统支持管理人员进行决策和业务控制人员活动的关键。具体地，信息处理包括信息查询、检索、计算、评价、优化、预测与分析等活动，采用的模型有数学模型、运筹学模型、数理统计模型和预测模型等。管理信息系统的最终用户是各级、各部门的管理人员和业务人员。用户与系统的交互界面要友好、易懂、方便使用。管理信息系统输出信息的形式有定期的和特定需求的报表、图表、仿真和预测等内容。同时，要求输出的信息清晰、明确、易懂、具体而便于执行。管理信息系统的数据库用于存放系统所需的企业内外的数据信息与处理得到的信息。管理信息系统中的管理人员负责制定和实施系统工作的各项规章制度、标准和规范，监督并检查系统的运行，协调系统的扩充开发，组织对系统的硬件和软件日常维护与更新。

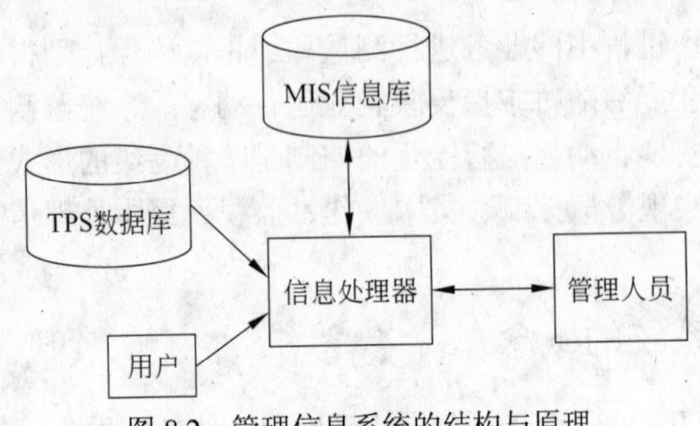


图 8.2 管理信息系统的结构与原理

管理信息系统输出信息的形式是多种多样的，例如报表、折线对比图、条型对比图或柱型对比图以及仿真实验等，具体的形式依据具体的管理问题而定。表 8.1 列举了某企业到某月某日为止的加班薪酬报告，表 8.2 列举了某企业到 3 月末为止的销售人员的业绩报告。

**表 8.1 某企业到某月某日的加班薪酬报告**

| 部门号码 | 部门名称 | 加班薪酬 | |
|---|---|---|---|
| | | 当前月 | 年初到当前月 |
| 1 | 采购部 | 2405 | 5339 |
| 2 | 检查部 | 1025 | 4386 |
| 3 | 材料加工部 | 3050 | 12 629 |
| 4 | 工具部 | 100 | 1080 |
| 5 | 组装部 | 2800 | 13 000 |
| 6 | 配货部 | 3360 | 15 000 |
| 7 | 销售部 | 2580 | 13 800 |
| 总计 | | 15 320 | 65 234 |

**表 8.2 某企业到某月末为止的销售人员的业绩报告**

| 销售人员 | | 当前月 | | | 年初到当前 | | |
|---|---|---|---|---|---|---|---|
| 编号 | 姓名 | 定额 | 实际值 | 差额 | 定额 | 实际值 | 差额 |
| 8001 | | 1100 | 1038 | –67 | 3300 | 3205 | –95 |
| 8002 | | 1000 | 1126 | 126 | 3000 | 3330 | 330 |
| 8003 | | 900 | 1090 | 190 | 2700 | 2510 | –190 |
| 8004 | | 1500 | 1365 | –135 | 4500 | 4250 | –250 |
| 8005 | | 2000 | 2437 | 437 | 6000 | 6612 | 612 |
| 8006 | | 1000 | 890 | –110 | 3000 | 2391 | –609 |
| 合计 | | 7500 | 7946 | 441 | 22 500 | 22 298 | –202 |

同时，需要指出，随着现代先进的科学技术的不断发展，电子计算机、网络等现代化办公手段被用来进行信息的收集、传送、存储、加工以及使用。因此，可以认为，计算机网络、数据库和现代化的管理方法为管理信息系统的三大支柱，其中，计算机网络是信息共享的基础，数据库为管理信息系统提供了信息的战略储备和供给，而现代化的管理方法成为管理信息系统的功能核心。

伴随着计算机与网络技术的不断发展，就管理信息系统硬件的拓扑结构而言，管理信息系统的物理结构一般有三种类型，即集中式、分布式和分布-集中式。集中式是管理信息系统的早期拓扑结构，流行于20世纪60至80年代，由一台主机带若干终端组成，其中，主机承载较重，一般多为大、中型机，负责数据处理、数据存储与管理功能，而供用户使用的终端与主机相连，但是并没有信息处理能力，只能通过键盘向主机发出服务请求，等待主机处理后在用户端显示。集中式结构的特点是数据资源集中，由主机管理控制，但是需要主机具有大的存储容量和快速的信息处理应答反应。同时，集中式结构的缺点是对主机的过分依赖而造成的可靠性差。

伴随着20世纪70至80年代出现的微型计算机和计算机网络，分布-集中式的管理信息系统开始流行起来，其中，用微机或工作站执行数据库管理软件和应用软件，并通过局域网与由一台或几台作为整个系统的主机和信息处理交换中枢的小型机乃至大型机相联。主机为文件服务器，集中管理共享资源并负责完成用户的请求。各工作站在独立地处理各自业务的同时，还可以相互传递信息，共享数据。该类型的硬件结构配置灵活且容易扩展。其缺点是文件服务器的服务能力限制与文件在网络中的传输而造成的通信负担。

20世纪80至90年代计算机网络与分布式计算的发展极大地推动了管理信息系统的体系结构的进步，出现了分布式的物理结构，即客户机和服务器（Client/Server）模式，其中，微机和工作站充当客户机，负责执行前台功能，如采集数据、报告请求和管理用户接口等；服务器（一台或多台分布的微机、工作站、小型机或大型机）负责执行后台功能，诸如答复客户机的请求、控制对共享数据库的存取和管理共享的外部设备等。客户机和服务器由总线结构的网络连接起来，而且，它们分工明确：客户机承担每个用户专有的外围应用功能，负责处理用户的应用程序，服务器承担数据库系统的数据服务功能，负责执行数据库管理软件。分布式管理信息系统的特点是：任务分布合理，资源利用率高，网络负担轻，可靠性高，有较强的可伸缩性和可扩展性，系统开发与可维护性较好。

## 8.3 管理信息系统的特性

完善的管理信息系统具有以下四个标准：

（1）确定的信息需求；

（2）信息的可采集与可加工性；

（3）可以通过程序为管理人员提供信息；

（4）可以对信息进行管理。

同时，完善的管理信息系统具有以下的特性：

- 管理信息系统面向管理决策。管理信息系统的开发与应用是管理的内在需求，及时为企业内各层次的管理人员提供所需要的信息，辅助他们决策，例如，为高层管理人员提供战略性的、全局性的信息，为中层管理人员提供战术性的、管理控制信息，为基层管理人员提供日常的内部作业控制信息。
- 管理信息系统使用户随时能够得到及时的信息辅助，其具体形式常为定期的报表、图形、仿真、预测等。
- 管理信息系统广泛应用于企业内部的各个职能部门，同时，它也可以涉及多个职能部门来履行综合职能。
- 管理信息系统是一个人机系统，一个人机结合的系统。管理信息系统的目的在于辅助决策，各职能部门与各层次的管理人员既是系统的使用者，又是系统的组成部分。因此，在系统的开发和使用过程中，要正确界定人和计算机在系统中的地位和作用，充分发挥人和计算机各自的长处，使系统整体性能达到最优。
- 管理信息系统是一个一体化的集成系统。管理信息系统中，有一个中心数据库及网络系统，且系统中数据信息高度集中统一，企业各部门的数据和信息集中起来，进行快速处理，统一使用。
- 管理信息系统采用了数学模型，例如，运筹学模型、数理统计模型和预测模型等，来分析数据和信息，以便预测未来，提供辅助决策功能。通过它的控制和预测功能，管理信息系统实现了信息的增值。同时注意到，与现代管理方法和手段相结合，管理信息系统在管理工作中发挥着越来越重要的作用。
- 管理信息系统是一个多学科交叉的边缘科学。作为一门新的学科，管理信息系统的产生较晚，其理论体系尚处于发展和完善的过程中。构成管理信息系统的理论基础来自于计算机科学与技术、应用数学、管理理论、决策理论、运筹学等相关学科相应的理论，从而使其成为一个具有鲜明特色的边缘科学。

## 8.4 管理信息系统的功能与划分

### 8.4.1 管理信息系统的功能

从使用者的角度看，管理信息系统在具有信息系统的基本功能的同时，还具备控制、计划、预测和辅助决策等特有的功能。其原则是根据分析企业的业务流程和数据流程，掌握每个处理过程和管理过程的信息处理特点，应用相应的管理模型，具体如下所述：

（1）管理信息系统具有数据处理功能，包括数据的收集、输入、传输、存储、加工和输出的功能。例如，在财务成本管理过程中，品种法、分步法、逐步结转法、平行结转法、定额差异法等成本核算模型，用于直接生产过程消耗的计算，而完全成本法和变动成本法，用于间接费用的计算。

（2）管理信息系统具有控制功能。根据各职能部门提供的数据，管理信息系统对计划实际的执行情况进行检测，并与预期的结果相比较，监督具体的执行情况与计划的规定之间的差异，对差异情况进行分析并找出其中的原因。例如，在进行成本分析时，通常采用实际成本与定额成本比较模型、本期成本与历史同期可比产品成本比较模型、产品成本与计划指标比较模型、产品成本差额管理模型和量本利分析模型等。

（3）管理信息系统具有计划功能。根据企业提供的约束条件，系统合理地安排各职能部门的计划，按照不同的管理层次，提供不同的信息需求，例如，给高层管理人员提供全局的战略计划信息，给中层管理人员提供管理控制信息，为基层管理人员提供日常内部的作业控制信息，并提供相应的计划报告。具体地，企业的高层管理中采用的综合发展模型包括企业的近期发展目标模型（例如，确定赢利指标、生产规模等）和企业中长期计划模型、厂长任期目标分解模型、新产品开发和生产结构调整模型和中任期计划滚动模型等；根据综合生产计划，企业的中层与基层需要分别完成生产计划大纲和生产作业计划两类任务。就生产计划大纲而言，它的内容是安排与综合生产计划有关的生产指标，经常采用的模型包括数学规划模型、物料需求计划模型、能力需求计划模型和投入产出模型等。就生产作业计划而言，它的任务是具体安排生产产品的数量、加工路线、加工进度、材料供应、能力平衡等内容，经常采用模型包括投入产出矩阵模型、网络计划模型、关键路径模型、排序模型、物料需求模型、设备能力平衡模型、滚动作业计划和甘特图模型等。

（4）管理信息系统具有预测功能。系统能够运用现代的数学模型、统计模型和模拟方法，根据历史的数据预测未来将要发生的事情。通常地，统计分析与预测模型一般用于分析和反映企业在产品销售、市场占有率、质量、财务状况等的变化情况以及未来发展的趋势，例如，消费变化趋势分析、市场占有率分析、利润变化、质量状况与指标分布、综合经济效益指标分析等。常用的预测模型有多元回归预测模型、时间序列预测模型和普通类比外推模型等。

（5）管理信息系统具有辅助决策功能。系统采用各种数学模型和所存储的大量数据，及时推导出有关问题的最优解或满意解，提供给管理人员选择的最佳决策方案，辅助各级管理人员进行决策，以期合理地利用人力、物力、财力和信息资源，取得较大的经济效益。例如，常用的库存管理模型有库存物资分类法、最佳经济批量等。

## 8.4.2 管理信息系统功能的层次结构

就管理信息系统的功能结构而言，有横向和纵向两种划分方法。根据企业内部横向的不同管理职能部门，可以将管理信息系统分为生产管理、销售管理、财务管理和人事管理等几个方面。从纵向的管理人员所处的高级、中层以及基层不同的管理层次看，可以将管理信息系统分为战略计划子系统、管理控制子系统和执行控制子系统。

如图 8.3 所示，企业的管理组织与其相应的管理活动可以分为高级的战略计划层、中级的管理控制层和低级的执行控制层。

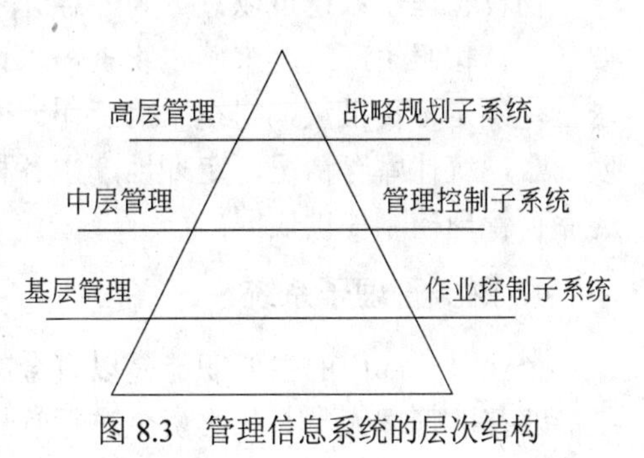

图 8.3 管理信息系统的层次结构

（1）战略计划子系统。战略计划子系统服务于企业的高层管理人员，其主要任务是综合企业内外的信息，包括企业内部全面的信息、尤其是企业的外部环境中的影响信息，供高层管理人员参考，辅助他们制定和调整企业的战略计划。

（2）管理控制子系统。管理控制子系统的任务是为企业各职能部门的中层管理人员提供用于衡量企业效益、控制企业生产经营活动、制定企业资源分配方案等活动所需要的信息。其具体的主要功能包括使用计划或预算模型来帮助管理人员编制计划和调整计划与预算执行情况、定期地生成企业生产、经营执行情况的综合报告、使用数字方法来分析计划执行的偏差情况并提取最佳的或满意的处理方案、为管理人员提供各种信息的查询功能。

（3）执行控制层。执行控制子系统的任务是确保基层的生产经营活动正常、有效地进行，支持基层的管理人员执行作业的控制，例如，事务处理、报表处理和查询处理等业务。

## 8.4.3 管理信息系统的职能结构

针对横向不同的管理职能部门，可以将管理信息系统分为生产管理系统、销售管理系统、物资管理系统、财务管理系统和人事管理系统等，其具体的横向结构如下所述。

### 1. 生产管理子系统

在追求利润的同时，企业经营的目标是制造产品和提供服务，满足市场的需求，因此生产是企业的主要活动之一。生产管理部门的主要职能是计划、调度和统计。根据订单需求或对市场预测的信息，按照企业的经营目标和生产能力，企业需要对其具有的人力、材料、设备、资金等进行全面的、合理的安排，按产品的品种和规格制定相应的生产计划和物资、人力、资金等方面的需求计划。

### 2. 销售管理子系统

销售管理子系统的主要功能是根据国家的政策、市场需求、用户订单、企业的利润指标要求和企业的生产能力情况等方面，制定企业的经营计划，定期进行销售情况分析，组织开展用户的订货服务，安排组织产品的配货，并为其他职能部门提供有关的信息。

### 3. 物资管理子系统

物资管理子系统可以划分为库存计划和库存核算两大功能模块。库存计划模块的主要任务是按照生产进度来确定物资需求计划，并根据库存及物资供应情况计算物资净需求量，确定订货批量，组织采购工作。库存核算模块的主要任务是登录物资的进、出库明细账，统计库存情况，定期地产生各种库存、费用、材料消耗报表，进行库存分析，为库存管理控制提供依据。

### 4. 财务管理子系统

企业财务部门的主要职能是以资金的形式来反映企业的财务状况，而财务管理子系统能够帮助管理人员对各类资金进行管理和控制，以加速流动资金周转，提高资金的使用效率。同时，该子系统能够进行利润管理，为管理人员提供准确的利润信息，并帮助制定合理可行的财务收支计划，为企业资金的筹集和运用提供可靠依据。

#### 5. 人事劳资管理子系统

众所周知，人才是企业的重要资源。作为一个现代化企业的人事劳资部门，不仅需要进行人事档案和劳动工资定额的日常管理，还应该把人才资源的合理配备使用、合理发挥人才资源作为工作重点，把一般传统意义上的人事管理提升到人力资源管理的高度上来。而人事劳资管理子系统能够帮助管理人员有效地实现上述目标。

### 8.4.4 管理信息系统的交叉结构

实际企业中的管理活动不可能只是单纯地按层次划分，或者单纯地按职能划分。实际情况是横、纵交叉形成了企业完整的管理活动，而与之相对应就形成了管理信息系统的交叉结构。

## 8.5 管理信息系统的开发

### 8.5.1 管理信息系统的开发原则

管理信息系统的开发需要遵循的原则有创新原则、整体原则、不断发展原则和经济原则等。创新原则体现出管理信息系统开发的先进性。由于计算机等先进的信息技术的不断迅速发展，企业的高级管理人员要及时了解新技术的发展动态，善于使用新技术，使开发的管理信息系统较原有的系统有质的飞跃。

整体原则要求管理信息系统的开发体现完整性。企业的管理过程是一个"闭环"系统，因此，开发的目标系统应当是这个"闭环"系统的完善。企业在开发管理信息系统时必须从整体出发，在企业的各个职能部门与领域同时实现，做到完整的、统一的、协作的设计与实现。

不断发展原则要求管理信息系统的开发体现出超前性。为了提高使用率，有效地发挥管理信息系统的作用，企业的高级管理人员应当随时关注信息技术的发展和市场环境的变化，包括竞争对手的发展动态与消费者需求的变化趋势。管理信息系统在开发的过程中需要注重不断地完善发展和具有超前意识。

管理信息系统开发的经济原则要求体现目标系统的实用性。衡量管理信息系统开发成功的标准是其实用性，而不是大而全或高精尖。实践证明，许多失败的管理信息系统是由于盲目追求高新技术而忽视了其实用性而造成的。因此，管理信息系统的开发在满足上述三个原则的基础上，例如，整体原则，需要客观地考虑企业自身的管理水平、技术水平、员工素质和企业文化等诸多因素。

### 8.5.2 管理信息系统的开发方式与开发策略

管理信息系统的开发方式有自行开发、委托开发、联合开发、购买现成软件包进行二次开发等几种形式。一般来说，企业开发管理信息系统的具体方法应当根据企业自身的技术力量、资源及外部环境而定。

由于管理信息系统的开发是一项耗资大、历时长、技术复杂且涉及面广的系统工程，企业的高级管理人员在组织团队着手开发之前，必须认真地确定有充分根据的开发策略，充分考虑存在的问题与将要实现的目标和任务，合理分配和利用信息资源（信息、信息技术和信息生产者），以节省信息系统的投资。具体地，企业可以从“自下而上”的开发策略和“自上而下”的开发策略中选择一种或两种开发策略的组合。

**1.“自下而上”的开发策略**

“自下而上”的开发策略是从现行系统的业务状况出发，一个个地实现具体的功能，逐步地由低级到高级建立管理信息系统。由于任何一个管理信息系统的基本功能是数据处理，因此，“自下而上”开发策略首先从研制各项数据处理的应用开始，然后根据需要逐步增加有关管理控制方面的功能。一些企业在初装和蔓延阶段，由于设备、资金、人力等条件还不完备，而常常采用这种“自下而上”的开发策略。

需要指出，“自下而上”的开发策略的优点在于其可以避免大规模系统可能出现的运行不协调的危险，然而它的缺点也不容忽视：由于没有从系统的整体出发考虑问题，忽视系统构成部分间的有机联系，考虑问题不一定完全周密，随着系统开发的进展，往往需要作出许多大大小小的反复设计、修改，甚至重新规划。

**2.“自上而下”的开发策略**

“自上而下”的开发策略强调从整体上协调和规划，逐渐从抽象到具体，从概要设计到详细设计，体现了结构化的设计思想。这样一来，由全面到局部，由长远到近期，从而探索出合理的信息流，进而设计系统。由于这种开发策略要求很强的逻辑性，因而难度较大。“自上而下”的开发策略是管理信息系统的开发走向集成和成熟的要求。整体性是系统的基本特性，虽然一个系统由许多子系统构成，但它们又是一个不可分割的整体。

通常，“自下而上”的策略适用于小型管理信息系统的开发与设计，尤其是当企业对开发工作缺乏经验的时候。

在具体的开发实践过程中，对于开发大型管理信息系统的情况，企业往往选择把这两种策略结合起来使用，例如，先采用“自上而下”的策略来作好管理信息系统的战略规划，通过对系统进行全面而整体的分析得到系统的逻辑模型，进而根据逻辑模型求得最优的物理模型。然后再采用“自下而上”的策略逐步地实现各系统的应用开发。而常见的不可行的开发方法有组织结构法（即机械地按照现有的组织机构划分系统，不考虑MIS 的开发原则）、数据库法（开发人员从数据库设计开始对现有系统进行开发）、想象法（即开发人员基于对现有系统进行想象为基础进行开发）等（薛华成 2003，王跃武 2005，陈国青 李一军 2006）。

### 8.5.3 管理信息系统的开发方法

科学的开发过程应当从可行性研究开始，经过系统分析、系统设计、系统实施等主要阶段。目前，常见的开发方法有以下几种，即生命周用法、原型法（Prototyping Approach）和面向对象的方法（Object Oriented）。

### 1. 生命周期法

生命周期法又称瀑布模型法。生命周期法的第一阶段系统分析的主要任务包括根据用户提出的实际需求，进行系统的总体规划和可行性研究。该阶段的目的就是使系统的开发合理与优化，并直接影响到目标系统的质量、经济性和成败；在生命周期法的第二阶段系统设计中，根据第一阶段系统分析确定的逻辑模型，确定目标系统的物理模型，即系统应用软件的总体结构、数据库设计和系统的配置方案。同时，对系统的物理模型进行详细的设计，即代码设计、用户界面设计、处理过程设计。最后，编写系统设计报告；在生命周期法的第三阶段系统实施过程中，按照第二阶段系统设计给出的物理模型实现应用软件的编制和测试、系统试运行、系统切换、系统交付使用以及运行后的系统维护和评价等工作。

需要指出，生命周期法的主要优点在于强调了系统的整体性和全局性、整个开发过程阶段和步骤严格区分与清楚，在强调全局系统的整体优化前提下，考虑具体的解决方案，并在每一阶段完成明确的开发成果以作为下一步工作的依据，有利于整个项目的管理与控制，避免了开发过程的混乱状态。同时，需要指出，在实践过程中生命周期法也暴露出一些缺陷，即用户的需求有时难以准确定义，开发周期长，难以适应环境变化等。

### 2. 原型法

首先，由用户与系统分析设计人员合作，在短期内定义用户的基本需求，采用交互的、快速的方法开发出一个功能不十分完善、实验性的、简易的应用软件系统的基本框架，称为原型。用户通过在计算机上实际运行和试用原型而向开发者提供真实的反馈意见，再不断评价和改进原型，使之逐步完善。其开发过程是多次重复、快速、灵活、不断演进的过程。

原型法的主要优点在于符合人们认识事物的规律、用户参与积极性高、开发周期短和使用灵活。同时注意到，由于原型法需要快速完成原型的设计、实现和不断改进，要求原型系统具有可变性好和易于修改的特点，因此，采用这种方法必须具有形成原型和修改原型所需的支撑工具，例如，系统分析和设计中各种图表的生成器、计算机数据字典、程序生成器等。快速原型法的实现基础之一是可视化的第四代语言的出现。

### 3. 面向对象的方法

面向对象的系统开发方法是从现实世界中客观存在的事物，即对象（抽象出的事物的本质特征）出发，以对象为中心思考问题、认识问题、分析问题和解决问题，并由此构造软件系统。按照人类的抽象思维方法去抽象、分类、继承、组合和封装对象，具体说，就是将操作与数据共同封装为对象，即数据和操作的封装通信单位，其原理是将数据称为对象的属性，即状态，将操作成为服务，即在外界的激发下使数据的状态改变。其中，激发的因素就是对象间的通信，称为消息。对象接收某则消息后，对属性进行操作。

类与继承机制是面向对象的系统开发方法的另一个特征。所谓“类”是指一组具有相同结构、操作和约束条件的对象。并且，对象的类由“类说明”和“类实现”两部分组成。“类说明”统一描述对象类的结构、应遵守的约束规则以及执行的操作。而“类实现”则由开发人员掌握。一个类可以具有层次结构，即上层超类和下层子类。一个类可以有多个超类，也可以有多个子类。超类是其下层子类的概括，因此子类可以继承超类的属性、操作和约束规则，这就是类继承机制。继承性使面向对象的系统开发具有较好的可扩充性和灵活性，因而有利于软件系统的维护（黎孟雄　马继军　2005，陈国青　李一军　2006）。

### 8.5.4 管理信息系统开发的方法选择

管理信息系统的开发应当选择哪一个适合的方法或几个方法的组合应该视企业具体的情况而定。

生命周期法是目前较全面的支持大、中型管理信息系统整个过程开发的方法，其他方法虽然有许多优点，但都只能作为生命周期法中在局部开发环节上的补充，暂时还不能代替其在系统开发过程中的主导地位；原型法需要利用软件支撑工具以便快速形成原型，并不断地与用户讨论、修改，最终建立目标系统。原型法主要适用于小型系统的开发，或灵活性高的系统或局部系统的设计和实施。对于大型管理信息系统开发中的所有环节采用原型法是不适合的；面向对象的方法特别适合于小型应用软件系统的开发，因为它是以对象为基础，利用特定的软件工具直接完成从对象的描述到应用软件结构的转换。

在大型管理信息系统的开发中，常常不是采用某一种开发方法，而是采用多种方法的组合。而且，随着系统开发工具的不断改进和逐渐完善，上述各种方法经常可以混合使用，它们之间不是相互独立的。实践证明多方法的结合是一种切实可行的有效方法。

值得注意的是，在开发过程中的每一个阶段需要不断完善和充实文档资料。完整而实用的文档资料是管理信息系统开发成功的标志。

## 8.6 小结

本章首先讨论了信息管理的概念。伴随企业管理活动的信息管理包括信息的采集、信息的传递、信息的存储、信息的加工、信息的维护和信息的使用几个方面。作为管理工作的基础和支柱，信息管理能够有效地实现内部和外部信息资源的计划、组织、领导和控制；其次，本章讨论了管理信息的概念，阐明了管理信息的及时性、客观真实性、准确可靠性、全面性和充足性。同时，分析了管理信息的层次特征，即为企业的高层管理人员提供战略信息，为中层管理人员提供管理控制信息，为基层管理人员提供作业控制信息。值得指出，管理信息系统是一个由人、计算机等组成的进行管理信息收集、传递、存储、加工、维护和使用的系统，它帮助企业监控其业务的运行情况，利用过去的数据与数学模型进行预测，辅助企业从全局出发进行决策，帮助企业实现其规划目标。

然后，本章首先讨论了管理信息系统的构成，描述了它的组成部分数据与信息源、信息处理器、用户和管理人员的具体功能，举例说明了系统输出信息的多种形式，即报表、折线对比图以及仿真实验等。

管理信息系统的特点之一体现在它是面向管理决策并对一个企业或组织的管理业务进行全面管理的综合性人机系统，因此，管理信息系统的应用与企业所处的周围环境、内部条件和业务流程密切相关，是现代管理方法和手段与企业管理活动相结合的系统。同时，作为系统的使用者，人又是系统的组成部分，对系统的应用有着决定性重要影响，在管理信息系统的应用中必须高度重视人的因素。注意到，在管理信息系统中采用的运筹学模型、数理统计模型、预测模型等数学模型，现代管理方法和手段以及计算机网络构架，涉及了应用数学、管理理论、决策理论、运筹学、计算机科学与技术理论等多个学科，因此，管理信息系统是多学科交叉的边缘科学。

就管理信息系统的功能而言，管理信息系统能够实现对企业全部管理职能和整个管理过程进行综合管理。按照管理人员所处的任务层次来划分，从高级到基层，可以将管理信息系统划分为战略管理、战术管理和作业管理三个层次；按照各职能部门履行的管理职能划分，可以将管理信息系统划为生产管理子系统、销售管理子系统、物资供应管理子系统、财务管理子系统、人事管理子系统等。

需要指出，如果从广义上讲，按照服务对象和功能的不同，常见的管理信息系统有国家经济信息系统、行政机关办公型管理信息系统、企业管理信息系统等。

进一步地，企业在进行管理信息系统的建设过程中，应该把先进的管理思想与管理手段结合起来，例如，把 JIT、ERP 等先进的管理思想融入系统的逻辑结构中，才能使系统在企业管理工作中真正地发挥作用。

## 案例 8.1　中国网通商务智能方案助力经营分析与决策支持

（SAP 中国：http://www.bestsapchina.com/downloads/successful_stories/CNC.pdf）

### 1. 背景简介

中国网络通信集团公司是中国特大型的电信服务企业，是国内外知名的电信运营商。2002 年，中国网通在原中国电信集团公司及其所属北方 10 省（区、市）电信公司、中国网络通信（控股）有限公司、吉通通信有限责任公司基础上组建而成，并于 2004 年 11 月在纽约、香港成功上市。中国网通注册资本为 600 亿元人民币，资产总额近 3000 亿元，主要经营国内、国际各类固定电信网络设施及相关电信服务，其产品和服务覆盖了固定电话、宽带和其他互联网服务、商务与数据通信、信息通信技术服务等方面。截至 2005 年底，中国网通的各类用户总数已达到 1.35 亿户。随着公司业务的不断发展，面临的挑战也越来越强。在国际化的市场大环境的要求下，国内电信业的市场环境已渐趋合理，且竞争日益加剧，对电信运营企业的服务内容、服务方式、服务质量、经营管理都提出了严峻的挑战。面对客户越来越个性化、多元化的消费需求，中国网通需要在真实、及时和准确的信息基础上制定市场策略，从而为客户提供更加丰富的产品和服务。因此，建立统一的、高质量、扩展性好的决策分析系统成为中国网通发展的必然。因此，中国网通建立决策分析系统迫在眉睫。

2. 建设目标

（1）搭建数据展现平台以支持业务，建立统一、高质量、扩展性好的决策分析系统。经营分析与决策支持系统是中国网通未来的核心 IT 支撑系统之一。中国网通早在 2004 年就已经基本完成了数据的整合，将来自计费、客服等业务系统的数据，通过 ETL 工具实现了数据的抽取、转换、清洗和加载，还建立了企业数据仓库，沉淀数据，为各种分析应用做好数据准备。在此基础上，中国网通迫切需要一套完整的解决方案来实现数据的提取、分析和展现，并且具有易用性、灵活性、支持复杂报表、灵活查询分析等多种功能要求。只有这样的数据展现平台才能帮助中国网通的各级管理层查看报表、进行数据查询和绩效分析等，从而满足多维分析需求，包括产品和业务分析、用户发展分析、收益情况分析、市场竞争分析、大客户分析、话务分析、渠道分析、成本分析等。此项目实施的第一期在南方五省中展开，包括上海、广东、浙江、福建和甘肃。

（2）商务智能满足长远发展需要。

中国网通对于此次经营分析与决策支持系统项目，把眼光转向了 SAP Business Objects 商务智能解决方案。该方案包括商务智能平台、企业报表软件、即时查询软件、企业绩效管理软件。它具有完整的平台架构，不仅能充分满足本期工程的需要，还能满足项目发展的长远需要。

3. 采用的解决方案和服务

整个解决方案面向各个层面的使用者建立了不同的子应用系统，即 Crystal Reports、SAP Business Objects Web Intelligence、SAP Business Objects Dashboard Builder、Business Objects Performance Manager、Business Objects OLAP Intelligence。

（1）作为各分公司和业务部门使用的企业级报表子应用系统，Crystal Reports 具有强大的报表展现功能，支持广泛的数据源，具有丰富图表功能，对指标设置明确和严格的定义，对报表的样式进行了统一。不仅能够生成分公司上报的报表和数据，还能够按上传时间要求自动生成、自动上报，并且能够设置报表查看权限，供相关人员在 Web 上浏览和分析使用。

（2）SAP Business Objects Web Intelligence 作为数据查询分析子应用系统，是基于 SAP Business Objects 特有的语义层技术，可以提供自助式数据查询，包括汇总型的统计数据，或者分项的客户名单、通话清单等细节数据。作为面向专业数据分析人员和技术人员的多维分析展现子系统，SAP Business Objects Web Intelligence 能够进行数据的多层、多维度钻取；能够按照多种图形方式展现数据报表，实现灵活、直观的分析；能够为 Excel、PPT、FPT 等格式的文档传输数据；能够方便地进行较复杂的多维数据随机性报表格式设计；对目标值（计划值）、历史值（或历史平均值）、实际运行值进行分析。

（3）OLAP Intelligence基于MOLAP Server，能够完全满足最终用户对OLAP操作的灵活性和易用性的要求，是一款专业的多维分析展现软件工具。

（4）作为面向企业管理层使用的KPI分析子系统，SAP Business Objects Dashboard Builder和Business Objects Performance Manager是企业绩效管理平台的重要组成部分。Business Objects Performance Manager可以帮助管理人员设定各项指标，并对指标进行跟踪监控，如预算指标。系统在后台能够自动根据预先设定的指标异常判定规则自动对指标进行监控，将监控到的异常情况以告警信息列表的方式展现出来。

SAP Business Objects Dashboard Builder可以帮助管理人员进行KPI指标跟踪和预测，进行预算监控，通过企业仪表盘、绩效管理等功能模块，以非常直观的速度计、红绿灯、自动告警、指标与目标的完成对比等方式来展现。

以上所有的子应用系统都通过商务智能平台SAP Business Objects Enterprise（BOE）统一集中管理，用户通过这个平台来获取数据，管理各种商务智能产品模块。BOE为Crystal Reports、Web Intelligence、OLAP Intelligence等产品提供了简单的统一的管理平台。

### 4. 实施亮点

项目实施范围大，包括上海、广东、浙江、福建和甘肃省。解决方案具备完整的平台架构，不仅能满足工程需要，还能满足项目发展的长远需要。

### 5. 实施效果

项目实施的效果明显，有效提高运营效率。整个项目是从2005年12月正式开始实施的，2006年6月第一期南方五省的工程基本实施完毕。SAP Business Objects商务智能带来的成果也非常明显，表现如下：

（1）用户可以在大量数据基础上进行科学的经营分析，把数据真正变成有价值的商业信息，作为管理层决策分析的事实依据。

（2）商务智能解决方案具有非常大的可用性，各种报告的及时性和直观性都大大加强，通过各种数据的比较和图表，以及对历史情况的比较，管理层可以很快发现运营中存在的问题，以及问题的根源，从而提出有效的解决办法，对提高网通运营效率带来直接的帮助。

## 案例8.2 交通银行信贷管理信息系统

（中计在线：http://cio.ciw.com.cn/finance/20060810113436.shtml）

### 1. 背景简介

中创软件推出的“银行信贷管理系统平台解决方案”，是基于中创软件自主创新的中间件技术，依托15年的金融应用开发背景，针对金融信贷管理领域的信息化应用现状及发展需求推出的。依据该方案，中创软件在交通银行成功实施了“交通银行信贷管理信息系统（简称CMIS）”。它是一个适合前台、中台、后台操作的信贷业务处理平台，是全行的信贷管理信息系统。该系统增强快速响应信贷流程变化的能力，提升了业务服务质量；实现了系统中大量信贷报表展现功能，可对复杂信贷业务数据报表进行灵活定制和展现；通过采用构件化开发方式，缩短了项目建设周期，降低了系统投资。

信贷管理涉及的业务流程，绝大多数都需要经过多级业务管理部门进行处理，流程复杂且跨度比较大。由于银行的金融信贷策略会受国家政策的调整、市场信息的变化，以及银行内部机制调整等因素影响，可能导致信贷审批过程的变化，这就要求交行信贷业务流程具有随需而变的能力，以及对交通银行的台账、风险管理、放款中心等业务系统产生的大量报表，具有快速、灵活展示的能力。

### 2. 总体技术框架

交通银行信贷管理信息系统的体系结构主要分为表示层、中间逻辑层、业务逻辑层和数据层。通过对体系结构的分析，可以看出交行信贷流程管理信息系统技术架构的主要支撑在于中间逻辑层，即业务流程服务引擎和中式报表服务引擎（见图8.4）。

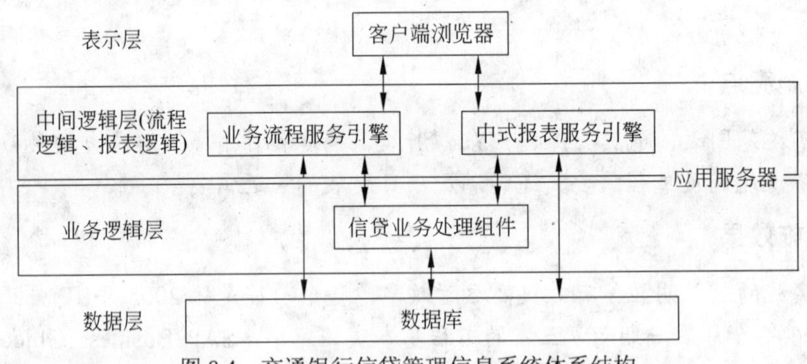


图8.4　交通银行信贷管理信息系统体系结构

1）业务流程服务引擎

交行信贷管理信息系统解决方案首先向业务流程提供从定义、部署、运行到交互、分析的全生命周期服务，其次，将人员和信息系统通过自动化的流程结合在一起，同时还能快速应对业务流程无论是资源配置还是控制结构上的变化，实现这些目标的核心是将流程逻辑从运行它们的应用中分离出来，管理流程参与者之间的关系，集成内部和外部的流程资源，并实时监控流程性能和运行状况。

2）中式报表服务引擎

报表服务引擎提供B/S环境下快速实现中西式复杂报表设计、部署、生成、展现、打印和管理的服务，真正做到了“中西合璧”，支持各种类型的复杂报表，支持“所见即所得”的图形化设计，支持报表开发的全过程零编程，支持证件和票据套打，适应多种平台及数据库环境，并可以与应用无缝集成，快速构建图文并茂的报表应用。

### 3. 功能模型

交通银行信贷管理信息系统业务功能主要包括客户信息系统、客户授信额度系统、放款中心系统、风险资产管理系统、信贷台账系统、上报人民银行系统、公共控制系统等功能。

（1）客户信息系统为集中管理交行客户资料的子系统，其任务是集中处理客户财务、非财务数据和集团客户关系信息，满足信贷业务对客户资料的需求，建立满足多种营销、管理、监督、分析需求的统一的公共客户信息平台。

（2）客户授信额度系统。客户授信额度系统是针对公司客户授信额度的维护、使用、恢复进行集中统一管理的子系统。

（3）放款中心系统。放款中心系统是连接交行信贷管理系统与核心账务系统的重要信息平台，放款中心进行最终信贷发放确认后，由账务系统根据送达的凭证调用有关电子流信息经会计确认后做入账处理，从而完成信贷发放的全程工作。

（4）风险资产管理系统。作为信贷管理系统 CMIS 的主要业务操作处理系统之一，风险资产管理子系统处理风险资产及其管理。

（5）信贷台账系统。信贷台账子系统是管理、维护、查询授信客户信息、授信业务信息的信息管理子系统。它可以为信贷业务用户和信贷管理用户提供稳定、全面、统一的数据和信息。

（6）上报人民银行系统。按照人民银行信贷登记咨询系统的要求，交通银行将每天发生的信贷业务变化情况，通过网络向当地人民银行数据库进行批量传输。

（7）公共控制系统。公共控制系统负责对系统的操作者、操作对象和操作权限进行管理、控制，并为其他业务应用系统提供基础支持功能。

### 4. 关键中间件技术

1）基于 InforFlow 的流程服务引擎

InforFlow 是中创软件参考国际工作流管理联盟（WfMC）规范实现的工作流中间件，为工作流自动化和构建流程应用提供基础平台。InforFlow 基于 J2EE 架构，实现了流程逻辑与业务逻辑的分离，能够可视化地进行业务流程的分析、定义和业务单元的组装，从而使应用开发人员更关注于业务逻辑的实现，降低了复杂流程应用的开发难度。

InforFlow 由工作流引擎、流程设计器和流程管理监控工具等部分组成。流程设计器拥有所见即所得的开发环境，提供基于 XML 的流程建模功能；工作流引擎完成对运行时流程的控制功能，应用系统可以通过工作流接口同工作流引擎进行交互；流程监控管理工具可以查询分析各类流程数据，用于管理决策，并可提供图形化的流程运行图。

通过 InforFlow 工作流中间件，将信贷业务的体系结构划分为表示逻辑、流程逻辑、业务逻辑、数据管理逻辑四种不同层次的基本逻辑。通过这样的分解，最大限度地降低系统内部的耦合性，提高系统适应变化的能力，并大大提高系统并行开发效率。

InforFlow 提供对业务流程逻辑的控制，当交行信贷业务过程发生变化时，只要调整相应的流程定义，就可以轻松实现业务过程的改变和重组。

2）基于 InforReport 的报表服务引擎

交通银行信贷管理信息系统使用 InforReport 实现对报表的快速开发。当用户有新的报表需求时，使用 InforReport 报表设计器快速实现报表，并通过信贷系统的报表管理模块实现报表的快速发布。

同时，利用 InforReport 引擎与展示控件所提供的丰富的数据分析能力，简化了生成报表时所需要的复杂的 SQL 语句，大大减轻了数据库服务器的压力；报表的分析与生成在独立运行的报表服务器上实现，将这种对资源占用比较大的功能与正常的应用服务分离开来，减轻了应用服务器的负担，提高了交行信贷系统所支持的最大并发量与数据吞吐量。

#### 5. 系统特点

1）灵活性与可适应性

InforFlow 为交行信贷审批过程的定义带来了高度的灵活性，大大提高了业务过程适应变化的能力。转移条件、任务分配条件的定义使得系统可以在不修改程序、不修改流程定义的前提下就可以实现对用户授权等功能。而对审批过程的变化则只需要修改流程定义，不需要修改程序就可以适应变化。

2）对业务过程进行图形化描述

InforFlow 提供的图形化流程建模工具使审批过程一目了然。交行信贷项目组采用所见即所得的 InforFlow Designer 作为流程设计工具，同时作为和客户进行有效沟通的重要途径。系统开发还采用 InforFlow 监控工具作为流程开发与测试的辅助工具，可以对正在运行中的流程实例以及在运行中产生的数据进行查询与控制，使管理人员能够掌握授信审批流程实例当前所处的状态和处理情况。

3）化繁为简，快速开发

交通银行信贷管理信息系统是建立以总行为中心，覆盖银行全国各信贷网点的数据集中管理平台。该系统采用 InforFlow 作为开发运行支撑平台，从设计、实现、测试到上线试运行，仅仅用了 5 个月的时间，这是一个令人兴奋的速度。

2004 年 7 月 12 日，交通银行信贷管理信息系统正式上线试运行成功。项目组开发人员也深有感触：项目组采用 InforFlow 和 InforReport，使复杂的业务需求变得简单了，降低了开发难度，缩短了开发周期，同时也提高了系统的灵活性和稳定性。

## 复习题

### 一、填空题

1. 信息管理由信息的采集、________、信息的存储、________、信息的维护和________几个方面组成。
2. 管理信息按层次分为________、________、________。
3. 管理信息系统的特征是：管理信息系统是一个________、________和________。
4. 从概念上看，管理信息系统由四大部件组成，即信息源、______、______和信息管理者。

5. 管理信息系统绝不只是一个技术系统，而是把人包括在内的人机系统，因而它是一个________系统。

6. 管理信息系统的物理结构一般有三种类型：________________、分布式和________________。

## 二、单项选择题

1. 决策的基础是（　　）。
   A. 管理者　　B. 客户
   C. 信息　　D. 规章制度

2. 信息流是物质流的（　　）。
   A. 定义　　B. 运动结果
   C. 表现和描述　　D. 假设

3. 日常事物处理信息适用于（　　）。
   A. 中层管理　　B. 高层管理
   C. 基层管理　　D. 目标管理

4. 管理的职能主要包括（　　）。
   A. 计划、控制、监督、协调　　B. 计划、组织、领导、控制
   C. 组织、领导、监督、控制　　D. 组织、领导、协调、控制

5. 对于经济管理方面的信息来说，传递速度越快、使用越及时，那么其（　　）。
   A. 等极性越低　　B. 时效性越强
   C. 价值性越高　　D. 越不完全

6. 管理信息是管理上一项极为重要的（　　）。
   A. 资源　　B. 前提
   C. 工具　　D. 基础

7. 管理信息是（　　）。
   A. 加工后反映和控制管理活动的数据　　B. 客观世界的实际记录
   C. 数据处理的基础　　D. 管理者的指令

8. 按照不同级别管理者对管理信息的需要，通常把管理信息分为以下三级（　　）。
   A. 公司级、工厂级、车间级　　B. 工厂级、车间级、工段级
   C. 厂级、处级、科级　　D. 战略级、战术级、作业级

9. 以下哪个不是基层管理人员决策时需要的信息特点？（　　）
   A. 准确程度高　　B. 具体详细
   C. 大量来自于外部　　D. 精度高

10. 下列信息中属于战术层的是（　　）。
    A. 成本核算　　B. 市场竞争信息
    C. 各种定期报告　　D. 国民经济形势

11. 制定战略决策要大量地依靠来自（　　）。
    A. 管理层的信息　　B. 外部的信息

C. 作业层的信息　　D. 内部的信息

12. 管理信息具有等级性，下面属于策略级的信息是（　　）。
A. 库存管理信息　　B. 产品投产
C. 工资单　　D. 每天统计的产量数据

13. 作业级管理信息大多具有（　　）。
A. 抽象性　　B. 总体性
C. 重复性　　D. 等级性

14. 不同管理层次的信息处理量差别很大，信息处理量最大的层次是（　　）。
A. 管理控制层　　B. 业务处理层
C. 战略计划层　　D. 决策层

15. 在管理信息系统的金字塔形结构中，处于最下层的是（　　）。
A. 财务子系统　　B. 业务处理系统
C. 决策支持系统　　D. 数据处理系统

16. 在企业环境中，底层、中层管理决策问题具有的特点是（　　）。
A. 结构化和非结构化　　B. 结构化和半结构化
C. 半结构化和非结构化　　D. 结构化、半结构化和非结构化

17. 管理信息系统科学是一门新型学科，它是属于（　　）。
A. 计算机学科　　B. 综合性、边缘性学科
C. 经济学科　　D. 工程学科

18. 信息系统发展阶段中，属于管理信息系统雏形的阶段是（　　）。
A. 决策支持系统　　B. 电子数据处理系统
C. 办公自动化系统　　D. 战略信息系统

19. 管理信息系统是一个（　　）。
A. 计算机系统　　B. 业务处理系统
C. 人机系统　　D. 人工系统

20. MIS、CAD系统和CAM系统结合在一起形成（　　）。
A. 计算机集成制造系统　　B. 决策支持系统
C. 业务处理系统　　D. 作业控制系统

21. 管理信息系统的重要标志是（　　）。
A. 数据高度集中统一　　B. 有预测和控制能力
C. 有一个中心数据库和网络系统　　D. 数据集中统一和功能完备

22. 管理信息系统的功能不包括下面的哪一项（　　）。
A. 信息处理　　B. 预测功能
C. 决策功能　　D. 计划功能

23. 管理信息系统的特点不包括（　　）。
A. 采用数据库　　B. 无需数学模型
C. 有预测和控制功能　　D. 面向决策

24. 某公司下面有几个工厂，其管理信息系统综合了从工厂一级到公司一级的所有财务

方面的数据分析，这种管理信息系统结构称为（　　）。

A. 横向综合结构　　B. 纵向综合结构

C. 横向综合结构　　D. 以上均不对

25. 管理信息系统的层次结构中，最高层是（　　）。

A. 事务处理　　B. 业务信息处理

C. 战术信息处理　　D. 战略信息处理

26. 计算机应用于管理的过程经历了 EDP、TPS、MIS、DSS 等几个阶段，其中强调各局部系统间的信息联系，以企业管理系统为背景，以基层业务系统为基础，以完成企业总体任务为目标，提供各级领导从事管理的信息的阶段是（　　）。

A. EDP 阶段　　B. TPS 阶段

C. MIS 阶段　　D. DSS 阶段

27. 以下不属于 MIS 基本功能的是（　　）。

A. 监测企业运行情况，实时掌握企业运行动态

B. 对企业的关键部门或关键生产环节进行重点监控

C. 利用专家知识和经验帮助企业制定决策

D. 预测企业未来，及时调整企业经营方向

28. 按照软件系统的生命周期规律，给管理信息系统的开发定义一个过程，对其每一阶段规定它的任务、工作流程、管理目标及要编制的文档资料等，使开发工作易于管理和控制，形成一个可操作的规范，这样的开发方法称为（　　）。

A. 生命周期法　　B. 原形法

C. 面向对象法　　D. 智能法

29. 一种从基本需求入手，快速构建系统原型，通过原型确认需求以及对原型进行改进，最终达到建立系统的目标的方法称为（　　）。

A. 生命周期法　　B. 原形法

C. 面向对象法　　D. 智能法

30. 开发信息系统的过程自始至终围绕着信息系统问题领域的对象模型进行：对问题领域进行自然的分解，确定需要使用的对象和类，建立适当的类层次等级以及对象之间传递消息实现的联系，从而按照人们习惯的思维方式建立起问题领域的模型，实现对客观世界的模拟。这样的方法称为（　　）。

A. 生命周期法　　B. 原形法

C. 面向对象法　　D. 智能法

31. 系统开发过程中最重要、最关键的环节是（　　）。

A. 系统分析　　B. 系统设计

C. 系统实现　　D. A 和 B

## 三、多项选择题

1. 在管理信息系统的可行性研究中，经济的可行性研究内容一般包括（　　）。

A. 效益最优性　　B. 管理合理性

C. 资金许可性　　D. 经济合理性

E. 资源分配合理性

2. 管理信息系统的开发方式一般包括（　　）。

A. 自行开发　　B. 委托开发

C. 联合开发　　D. 购买现成的软件包

E. 直接开发

3. 目前常使用的系统设计方法包括（　　）。

A. 结构化设计方法　　B. 面向对象设计方法

C. 规范画图法　　D. 原型设计方法

E. 系统整体法

4. 计算机网络拓扑结构的类型一般包括（　　）。

A. 星状　　B. 环状

C. 树状　　D. 网状

E. 总线状

5. 系统设计的内容包括（　　）。

A. 硬件设计　　B. 总体设计

C. 系统编程　　D. 详细设计

E. U/C 矩阵表设计

6. 可行性研究的内容一般包括（　　）。

A. 技术的可行性研究　　B. 管理的可行性研究

C. 经济的可行性研究　　D. 社会的可行性研究

E. 开发的可行性研究

## 四、简答题

1. 何谓信息管理？它的具体内容是什么？
2. 何谓管理信息？它所具备的基本特征是什么？
3. 如何理解管理信息的层次结构？
4. 什么是管理信息系统？
5. 管理信息系统的基本结构是什么？
6. 管理信息系统有哪些特点？
7. 简要说明管理信息系统的主要功能。
8. 如何理解管理信息系统功能的金字塔式层次结构？
9. 如何理解管理信息系统的职能结构？
10. 管理信息系统的开发原则是什么？有几种开发方式与开发策略？
11. 管理信息系统的开发方法有哪些？如何选择适合的开发方法？

# 第 9 章

# 决策支持系统

## 9.1 决策支持系统的概念

### 9.1.1 决策的概念

决策是人们为了实现特定的目标，运用科学的理论和方法，系统地分析主客观条件，在掌握大量有关信息的基础上，提出解决问题的若干备选方案并从中选择最佳方案的过程。例如，在企业的经营活动中发生的生产调度问题、新产品定价问题、投资组合选择问题、仓库和工厂地址选择问题以及企业并购问题等。通常地，决策活动的三要素包括决策对象、决策环境和决策者。需要指出，现代决策的科学化要求决策的程序必须严密，每个决策过程都需要经过确定目标、情报收集、方案设计、最优方案选择、方案执行和追踪检查几个阶段。

### 9.1.2 决策的类型

从不同的角度对决策问题进行划分，会有不同的分类结果。下面分别就管理人员所处的层次、决策问题的结构化程度、决策条件的确定性和决策的主体不同对决策的类型进行讨论。

（1）如果按照决策的层次类型或者决策的作用划分，决策可以分为战略决策、战术决策和业务决策。

战略决策是企业的高层管理人员所进行的、针对时刻变化着的外部环境的一种具有全局性、长期性与战略性的管理行为。

管理决策是企业的中层管理人员所进行的、合理配置人力、资金、物资等资源的一种决策管理行为。管理决策具有局部性、中期性及战术性的特点。

业务决策是建立在一定的企业运行机制基础上，它是有关日常业务的决策，具有琐碎性、短期性与日常性的特点。

（2）如果按照决策问题的结构化程度划分，依据问题的结构化程度的不同，可以将决策划分为结构化决策、半结构化决策和非结构化决策三种类型。

结构化决策是指问题的本质和结构十分明确且经常地、重复地发生，解决问题的步骤已知，而且可以按照规律遵循的、固定的决策规则、程序化的方法进行。通常地，结构化决策问题可以用明确的语言说明和描述。

半结构化决策是指其决策过程和决策方法有一定规律可以遵循，但是，又不能完全确定，即有所了解但不全面，有所分析但不确切，有所估计但不确定。

非结构化决策是指那些决策过程复杂，其决策过程和决策方法没有固定的规律可以遵循，没有固定的决策规则和通用的模型可以依赖，决策者的主观行为对各阶段的决策效果有相当影响的决策问题。例如，工厂的厂址选择决策属于非结构化问题。通常地，非结构化决策问题不能用明确的语言说明和描述。

（3）如果按决策问题所处条件的确定性的不同划分，可以将决策划分为确定型决策、不确定型决策以及风险型决策。

确定型决策亦称标准决策或结构化决策，是指决策过程的结果完全由决策者所采取的行动而决定的一类问题，它可采用最优化、动态规划等方法解决。

不确定型决策又称非标准型决策或非结构化决策，是指决策者在无法确定未来各种自然状态发生的概率的情况下进行的决策。不确定型决策的主要方法有等可能性法、保守法、冒险法、乐观系数法和最小最大后悔值法。

风险型决策是指选中的方案在执行后会出现几种可能的结果，这些结果出现的概率是明确的，但要冒一定风险。

（4）如果根据决策的主体不同，可以将决策划分为个人决策与群体决策。

图 9.1 给出了按照管理人员所在的层次等级和问题的结构化程度两个维度对决策问题划分的示意图（Anthony，Scott 1971）。

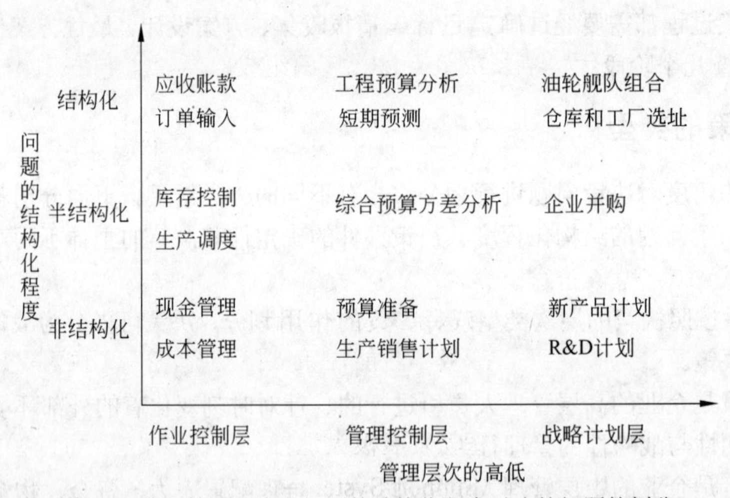


图 9.1 按照管理层次和问题的结构化程度对决策问题的划分

需要指出，企业管理人员的决策行为贯穿于管理过程的始终。管理人员所做的决策正确与否直接影响到企业的生存与发展。但是，当今企业所面临的外部环境是瞬息万变的，竞争的压力迫使企业的管理人员迅速地做出高质量的决策以应对危机、谋求发展。作为一种新兴的信息技术，决策支持系统能够为企业提供各种决策信息和决策问题的解决方案，从而减轻管理人员从事低层次信息处理和分析工作的负担，释放他们的精力来专注于最需要决策智慧和经验的工作，提高了解决问题的决策的效率和质量。

## 9.1.3 决策支持系统的定义

决策支持系统（DSS）是一种以计算机为工具，应用决策科学及有关学科的理论与方法，以人机交互方式辅助决策者解决半结构化和非结构化决策问题的信息系统。可以认为，决策支持系统是管理信息系统的最高层次，它为决策者提供分析问题、建立模型、模拟决策过程和方案选择的环境，调用各种信息资源和分析工具，帮助决策者提高决策水平和质量。决策支持系统运用知识库、模型库和数据库等技术，在人机交互过程中帮助管理人员探索可能的方案，提供管理人员所需的信息（高洪深 2005；李东 2005）。

决策支持系统的应用范围已逐步扩展到大、中、小型企业实际运营过程中的各项业务，例如，研究与开发、生产与销售、预算分析、预算与计划等方面，同时，决策支持系统已开始应用于军事决策、工程决策、区域开发等方面。

### 9.1.4 决策支持系统的产生与发展

国内外的专家学者们对决策支持系统的产生与发展进行了归纳和总结。

决策支持系统产生于 20 世纪 70 年代，是计算机与信息技术支持决策研究与应用的新成果，其典型的应用有生产计划决策、产品定价、企业短期计划和证券投资组合决策等。20 世纪 70 年代被称为决策支持系统发展的初级阶段，又称为决策支持系统的两库系统（即数据库和模型库）阶段，此时期的决策支持系统大都由数据库、模型库以及人机交互系统等三部件组成。

到了 20 世纪 80 年代初期，决策支持系统的组成部分增加了知识库与方法库，构成了三库系统或四库系统，其中，知识库系统是有关规则、因果关系及经验等知识的获取、解释、表示、推理及管理与维护的系统。知识库系统中知识的获取是一大难题，但是，几乎与决策支持系统同时发展起来的专家系统在此方面有所进展。方法库系统是以程序方式管理和维护各种决策常用的方法和算法的系统。

到了 20 世纪 80 年代后期，人工神经网络和机器学习等新技术兴起为知识的学习与获取开辟了新的途径。专家系统与决策支持系统相结合，充分利用专家系统定性分析与决策支持系统定量分析的优点，形成了智能决策支持系统，提高了决策支持系统支持非结构化决策问题的解决能力。

近年来，计算机网络技术的蓬勃发展极大地推动了决策支持系统的发展，出现了群体决策支持系统（Group Decision Support Systems，GDSS）。决策支持系统与计算机网络技术结合使得参与决策的人员（例如，与供应商的合作、与贸易伙伴的合作以及企业内部各异地部门之间的合作）跨越时空的限制异地共同参与进行决策。在群体决策支持系统的基础上，为了支持范围更广的群体共同参与大规模的复杂决策，人们又将分布式的数据库、模型库与知识库等决策资源有机地集成，构建了分布式决策支持系统（Distributed Decision Support Systems，DDSS）。

伴随着决策支持系统研究与应用范围的不断扩大与层次的不断提高，国外相继出现了多种高功能的通用和专用的决策支持系统软件，例如，SIMPLAN、IFPS、GPLAN、EXPRESS、EIS、EMPIRE、GADS、VISICALC、GODDESS 等。

## 9.2 决策支持系统的构成

综上所述，决策支持系统的体系结构经历了两库系统、三库系统等阶段。同时，包含了人机交互界面和具有推理、解释等功能的知识库系统也是决策支持系统必不可少的组成部分。如图 9.2 所示，决策支持系统的基本结构包括数据库、模型库、方法库和人机交互界面四部分。下面分别介绍决策支持系统的几个基本组成部分。

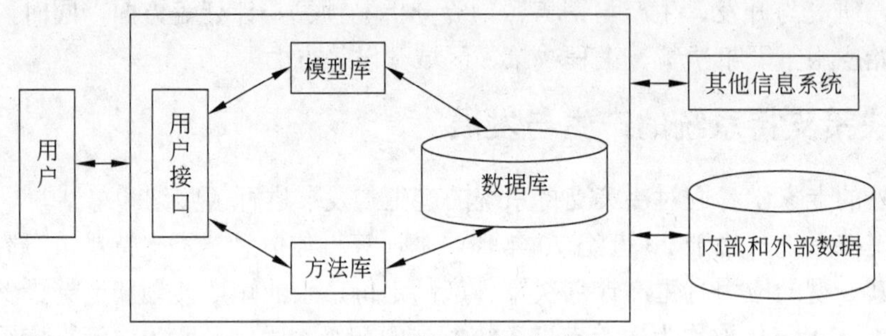


图 9.2 决策支持系统的结构

### 9.2.1 数据库

决策支持系统的数据库负责存储、管理、提供与维护用于决策支持的数据，它是支撑模型库及方法库的基础。具体地，决策支持系统的数据库包括数据库、数据析取模块、数据字典、数据库管理系统及数据查询模块等部件。

（1）数据库。决策支持系统的数据库中存放的数据大部分来源于管理信息系统等信息系统的数据库，而后者被称为源数据库。源数据库与决策支持系统的数据库之间的区别在于用途的不同与层次的不同。同时，决策支持系统的数据库是其模型库、方法库和人机对话系统的基础。

（2）数据析取模块。数据析取模块负责从源数据库提取能用于决策支持的数据。在析取的过程中需要对源数据进行选择、浓缩与转换等数据加工。

（3）数据字典。数据字典用于描述与维护各数据项的属性、来龙去脉及相互关系。

（4）数据库管理系统。其目的是用于管理、提供与维护数据库中的数据，也是与决策支持系统内部其他子系统的接口。

（5）数据查询模块。数据查询模块用来解释来自人机对话及模型库等的数据请求，通过查阅数据字典确定如何满足这些请求，并详细阐述向数据库管理系统的数据请求，最后将结果返回对话子系统或直接用于模型的构建与计算。

### 9.2.2 模型库

模型库是构建和管理模型的计算机软件系统，它是存储在决策支持系统中的各种模型模块的集合。由许多计算机程序模块组成，它是决策支持系统中最复杂与最难实现的部分。有的学者认为，决策支持系统是由模型驱动的，其原因是用户依靠模型库中的模型进行决策。就模型库本身而言，它是由模型库和模型库管理系统两部分组成的，其中，模型库用于存储决策模型，而模型库管理系统负责模型的利用与维护。

常见的决策模型有应用于预测的产量预测模型和消费预测模型等，应用于综合平衡计划的生产计划模型和投入产出模型等，应用于结构优化的能源结构优化模型和工业结构优化模型等，应用于经济控制的财政税收、信贷、物价、工资、汇率等方面的综合控制模型。模型在模型库中的存储方式有子程序方式、仿真语言方式、数据方式、方程或公式方式等。模型及模型模块的详细说明是在模型字典里给出的。

模型库管理系统负责对模型的建立、运行和维护进行集中的控制，具体地包括定义决策问题、建立概念模型、选择恰当的模型或构造模型，执行模型的运行，联结数据库并与其交互来实现模型所需的数据的输入输出和中间结果自动存取，与方法库联结，实现目标搜索、灵敏度分析和仿真的自动运行。模型的维护包括模型的联结、修改与增删等功能。需要指出，模型库管理系统的功能是用户通过人机对话控制与操作的。

### 9.2.3 方法库

决策支持系统的方法库负责描述、存储、管理、调用及维护那些要用到的通用算法、标准函数等各种数值和非数值方法，它是由方法库与方法库管理系统组成。其中，方法库是存储方法模块的工具，而方法库管理系统负责对方法库的控制。方法库中的方法一般用程序方式存储。表 9.1 列举了常见的几类方法，例如，统计方法、预测方法、规划方法等。

**表 9.1 方法库中常见的方法**

| 类　别 | 方　法 |
| --- | --- |
| 规划方法 | 线性规划 |
| | 整数规划 |
| | 动态规划 |
| | 最短路径算法 |
| 统计方法 | 回归分析法 |
| | 方差分析法 |
| | 因子分析法 |
| | 相关分析 |
| | 判别分析 |
| | 聚类分析 |
| 预测方法 | 移动平均法 |
| | 指数平滑法 |
| | 时间序列法 |
| 基本数学方法 | 初等函数 |
| | 插值计算法 |
| | 拟合法 |

## 9.2.4 知识库

知识库使基于知识的决策支持系统具有智能性，即智能决策支持系统。知识库用以存放各种规则、因果关系、专家的知识、经验等定性的、不能用数据或模型描述的内容。知识库也包含了事实内容，并且在推理的过程中，根据规则推出新的事实或者结论。知识库、知识库管理系统和推理机的应用使得决策支持系统能够运用人类的知识和经验形成的规则，通过逻辑推理来帮助解决复杂的决策问题。

## 9.2.5 人机交互界面

决策支持系统的人机交互界面用以接收和检验用户的请求，调用系统内部功能软件为决策服务，使模型运行、数据调用和知识推理达到有机的统一，有效地解决决策问题。作为用户和决策支持系统的接口，人机交互界面负责在操作者、模型库、数据库和方法库之间传送命令和数据。需要指出，使用决策支持系统的管理人员并不一定了解其内部的结构与原理，因此，人机交互界面的友好程度对管理人员的有效使用至关重要。同时，决策支持系统的维护工作也通过人机交互界面进行，因此，作为系统的窗口，人机交互界面标志着决策支持系统的实用水准。其具体的功能体现在使用和维护的过程方面。

### 1. 人机交互界面在系统使用方面的作用

通过人机交互界面，用户可以输入数据，查询、选择系统能够提供的模型及方法。人机交互界面可以检验用户的输入，并给出提示与帮助。允许用户运行模型以取得计算结果或分析结果。允许用户对数据或模型进行修正，进行灵敏度分析。回答“如果… 则…”条件式的提问。允许用户选择系统输出数据或结论的展示方式，例如，图形、表格等。

### 2. 人机交互界面在系统维护方面的作用

人机交互界面系统的维护人员可以监控系统的运行状况，发现问题并改进系统。例如，修改模型，建立新模型，修改数据库，比较系统的输出与预期结果以便检测系统的准确性。

注意到，经过上述几个组成部分的有机协作，决策支持系统从数据库提取数据，从方法库选择算法，进而将数据和算法结合起来进行计算，将输出结果、结论以直观清晰的方式展示在用户面前，例如，图形或表格。

需要指出，随着互联网的迅速发展与普及，网络环境下的决策支持系统展现出新的结构形式，其中，决策支持系统的决策资源，如数据资源、模型资源、知识资源，作为共享资源，以服务器的形式在网络上提供并发共享服务，为决策支持系统开辟一条新路。网络环境的决策支持系统是决策支持系统的发展方向。

同时，知识经济时代的管理方式，即知识管理（Knowledge Management，KM）与新一代 Internet 技术，例如，网格计算，都与决策支持系统的发展密切相关。众所周知，决策支持系统是利用共享的决策资源（数据、模型、知识）辅助解决各类决策问题的有力工具，而知识管理系统强调知识共享，网格计算强调资源共享，因此，基于数据仓库的新决策支持系统将发挥知识管理的技术应用。在网络环境下的综合决策支持系统将建立在网格计算的基础上，充分利用网格上的共享决策资源，达到随需应变的决策支持。

## 9.3 决策支持系统的功能

### 9.3.1 基本功能

决策支持系统的基本功能体现在信息服务、模型的维护、模型与方法的运用等方面。

（1）决策支持系统的信息服务功能。决策支持系统能够提供与决策问题有关的企业内部诸如订单的具体要求、库存的状况、生产能力与财务报表等方面的信息，有关市场行情、政策法规、竞争者动态与科技进步等企业外部信息，以及决策方案执行情况的反馈信息等。

（2）决策支持系统的模型维护功能。决策支持系统能够存储和管理与决策问题有关的各种数学模型、数学方法和算法，例如，执行建立、修改和添加等操作。

（3）决策支持系统能够灵活地运用模型与方法对数据进行加工、汇总、分析、预测等操作，并提供友好的信息输出方式。

### 9.3.2 决策支持系统在管理职能部门中的应用

针对不同的管理职能部门，决策支持系统的应用具有不同的特点。

#### 1. 营销决策支持系统

企业在销售的管理活动中会遇到许多不确定的问题，例如，市场需求、产品价格、广告费用等，而这些问题的决策是半结构化或非结构化的。在竞争激烈的市场环境中，决策支持系统可以为销售管理人员提供预测销售量及其变化规律、抉择最优营销策略的科学手段。

销售预测是管理人员进行销售决策的前期工作，销售预测常采用的方法和模型有线性回归分析、移动平均法、指数平滑法等。通过人机会话系统，管理人员可以选择预测模型，例如，线性回归分析，采用数据库中存储的销售数据（例如，从管理信息系统中取得）运行模型，得到模型的参数，并按实际数据进行验算，以确定所运用模型的有效性。同时，对模型进行“如果…则…”式的灵敏度分析。最后可以运用所得模型进行预测未来的销售量。

关于营销策略（例如，户外广告、专业杂志、报刊或电视）的最优抉择，可以采用约束线性规划模型来确定广告费的分配，以期达到最大的广告效果。

#### 2. 会计决策支持系统

会计决策支持系统可以充分利用会计信息系统提供的各种数据信息，采用各种经济模型，对未来财务状况进行预测，辅助高级决策者进行决策。会计决策支持系统主要解决半结构化和非结构化决策问题，例如，投资风险评估、信用风险评估、商业贷款组合计划等。其数据库存储的会计数据来自会计管理信息系统，其模型库存放诸如预测、筹资等管理模型，其方法库存放常用的计算方法有成本计算方法、量本利分析方法等，其知识库存放日常会计核算知识，包括有关定义、规则等。

3. 生产管理决策支持系统

企业在生产过程中存在诸多常见的半结构化和非结构化决策问题，例如，生产计划与作业调度，库存的最优控制等。通过建立和使用生产管理决策支持系统，把生产过程中遇到的决策问题有效解决，提高企业生产管理的科学决策水平和经济效益，增强企业把握市场机会能力。

生产管理决策支持系统中的数据库存储并管理着企业生产经营决策过程中的有关数据信息，例如，设备生产能力、人员生产能力和可供使用的资金量等。模型库存放和管理与生产决策问题有关的模型，例如，产品盈亏分析模型、用于生产计划与作业调度的线性和非线性规划模型、库存的最优控制模型等。

4. 人力资源决策支持系统

人力资源决策支持系统可以为企业的人力资源管理提供科学的决策支持，提高工作效率，改善工作质量。例如，在企业进行人力规划时，针对企业业务发展的需要，按照人力未来的需求发展做出的时期规划，人力资源决策支持系统可以辅助给出人力需求预测、人力运用计划、员工测评、人员招聘计划、人员培训计划。就员工个人的福利计划而言，人力资源决策支持系统能够辅助给出满足员工个人偏好的退休计划、医疗计划或保险计划。

## 9.4 决策支持系统与管理信息系统

### 9.4.1 决策支持系统的特点

决策支持系统是支持半结构化和非结构化问题解决过程的计算机辅助决策系统，具有以下特点：

（1）就服务的对象和解决的问题而言，决策支持系统帮助中、高层管理人员解决半结构化和非结构化的决策问题。

（2）决策支持系统只是作为一种辅助工具帮助管理人员做出科学的决策，提高管理人员解决复杂问题的能力，提高决策效果。需要指出，决策支持系统主要用于辅助和支持管理人员进行决策，而不是代替管理人员进行判断。

（3）决策支持系统是一个人机交互式系统，通过友好的人机交互界面为管理人员提供辅助功能，适合于非计算机专业人员以交互会话的方式使用。同时，通过人机交互界面可以更新数据库、建立新的模型、修改模型和方法库，保证系统的灵活性和适应性。

（4）决策支持系统可以是模型或数据驱动的。模型驱动的决策支持系统能够通过建立模型反映问题的客观规律，通过求解模型找到问题的解决方法。数据驱动的决策支持系统能够分析企业内外系统的大量数据，并从中析取隐藏的有用的信息，以管理人员能够接受的形式展示出来。

### 9.4.2 决策支持系统与管理信息系统的区别和联系

1. 区别

决策支持系统与管理信息系统的区别在于以下几个方面：

（1）在一个企业或组织的内部，决策支持系统和管理信息系统可以并存，但不是互相取代，它们所要解决的问题不同，管理信息系统主要用于解决结构化的决策问题，而决策支持系统着重解决半结构化或非结构化的决策问题。

（2）在应用管理信息系统进行决策支持时，往往只使用各种数学模型。但是，在应用决策支持系统进行决策支持时，不仅要使用各种数学模型，而且还要使用各种知识模型，并且特别强调把数学模型和知识模型有效地结合起来使用。

（3）管理信息系统的应用范围要比决策支持系统广泛。一个管理信息系统往往帮助管理人员解决多个决策问题，而一个决策支持系统往往只是针对一个特定的、半结构化或非结构化的决策问题开发的。因此，如果把管理信息系统看成是在一个面上辅助决策的话，那么决策支持系统可以看成是在一个点上支持决策。

（4）管理信息系统的出现要早于决策支持系统，而决策支持系统的出现处于管理信息系统尚不成熟的阶段，同时，管理信息系统形成的起因要明显地比决策支持系统宽阔。

（5）管理人员在系统中的作用方式不同。虽然两种系统都是人机系统，强调人在系统中的重要作用，且都具有决策支持或辅助功能，但是，关于人的作用方式有所区别。决策支持系统突出地强调人机交互作用，并体现了人的定性分析与机器的定量计算相结合的特色。管理信息系统更多地侧重于结构化决策问题的解决。

2. 联系

（1）决策支持系统和管理信息系统提供信息和决策支持都需要大量的输入信息。这些输入信息主要来自于事务处理系统、管理信息系统的信息和企业外部环境的信息。同时，需要指出，管理信息系统为决策支持系统提供信息来源，也是决策支持系统的基础部分。

（2）虽然决策支持系统与管理信息系统的起点不同，但是它们的目标一致。决策支持系统的目标是管理信息系统本来就要追求的目标之一，只是这个目标的具体实现是在决策支持系统的名义之下而已。从发展的观点看，如果把管理信息系统看成是一个总的概念，可以将决策支持系统视为管理信息系统的高级阶段或高层分系统。但是，为了有利于进行深入的专门研究，为了满足组织管理决策现代化与科学化的迫切需要，针对性地做决策支持系统的专门开发与应用也是可行的。

## 9.5 决策支持系统的分类

随着计算机网络技术的发展，信息的多样化和决策问题的复杂化，传统的决策支持系统在辅助管理人员进行决策支持的应用过程中渐渐地面临着挑战。因而，在决策支持系统的基础上引入计算机网络与通信技术，群体决策支持系统能够借助专家群体的智慧，跨越时间和空间的限制，合理有效地解决复杂的半结构化或非结构化的决策问题，扩大系统的应用领域。需要指出，分布式决策支持系统和智能决策支持系统的产生与应用是信息技术发展的必然结果。

## 9.5.1 群体决策支持系统

群体决策支持系统是在决策支持系统的基础上，利用计算机网络为通信平台，支持由多个决策者为了一个共同的目标共同参与的一个团队，在一个共享的界面下相互协作进行思想和信息的交流，寻找半结构化或非结构化问题的满意和可行的解决方案的全部过程的交互式的信息系统。群体决策支持系统集中了计算机技术、网络技术、群决策科学、人工智能等多学科的相关知识为一体的辅助决策系统。

群体决策支持系统是决策支持系统与计算机网络结合的产物，其具体的使用过程是：一个参与解决问题的专家群体，针对半结构化或非结构化的决策问题，根据已掌握的信息以及他们的智慧和经验，提出解决问题的方案，通过一定的议程对提出的解决方案进行评价，从中选择最优方案。

群体决策系统包括硬件、软件、参与人员以及决策程序来支持团队的协作，让团队可以在一个共享的界面下共同工作，其中，硬件部分包括安装了分时系统的计算机或网络主机、决策者与服务器交互的终端、网络。软件部分包括共享数据库、模型库、方法库、知识库、规程库、通信库、群决策应用处理软件等。

群体决策系统具体的支持方式有四种，即决策室、局域网决策、虚拟会议和远程决策。在决策室支持方式下，一个房间安装了公共大屏幕、服务器、决策者与服务器交互的终端与网络，相应的支持群决策的软件工具允许决策者交互参与群决策过程，在同一个时间和地点完成群决策任务；在局域网决策支持方式下，决策者分布在局域网的各节点上，在计算机协同工作的环境下支持决策者之间的群体会议或协同工作，决策者不必面对面地进行交互。局域网成为决策者之间以及决策者与服务器之间交互的工具；在虚拟会议支持方式下，分布在不同地点的决策者在同一时间参与问题的讨论与解决；在远程决策的支持方式下，决策者分布在广域网上，在计算机协同工作的环境下，相应的软件支持群决策所需的视频会议或虚拟会议室的功能以及远程通信功能。上述四种群体决策系统支持方式的划分如图 9.3 所示。

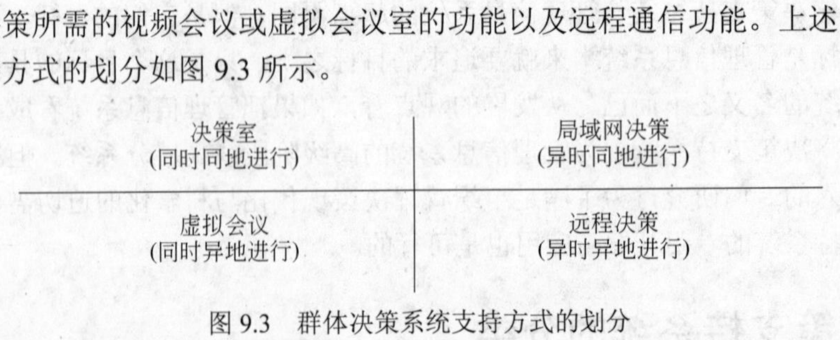

| 决策室<br>(同时同地进行) | 局域网决策<br>(异时同地进行) |
|---|---|
| 虚拟会议<br>(同时异地进行) | 远程决策<br>(异时异地进行) |

图 9.3 群体决策系统支持方式的划分

群体决策系统在提高决策的效率、可信度和质量的同时，体现出以下的特点：

（1）群体决策系统能够激发决策者抒发才智、集思广益，使问题的解决方案尽善尽美。

（2）支持决策者之间便捷地相互交流信息与共享信息，减少决策的片面性。

（3）支持决策者参与决策不受时间与空间的限制。

### 9.5.2 分布式决策支持系统

随着计算机网络等信息技术的飞速发展，企业面临的竞争环境在不断地变化的同时，企业自身的组织与结构也在发生变化，企业需要解决的决策问题更加复杂，参与决策的管理人员不但分布于不同的地点，相应的决策过程必需的信息决策资源或者某些重要的决策因素分散在较大的活动范围的不同物理地点。这种情况下决策支持系统需要一个总的管理模块负责分布式决策管理，同时，系统允许各物理地点的决策独立自治并且支持它们之间的通信，协调与解决其间的冲突、共享各种操作工具等。这种利用分布的处理技术来支持分部在不同地点决策活动的决策支持系统被称为分布式决策支持系统。

分布式决策支持系统（Distributed Decision Support System，DDSS）是由多个物理分离的信息处理点构成的计算机网络，网络的每个节点至少含有一个决策支持系统或具有若干辅助决策的功能（陈晓红 2000）。有的学者认为分布式决策支持系统是支持企业中各决策网络节点的决策、通信、协调与合作的决策支持系统。具体地，分布式决策支持系统应该具有以下的功能：

（1）问题描述、问题分解与子问题合理分配。对于出现的群体决策问题，提供相应的语言描述该问题的属性、功能成分以及资源需求，同时能够将问题分解、描述各子问题的关系，并根据各个物理节点决策支持系统的功能，将分解的子问题进行合理的分配。

（2）为各物理节点间提供交流机制和手段，支持各物理节点决策支持系统之间的交互、通信、相互协作和协调，消除冲突，保证决策过程的一致性。

（3）提供各种操作工具，支持问题的建模和数据处理、支持知识的管理与推理、支持数据的分析与计算。

（4）具有良好的资源共享功能的同时，支持各物理节点决策支持系统的自治。

### 9.5.3 智能决策支持系统

智能决策支持系统（Intelligent Decision Support Systems，IDSS）是在传统的决策支持系统基础上结合人工智能技术而形成的。传统的决策支持系统在一定程度上成功地解决了部分半结构化和非结构化决策问题，但是，面对新的复杂环境，决策问题的复杂程度和难度日渐加大，有些决策问题没有固定的规律和解决方法，甚至难以建立精确的数学模型，只能借助于人工智能（Artificial Intelligent，AI）的有关技术，例如，机器学习、知识表示、自然语言处理、模式识别、神经网络等来解决。因此，智能决策支持系统是具有友好的人机交互界面，具有丰富的知识表达和自然语言处理，具备强大的数据信息处理能力和学习能力以及更加符合人类智能的科学推理能力的决策支持系统（李东 2005）。

智能决策支持系统的结构以知识库及其管理系统为核心，侧重于知识的表达、处理和自学习能力，其基于知识的结构由语言子系统、知识库子系统和问题处理子系统组成，其中，语言子系统负责传递信息，知识库子系统负责存储领域知识，问题处理子系统负责接收语言系统描述的问题，然后利用统一的知识推理机制进行模型的智能化选择，提供问题的解决方案。智能决策支持系统以知识的表达形式去描述问题，将决策问题表述为一个问题的状态空间形式，将问题的求解转换成状态空间的搜索，结合专家的知识与经验求解问题的满意答案。

智能决策支持系统在问题处理、人机交互、模型的组合与生成、知识的获取等方面都采用了人工智能技术，非常有利于非结构化决策问题的求解。随着计算机和人工智能技术的发展，智能决策支持系统的研究重心也由专家型系统逐步转移到系统的模型部分、人机界面、知识处理单元和分布式智能决策支持等方面的研究。而分布式的智能决策支持系统结合知识理论与分布式人工智能技术，例如，多 Agent 智能代理技术，通过自学习机制模拟人类抽象思维去完成决策任务的不同步骤，从而做出科学的决策。

## 9.6 小结

本章首先讨论了决策的概念，明确了决策过程的几个阶段，即确定目标、情报收集、方案设计、最优方案选择、方案执行和追踪检查。同时，从不同的角度对决策的分类进行了讨论。按照管理人员所处的层次考察，决策可以分为高层管理人员所进行的具有全局性与长期性的战略决策、中层管理人员进行资源合理配置的战术决策和基层管理人员进行的业务决策。按照决策问题的结构化程度考察，决策可以分为结构化决策（明确的本质和结构，重复地发生，解决的方法有固定的、程序化的规则遵循）、半结构化决策（其解决过程和方法有一定规律可以遵循，但又不能完全确定）和非结构化决策（其解决过程和方法没有固定的规律、规则和通用模型可以遵循）。按照决策问题所处条件的确定性不同划分，决策可分为确定型决策、不确定型决策以及风险型决策。按照决策的主体不同，决策可分为个人决策与群体决策。

其次，本章给出了决策支持系统的定义，即一种以计算机为工具，应用决策科学及有关学科的理论与方法，以人机交互方式辅助决策者解决半结构化和非结构化决策问题的信息系统。同时，讨论了决策支持系统的构成，数据库、模型库、方法库和人机交互界面。需要指出，决策支持系统的数据库负责存储、管理、提供与维护用于决策支持的数据等操作，它包括数据库、数据析取模块、数据字典、数据库管理系统及数据查询模块等部件，它又是支撑模型库及方法库的基础。决策支持系统的模型库是构建和管理模型的计算机软件系统，是存储在决策支持系统中的各种模型模块的集合。

值得指出，常见的辅助管理人员进行决策的模型有应用于消费预测的模型，应用于综合平衡计划的生产计划模型和投入产出模型，应用于结构优化的能源结构优化模型和工业结构优化模型，应用于经济控制的财政税收、信贷、物价、工资、汇率等方面的综合控制模型。

决策支持系统的方法库负责描述、存储、管理、调用及维护那些要用到的通用算法、标准函数等各种数值和非数值方法，它是由用于存储方法模块的方法库与负责对方法库控制的方法库管理系统组成。决策支持系统中常见的方法有统计方法、预测方法、规划方法等。

决策支持系统的知识库使基于知识的决策支持系统具有智能性，而人机交互界面负责接收和检验用户的请求，调用系统内部功能软件为决策服务，使模型运行、数据调用和知识推理达到有机的统一。

然后，本章讨论了决策支持系统的基本功能及其在管理职能部门中的应用。决策支持系统的基本功能体现在信息服务、模型的维护、模型与方法的运用等方面，例如，有关订单、库存、生产能力等方面的企业信息与有关市场行情、政策法规、竞争者动态与科技进步等的企业外部信息。决策支持系统的模型维护功能负责存储和管理与决策问题有关的各种数学模型、数学方法和算法。决策支持系统的基本功能还体现在灵活地运用模型与方法对数据进行加工、汇总、分析、预测等操作，并提供友好的信息输出方式；决策支持系统在各管理职能部门中有相应的应用，即营销决策支持系统、会计决策支持系统、生产管理决策支持系统、人力资源决策支持系统等。

再次，本章从以下几个方面讨论了决策支持系统的特点，即辅助各级管理人员解决半结构化和非结构化的决策问题，具有友好的人机交互界面，由模型或数据驱动。同时也讨论了决策支持系统与管理信息系统的区别和联系。

最后，本章讨论了决策支持系统的分类，即群体决策支持系统、分布式决策支持系统和智能决策支持系统。

## 案例 9.1　大型水电企业电力营销决策支持系统功能规划

（刘继春等 2007）

### 1. 背景简介

我国区域电力市场的建立，使各大发电企业都面临巨大的机遇与挑战，随着市场化的不断深入，发电企业将拥有充分的自主权和选择权，有权选择在何时参与何种市场的竞争。选择权的运用，将牵涉到企业的经营战略、财务管理、营销分析、生产管理等诸多与企业经营密切相关的问题。为适应全面参与区域电力市场竞争以及转型期（从单一发电公司管理模式转型到发电集团及梯级水电站群的管理模式）内电力营销的需要，大型水电企业有必要建立一套以信息技术为基础、以市场为导向、充分整合企业内部资源的营销决策支持系统。

本案例提出的电力营销决策支持系统规划，是在围绕公司经营战略与目标的基础上，综合应用预测理论、优化决策、风险控制和经济分析等现代企业营销管理理论和方法，提供了营销计划制定、营销合同管理、辅助报价、考核结算、区域电力市场分析、竞争情报分析、成本分析、销售分析、风险分析、营销知识管理等应用功能，为电力营销工作提供可靠的信息技术支持。这些应用功能不仅立足于现阶段市场规则的需求，同时还兼顾了在未来市场环境下能有较强的适应能力。该系统可供借鉴和参考的范例很少，本规划是基于水电企业自身情况，充分依靠业内专家对电力营销决策支持系统的理论和实践进行了探索。规划的创新点主要有：

（1）应用先进的营销理论和管理方法，采用“协同商务，精确营销，数据平台”构建电力营销系统的层次结构关系、流程时序关系和数据流关系。

（2）基于电力市场各种交易类型、电网运行调度、市场参与者行为及自身约束条件，对发电企业电力营销系统面临的各类交易市场、竞争环境、经济分析、风险控制、决策支持等进行理论探索，构建发电企业全过程营销的科学理念。

（3）充分利用 IT 的先进技术和开发工具，重构水电企业能量流（水流、电流）、数据流（营销流程）及资金流（电力市场）之间的关系，为营销分析及决策提供清晰的数据源。

## 2. 系统功能规划

依托计算机平台而构建的电力营销决策支持系统的业务功能可细分为系统支持层、业务层、决策层等三个子层，如图 9.4 所示。

图 9.4　电力营销决策支持系统业务功能层次结构

（1）系统支持层。包括所有保证系统正常、可靠运行的支撑性功能模块，有接口模块、数据服务模块、应用服务模块和系统管理模块。

- 接口模块。对外接口完成与交易中心、电网、集团公司（或投资方）进行信息沟通的功能，对内接口完成与公司内部财务系统、生产系统和 OA 信息交流的功能。
- 数据服务模块。完成数据采集、转换、校验、整理、申报等功能，也为其他子系统提供数据供应服务，但并不呈现数据。
- 应用服务模块。完成运行于后台的诸如自动预测、系统日志、任务提醒等功能。
- 系统管理模块。完成用户角色及机构管理、业务流程定制、界面及其他配置管理、构件管理、系统监控、安全性管理、算法库管理等功能。

（2）业务层。负责对系统支持层获取的信息按照标准化、规范化、科学化的管理原则进行快捷、准确的处理，并协助业务人员处理日常工作中的烦琐劳动。包括成本分析、预测分析、年度发电计划、中长期合约、日前竞价、实时竞价、辅助服务、直供电管理、合同管理、考核结算管理、营销数据中心、报表系统等模块。

- 成本分析。对成本构成的各个环节进行有效控制，分析成本的组成结构，了解成本构成的瓶颈，掌握成本的变化趋势，以实施有针对性的措施，制定合理的生产经营策略与价格策略。

- 预测分析。完成负荷预测、边际电价预测、水情预测等功能。
- 年度发电计划。制定年度发电计划、年度收入预测与营销策略。首先进行电量的时间分配，算法包括市场环境下的水库长期经济调度。其次进行电量在各区域电力市场中的空间分配，以区域电网近年的月平均发电出力曲线、月最大负荷曲线为基础，对电量销售问题进行研究。
- 中长期合约。根据交易中心发布的信息和自身的竞价策略，并根据“年度发电计划”中所预期的分区、分时发电计划，形成中长期合约的优化售电方案。
- 日前竞价。帮助报价人员进行日前市场边际电价趋势分析、边际电价预测，提供多种辅助报价方案，并进行方案的利润、成本、市场份额等分析，以及方案的历史评估，完成报价方案的审批流程和申报功能。
- 实时竞价。利用该模块决定是否愿意参与实时市场，如果愿意，则通过该模块可以提前数小时申报出力的可用上/下调范围及相应的价格，参与上调及下调市场。
- 辅助服务。考虑初期辅助服务补偿机制下的成本分析及收益比较，同时考虑在引入竞争机制后形成基于成本和市场约束的投标方案，并实现与主能量市场联合优化的竞价方案。
- 直供电管理。直供电作为电量消纳的有效途径及其特殊性，有必要对其单独进行管理，直供电管理功能模块将处理大用户直供电的合同、计划、电量分配、电价和其他信息并进行分析。
- 合同管理。完成与电力市场运行相关的各类合同的信息管理，能辅助编制合同文本，追踪各类合同的执行、分解、结转情况。
- 考核结算管理。考核系统通过对机组出力和调度计划执行偏差的分析，考核各机组的发电偏差行为，计算违约费用，考核结果作为结算的依据之一。而结算系统是对电力市场中所涉及的各种合同进行经济结算。
- 营销数据中心。营销数据中心提供包括基本信息、市场信息、生产信息等的查询分析，也为其他模块提供基础数据支持。
- 报表系统。是集方便、先进、实用等优点于一身的查询打印系统，针对各类报表实现定制输出、自定义设计、管理等功能。

（3）决策层。主要目标是为制定营销策略、市场策划与开发、客户分析、行业政策及趋势、效益评估、公共关系与企业形象设计等管理行为与管理决策提供科学的依据。包括异动跟踪对策系统、竞争情报及分析系统、营销关系管理、营销知识库、电力营销经济评估系统、异议及监管分析系统等模块。

- 异动跟踪对策系统。电力市场的异动可以通过对各类市场中参与者行为的相互比较和市场要素的分析做出判断。此外，也可建立一套完整有效的指标体系，用于评价市场状况与效率、识别不合理的报价行为及违规现象，为监视市场异动提供有力的支持。
- 竞争情报及分析系统。通过收集本公司、市场、竞争对手三方面的情报，并进行分析，得到公司在未来电力市场中的竞争力大小。

- 营销关系管理。包括营销关系单位信息、营销关系人员信息、营销事件管理等功能。
- 营销知识库。为使公司更充分地利用和更有效地传播电力营销知识，根据现代知识管理理论建立电力营销知识库。
- 电力营销经济评估系统。包括指标完成情况、投入产出分析、动态经济指标分析、电价综合分析、启停损耗统计分析等功能。
- 异议及监管分析系统。如果对交易中心的考核与结算结果有异议，可通过该系统进行分析，并提交仲裁。

### 3. 系统流程

以目前市场为例，基于边际电价预测法的电力营销决策支持系统流程如图 9.5 所示，过程如下：

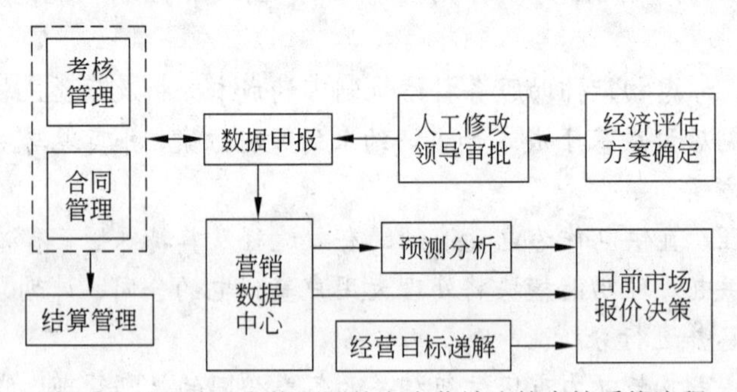


图 9.5　基于边际电价预测的电力营销决策支持系统流程

（1）数据准备。数据准备是为保证系统边际电价预测、短期径流预测、报价决策计算等功能运行所采取的一系列数据准备，包括公司数据和市场数据。前者包括历史竞价数据、历史水情数据、历史发电数据、机组状态数据等；后者包括全网负荷预测信息、全网边际电价信息和机组检修信息等。数据准备通过数据服务模块自动或手工完成，在进入下一流程之前，均要进行数据完整性检查，直至计算模型所需的所有数据准备完成。

（2）水情预测。该模块提供多种预测手段和方法，并对直接影响发电能力的枯平期流域径流量自动选用算法准确度高的预测结果作为竞价计算模型的参数。

（3）市场分析与预测。高于系统边际电价的报价将不被市场接受，因此，对其准确了解具有重要的意义。发电公司首先必须熟悉次日所处的市场环境，在此基础上明确影响次日电价的主要因素，如系统负荷预测结果、历史边际电价、线路检修计划、网络阻塞情况、市场动向、公司历史报价数据等信息，采用神经网络等方法预测次日系统边际电价。

（4）报价决策。考虑与电力市场运行有关的各类合同，如长期电量合同、月度竞价电量结果、辅助服务等的电量约束（公司中长期“经营目标递解”结果）前提下，进行水电公司报价—最优电量的优化计算，即输入边际电价和来水情况参数后，利用短期优化调度程序，形成最优的报价与出力曲线。报价决策包含如下功能：

- 日内 96 点优化调度计算。根据预测的系统边际电价和来水，采用动态规划、遗传算法等寻优，计算出日内 96 点电价—最优出力曲线。

- 报价策略决策。预测利润，评估风险，给出不同报价策略下的出力—报价曲线。

（5）经济分析评估。经济分析评估功能对不同策略下的报价进行收益预评估，给出各方案的收益报表，为报价人员提供报价决策时的参考依据。

（6）报价方案的校核、确定。根据对若干报价方案的风险与经济分析评估结果，确定最终的报价方案。

（7）人工修正。有经验的报价员，一般具有独特、良好的分析手段。将其经验直接作为报价依据，也是一种合适的选择。此时，报价员可将上述结果作为基础，进行局部修正，得到一个新的报价方案，经过人工修正的方案需进行约束校核。

（8）领导审批。经过报价员确认或修正后的报价方案，需通过领导的审批。

（9）方案的申报。在每天规定时间内，公司报价申报员登录调度交易中心系统进行数据申报。

（10）交易完成后，对网上发布的有关公司的电价结算信息进行记录、校核、分析。在每天交易中心端电量交易结束之后，系统将公布成交结果。发电企业需分析成交结果，如边际电价、成交电量等，为下一日报价提供参考。

### 4. 数据流

电力营销决策支持系统的数据流如图 9.6 所示，其中的数字分别表示的数据如下：

（1）交易前：市场需求预测、网络阻塞信息等。交易后：各个机组的成交电量与市场清算电价。

（2）机组的发电计划数据，机组的检修计划数据，机组的实际出力数据。

（3）财务计划数据。

（4）全年发电量与期望电价数据，分月发电量数据。

（5）各机组的固定成本与变动成本数据。

（6）各机组的检修计划数据。

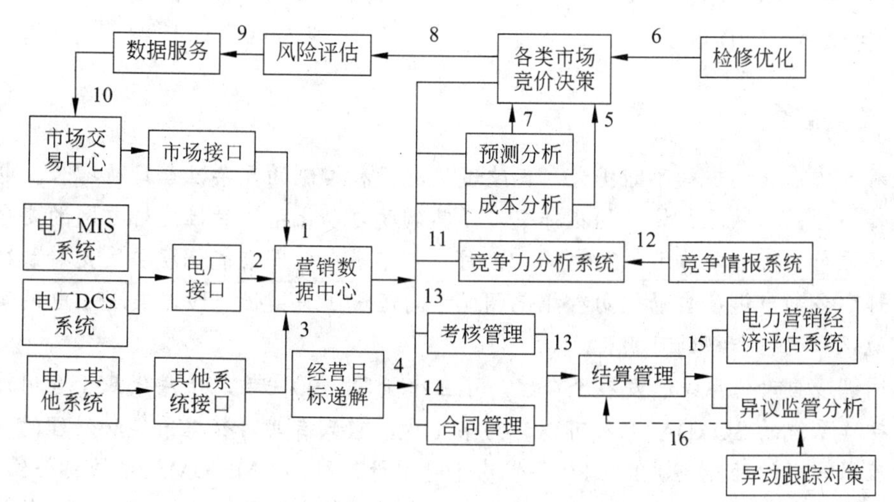


图 9.6　电力营销决策支持系统的数据流

（7）水情预测、电价预测结果数据。

（8）初始报价方案。

（9）考虑风险因素后的若干备选报价方案。

（10）最终报价方案。

（11）竞争对手的竞争力指标、市场仿真结果等。

（12）网络数据、机组数据、市场数据。

（13）最终报价方案、最终交易结果数据、实际出力数据。

（14）最终交易结果数据、实际出力数据。

（15）实际出力数据。

（16）异议指标数据。

### 5. 实施效果

该电力营销决策支持系统规划是为配合我国西部6×550MW装机容量的二滩水电企业应对华中区域电力市场竞争及雅砻江流域梯级开发而开展的工作，初步展示了水电企业柔性营销管理系统的核心内容:

（1）在深刻理解电力市场交易理论和过程的基础上，建立符合水电企业实情的竞价模式及其理论;

（2）采用计算机网络和信息化技术构造先进、实用的电力营销系统;

（3）建立规范的发电企业营销管理流程，并培养水电企业自己的营销和电力市场专家。

该系统充分考虑了发电企业适应电力市场当前及未来各种交易类型以及流域梯级开发和集团化发展的需要，是一个符合市场发展规律、公司发展战略及营销规律的实用化系统。

## 案例 9.2 鄂尔多斯电网智能调度决策支持系统

（康权等 2008）

### 1. 背景简介

随着电力系统的规模不断扩大，其改造、运行和控制的复杂性也日益增长。电力调度中心作为地区电网运行管理的指挥中心，其调度自动化系统的性能对电网的安全、优质、经济运行具有重要作用。2006 年 12 月，鄂尔多斯电网智能调度决策支持系统投入运行，鄂尔多斯市调度自动化向智能化调度方向迈进了关键性一步，实现了电网实时分析的智能化和运行监视的可视化。

电网调度自动化系统的发展至今经历了三个阶段。20 世纪 70 年代基于专用计算机和专用操作系统的 SCADA 系统可以称为第 1 代，它只有实时数据采集和处理的功能，不具备应用分析的功能。20 世纪 80 年代基于通用计算机的 EMS/DMS 系统称为第 2 代，系统能实现较完整的 SCADA 功能，而且有一定的应用分析能力。20 世纪 90 年代基于

RISC/UNIX 的开放分布式 EMS 系统称为第 3 代，它采用了大型的关系型数据库和先进的图形用户界面技术，同时高级应用分析软件越来越丰富，厂站采集上来的数据也更加可靠和精确。

现今的电网调度自动化系统大多处在第 3 代的水平，虽然在功能上有了较大的改进并得到了广泛应用，但只停留在分布式独立在线计算阶段，还需要被动调用进行计算分析，然后进行综合决策，这使调度员对电网工况改变的响应滞后。电网智能调度决策支持系统采用智能化运行框架结构，目标是为电网调度人员提供智能化的经济运行、安全防御和灾变处理辅助决策，提高电网安全运行水平。

本案例介绍鄂尔多斯电网智能调度决策支持系统的框架结构以及各模块的功能，并结合智能决策支持系统的决策过程讨论其优越性。

### 2. 电网智能调度决策支持系统的框架结构

决策支持系统是一种动态交互式计算机系统，用于支持半结构化和非结构化决策，允许决策者直接干预并能接受决策者的直观判断和经验。近 30 年来，随着决策理论、管理科学、信息技术、人工智能、计算机和通信技术的发展，决策支持系统在概念、结构与应用三个方面均有很大的发展。电网智能调度决策支持系统把人工智能和决策支持系统相结合，应用电力专家系统技术，使决策支持系统能够更充分地应用人类的知识，通过逻辑推理来帮助调度员解决复杂的决策问题。

电网智能调度决策支持系统主要由数据、模型、知识库、职能模块和人机交互四部分组成，如图 9.7 所示。数据部分是一个数据库系统，模型部分包括模型库及其管理系统，知识库部分由知识库管理系统和知识推理机组成，而职能模块是以 EMS 为基础的各种应用。人机交互部分用以接受和检验用户的请求，调用系统应用软件为决策服务，使模型运行、数据调用和知识推理达到有机的统一。

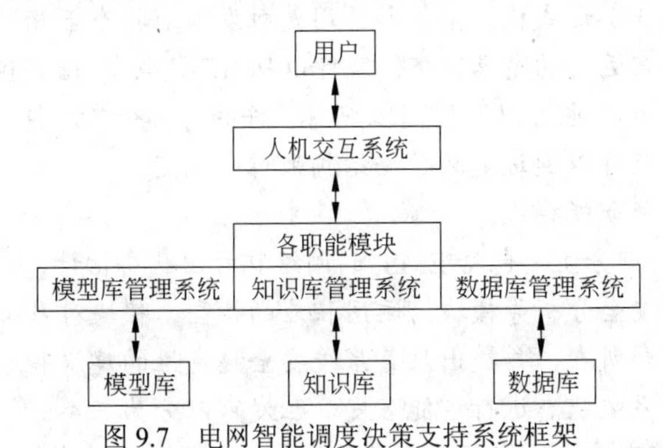


图 9.7 电网智能调度决策支持系统框架

### 3. 电网智能调度决策支持系统的设计与实现

1）系统功能

电网智能调度决策支持系统的软件模块组成见图 9.8，下面简要介绍各模块的功能。

（1）数据库和模型库。系统的高级应用部分需要读取大量数据，对数据库的访问频率很高，并且对数据的存取速度要求较高，所以必须采用直接从内存存取数据的实时数

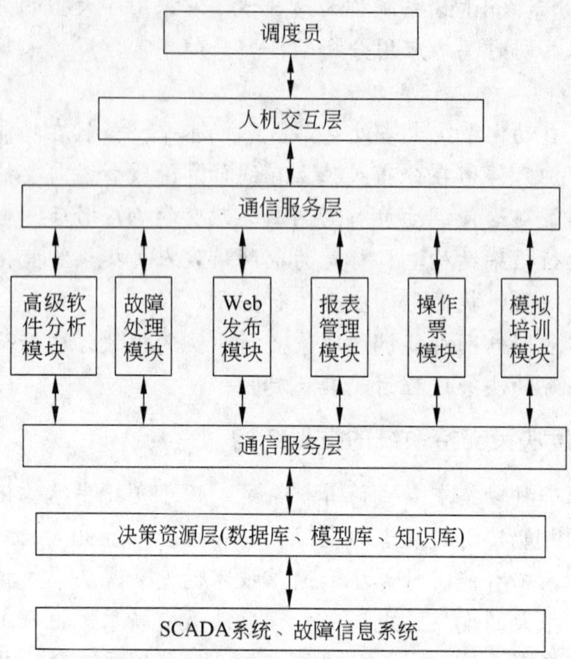


图 9.8 电网智能调度决策支持系统功能模块组成

据库。另外，使用大型商用数据库 Oracle 来存取系统的历史数据。模型库方面根据系统的实际情况选择各组成元件的表示模型。

（2）知识库。根据电力系统的特点可将知识库描述为状态和事件的集合体。电力系统的状态一般可分为正常、警戒、紧急、极端和恢复五类，可以通过对 SCADA 采集的实时信息进行相关的计算分析来确定当前系统处于哪个状态，然后将状态通过一定的表示方式（如用数字标识）形式化。事件的作用是触发当前状态下相应的职能模块，以消除或减少威胁系统正常运行的隐患。事件既可以从 SCADA 数据直接抽象出来（如频率的波动、功率的失衡等），也可以通过高级应用软件的计算分析后再抽象出来（如电压越限）。对事件的形式化可以通过定义数据结构来唯一确定。

（3）系统的各智能职能模块。

① 高软分析。本部分主要包括 EMS 的网络拓扑、状态估计、调度员潮流、负荷预测、无功优化和静态安全分析等模块。运用相应的模型、模块对系统进行评估，给出评估报告，告知系统薄弱所在，并提出改善系统安全稳定性的建议和决策供调度员参考。高软分析模块能根据系统状态进行智能触发，触发可以分为三类：

- 实时触发，即不停地给出评估，限于计算机的性能，这种方式用得不多；
- 由事件触发（比如开关变位），这时就有必要运行其中的某些模块（如拓扑分析、状态估计、潮流计算）；
- 定时自动触发，每隔一定的时间段对系统做一次评估。

在本系统中可选择多种自动运行的模式，比如单独的自动潮流计算，潮流跟静态安全分析组合的自动计算，以及潮流、静态安全分析、无功优化组合在一起的自动运行。

调度员可以根据实际情况选择其中的一种并设置每次启动的时间间隔。当调度员要进行手工操作时，正在运行的自动运行模块应该停止工作，让手工操作先执行。

② 故障处理。该模块接收从 SCADA 传上来的一个时间窗内的遥信信息，根据一定的约束条件（比如信息属于同一个厂站并且保护时间先于变位时间等）对信息进行粗辨识。假如这组遥信信息通过了粗辨识，就会启动故障诊断程序，如果诊断结果是故障，模块会相继启动故障恢复程序以及故障操作票程序分别给出恢复路径和故障操作票。一个故障可能在短时间内波及整个电网，所以在本调度智能系统中故障诊断程序启动的权限是最高的，目的是尽可能在最短的时间内做出故障诊断并提出恢复策略，使电网尽快恢复至正常状态。

③ Web 发布。本模块负责将内网的数据发布至外网。考虑到一般 Web 发布的对象是企业的管理者，他们不可能实时监控系统的运行，所以根据发生事件对系统的影响程度自动控制打开客户端的浏览器，并通过声音报警等方式提醒有紧急情况发生，这样可以大大提高从调度员到领导以及各部门对突发事件的响应速度和协调能力。

④ 报表管理。报表处理的对象是电力系统运行状况的记录或统计分析，是电力企业日常管理的重要资料和依据。报表管理系统提供了报表定时打印、定时发布等人性化、智能化的操作。

⑤ 操作票。此模块提供了点图开票、自动开票、短语开票和手动开票四种方式供调度员选择，其中，前三种可免去手工输入的麻烦，并避免了因手工输入疏忽而导致的开票错误。另外，为了防止误开加入了五防等操作规则，并通过图形闪烁等动画效果最大限度地防止误开操作。

⑥ 模拟培训。系统提供了实时态和研究态两种数据断面，其中研究态可提供模拟培训功能，使操作员在模拟条件下体验和实践决策支持系统的功能和运作。

（4）人机交互接口。本模块提供人性化的图形用户界面，尤其是将某些危及系统安全的信息（越限、电压合格率低等）以变色闪烁和声音报警等方式来提醒调度员。还提供了可视化操作、各应用模块调用、系统界面维护等功能。

2）系统的决策过程及特点

电网调度智能决策支持系统的决策过程是一个人机合作的过程，主要包括以下内容：

（1）决策资源层接收来自系统的信息（SCADA 和故障信息系统的数据）。

（2）各职能模块根据自身能力、获取的信息与知识库的契合程度来决定是否启动。

（3）当发现各运行模块与其他运行着的模块有冲突时，可根据相关的协调机制（比如运行优先级）对相关模块进行调控。

（4）各职能模块运行后可给出详细的决策报告，调度人员根据决策报告并根据自己的经验最后确定最佳的决策方案。

## 4. 结论

鄂尔多斯电网智能调度决策支持系统具有以下特点：

（1）较强的模块化特性增强了系统的可维护性和扩展性。

（2）可视化程度较高。首先在潮流图上用箭头动画和饼图分别标识了系统的潮流走向和线路的负载程度，这为调度员直观了解系统当前的运行状况提供了方便。其次系统还提供电压棒图、电压等位图等帮调度员了解系统实时的电压水平。另外，系统还应用了负荷曲线、遥测量曲线以及开关变位后遥信闪烁等可视化技术。

（3）系统具有较强的智能性。首先本系统能根据当前系统所处的状态和接收到的事件自动触发高软模块，对系统做出评估和决策。其次通过各模块间的通信能自动协调系统各部分的运行，把有限的资源让给高优先级的应用。系统的智能性还表现在应用了声音报警等多媒体交互方式。

该系统已经在鄂尔多斯地区投入运行，取得了较好的效果。考虑到电力系统的重要性和信息传输的正确率，该系统还没做到闭环运行，今后随着设备、信息传输及各种条件的成熟可以实现进一步的智能化。

## 复习题

### 一、填空题

1. 决策活动的三要素包括________、________和________。
2. 每个决策都需要经过五个阶段：________、________、________、________和________。
3. ________与定性相结合的决策发展是当代决策活动发展的必然趋势。
4. 根据决策的主体不同，决策可分为两种基本类型，一类是________，即决策者个人对特定的问题做决定，一类是________。
5. 根据决策者在组织中的地位，将决策活动分为________、________以及业务决策三种类型。
6. 根据决策问题所处条件不同的确定性划分，可以将决策划分为________、________和________三种类型。
7. 依据问题的结构化程度不同，可将决策划分为三种类型：________、________和________。
8. 管理信息系统主要解决________的决策问题，而决策支持系统则是以支持________和________问题为目的。
9. DSS 发展的历史经历了________、________、决策支持系统三个过程。
10. 决策支持系统（DSS）是 MIS 的最高层次，它运用三库即________、________和________等新技术，在人机交互过程中决策者探索可能的方案，生成管理者所需的信息。
11. DSS 应当是一个交互式的、灵活的、适应性强的基于________的信息系统，能够为解决________管理问题提供支持，以改善决策的质量。
12. GDSS 主要在三方面支持群体活动，即________、________和信息工具使用。

13. DSS 自己并不制定决策，其真正目的在于____________________________。

## 二、单项选择题

1. 下列决策问题中，属于非结构化问题的是（　　）。
   A. 奖金分配　　B. 选择销售对象
   C. 厂址选择　　D. 作业计划
2. 下列哪一项不能体现信息系统对企业管理的支持（　　）。
   A. 计划职能　　B. 组织职能
   C. 决策职能　　D. 控制职能
3. 能够应用解析方法、运筹学方法等求解最优解的决策问题是（　　）。
   A. 非结构化决策问题　　B. 半结构化决策问题
   C. 结构化问题　　D. 以上三种决策问题均可
4. 用于支持领导层决策的信息系统是（　　）。
   A. 专家系统　　B. 经理信息系统
   C. 战略信息系统　　D. 电子数据交换
5. 决策支持系统的缩写是（　　）。
   A. MIS　　B. ESS
   C. OAS　　D. DSS
6. 信息技术的应用是促成组织结构扁平化，使企业（　　）。
   A. 决策失误减少　　B. 信息失真
   C. 信息沟通复杂　　D. 信息结构简单
7. 支持决策的核心技术是（　　）。
   A. 数据通信与计算机网络
   B. 高级语言、文件管理
   C. 数据库技术、人机对话
   D. 人机对话、模型管理、人工智能应用
8. 按决策层次分类，将管理信息分为战略信息、战术信息和（　　）三类。
   A. 作业信息　　B. 生产信息
   C. 业务信息　　D. 决策信息
9. 在企业环境中，高、中层管理决策问题具有的特点是（　　）。
   A. 结构化和非结构化　　B. 结构化和半结构化
   C. 半结构化和非结构化　　D. 结构化、半结构化和非结构化
10. 对决策支持系统的正确描述之一是（　　）。
    A. 能代替人进行决策的一类信息系统
    B. 主要支持半结构化和非结构化的决策问题
    C. 系统内有数据库和模型库，且采用数据驱动
    D. 只能支持高层领导决策

11. 决策支持系统是（　　）。
    A. 帮助管理决策者做出决策的辅助手段
    B. 实现决策自动化的系统
    C. 解决结构化决策问题的系统
    D. 解决非结构化决策问题的系统
12. 在决策支持系统中，为决策者提供支持决策的数据和信息的部件是（　　）。
    A. 对话子系统　　B. 数据库子系统
    C. 模型子系统　　D. 方法库子系统
13. 组成群体决策支持系统的是硬件、软件、通信网络和（　　）。
    A. 数据库管理员　　B. 系统分析员
    C. 系统操作员　　D. 部门领导者
14. 智能决策支持系统在结构上比决策支持系统增加了（　　）。
    A. 知识库和方法库　　B. 模型库和知识库
    C. 知识库和推理机　　D. 数据库和推理机

## 三、简答题

1. 何谓决策？决策过程具体包含哪些阶段？
2. 举例说明决策有哪些类型？它们所具备的特征是什么？
3. 何谓决策支持系统？
4. 决策支持系统有哪些部分组成的？
5. 决策支持系统的模型库有哪些常见的模型？
6. 决策支持系统有哪些基本功能？
7. 决策支持系统在各管理职能部门中是如何应用的？
8. 决策支持系统有哪些特点？
9. 决策支持系统与管理信息系统有哪些区别？哪些联系？
10. 如何理解群体决策支持系统？
11. 何谓分布式决策支持系统？
12. 何谓智能决策支持系统？

# 第 10 章

# 企业资源规划

## 10.1 ERP 的发展历程

### 10.1.1 MRP 的概念

订货点法是企业早期采用的库存管理方法。其具体内涵是：针对库存中的一个物料制定其库存的最低标准，当库存数量低于这一标准时，就需要下达订单去采购或生产这一物料。需要指出，对于稳定消耗的物料，订货点法是有效的，然而，对于非稳定消耗的物料，订货点法就不适合了。针对订货点法的不足，20 世纪 60 年代，美国的经济学家提出了分层式产品结构以及物料的独立需求和相关需求的概念，来制定物料的需求计划。按需求的来源不同，企业内部的物料可分为独立需求和相关需求两种类型，其中，独立需求是指需求量和需求时间由企业外部的需求来决定（例如，客户订购的产品、科研试制需要的样品、售后维修需要的备件等），而相关需求是根据物料之间的结构组成关系由独立需求派生出的需求，例如，半成品、零部件、原材料等的需求。

MRP 为 Material Requirements Planning 的英文缩写，其中文含义是物料需求计划，它是一种企业管理软件，目的是实现对企业的库存和生产过程的有效管理。作为一种以计算机为基础的生产计划与控制系统，MRP 根据总生产进度计划中规定的最终产品的交货日期，编制所有构成最终产品的装配件、部件、零件的生产进度计划、对外采购计划、对内生产计划，并根据所确定的生产计划，通过科学的计算确定各种物料的需求量和需求时间，从而达到降低库存量、节约成本的目的。MRP 的服务对象仅为物料计划人员或存货管理人员，它涵盖的范围仅限于物料管理的业务范围。

MRP 起源于美国，由美国生产与库存管理协会倡导而发展起来，其原理是在产品结构与制造工艺的基础上，按照反工艺顺序的原则，根据产品完工日期和各物料的加工提前期来确定物料的投入产出数量与日期，具体的过程示意图如图 10.1 所示。需要指出，各物料的净需求等于毛需求减去现有库存与预定接收量的总和，并据此与前置时间推算出订单的发出时间以及数量。实际上，MRP 的运行方式有两种：一是重新生成方式。重新生成方式是每隔一定时期，从主生产计划开始，重新计算物料需求。重新生成方式适合于计划比较稳定、需求变化不大的面向库存生产情况。二是净改变方式。净改变方式是当需求方式变化时，只对发生变化的数据进行处理，计算那些受影响的零件的需求变化部分。净改变方式可以随时处理，或者每天结束后进行一次处理。

如图 10.1 所示，MRP 系统的输入信息包括主生产计划（产品计划）、产品结构（需要什么）、库存状态三个方面：

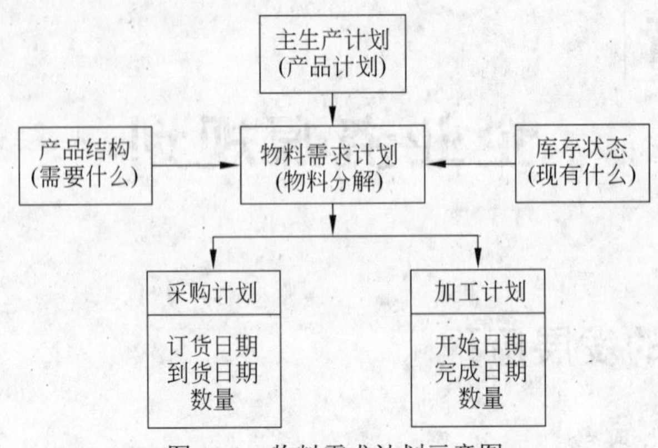


图 10.1 物料需求计划示意图

（1）主生产计划或产品计划是根据销售需求和预测来确定的，是产品系列的具体化，它确定了每一具体的最终产品在每一具体时间段内生产数量，它详细规定了生产什么、什么时段应该产出，其中，最终产品是指由企业最终完成的、要出厂的完成品，并且要具体到产品的品种、型号，而具体的时间段通常是以周为单位，在有些情况下，也可以是日、旬、月为单位。主生产计划是展开物料需求计划的主要依据，起到了从综合计划向具体计划过渡的承上启下作用。

（2）产品结构文件（又叫物料清单）。在 MRP 系统中，根据产品计划，将企业生产过程中可能使用到的原材料、零部件、半成品、产品等看作物料，并通过将物料按照结构和需求关系分解为物料清单，然后根据物料清单计算各种物料的最迟需求时间和半成品的最迟生产时间。

（3）库存状态包括存货数量（静态的数据）和在库但已发出订货的数量（在途量）。库存信息是保存企业所有产品、零部件、在制品、原材料等存在状态的数据库。在 MRP 系统中，将产品、零部件、在制品、原材料甚至工装工具等统称为物料。为便于计算机识别，必须对物料进行编码。物料编码是 MRP 系统识别物料的唯一标识。这里，存货数量，即现有的库存量是指在企业仓库中实际存放的物料的可用库存数量，而计划收到量，或在途量，是指根据正在执行中的采购订单或生产订单，在未来某个时段物料将要入库或将要完成的数量。需要指出，已分配量不计入库存，因为它虽然尚保存在仓库中，但是已被分配掉的物料数量。

经过对输入信息的核算，可以得出 MRP 系统的输出信息或展开数据，例如，零部件生产计划、零部件采购计划、订单的变动通知、工艺装备的需求计划和库存状态数据等。

## 10.1.2 MRP-Ⅱ的概念

### 10.1.2.1 MRPⅡ的产生

MRPⅡ（制造资源计划），是在 MRP 的基础上，把企业生产经营活动中的生产、供应、销售、财务等各环节进行合理有效地计划、组织、控制和协调，实现资源有效利用以及最大化的、生产管理思想和方法统一的人-机应用系统。MRPⅡ从企业整体最优的角度出发，运用科学的管理方法，结合企业的高层管理与中层管理，在进行物料需求的有效管理同时实行有效的成本管理，以实现企业的经营效益的最大化。MRPⅡ的应用范围涵盖了企业的整个生产经营体系，例如，经营目标、销售策划、财务策划、生产策划、物料需求计划、采购管理、现场管理、运输管理、绩效评价等各个方面。

值得指出，MRPⅡ把 MRP 与生产活动中的其他主要环节，例如，销售、供应、财务、成本、工程技术等集成为一个系统，使其成为管理整个企业的一种综合性的制订计划的工具，在有效地利用各种制造资源的同时，控制资金占用，降低成本，缩短生产周期，来实现企业整体经营效益的最大化。实践证明，MRPⅡ在 20 世纪 80 年代应用时帮助生产企业取得了明显的效果，实现了降低库存占用资金、提高资金周转次数、提高劳动生产率、降低和采购费用成本，最终实现了提升利润的根本目的，而且把管理人员从复杂的事务中解脱出来，提高了他们的管理水平上。

可以认为，MRPⅡ是以 MRP 为基础，涵盖企业生产活动的所有领域，并有效利用资源、具有先进生产管理技术的计算机管理系统。如果说 MRP 解决了企业生产物料供需信息的集成问题，那么，MRPⅡ用货币的形式说明了执行企业“物料计划”所带来的效益，实现了物料信息同资金信息的集成。

### 10.1.2.2 MRPⅡ系统的逻辑流程

图 10.2 描述了 MRPⅡ系统的逻辑流程图（蒋贵善等 2006）。其具体过程如下：

（1）MRPⅡ编制的计划由高级决策层完成，而其具体的执行是由高级决策层到基层的执行控制层贯策进行的。企业的高层管理人员根据企业内外的情况确定整体的、总的经营计划，例如，总的产值和利润目标，并由此结合客户的订单和对市场的预测来确定销售计划。然后，根据销售计划研制生产计划大纲以及产品规划和资源需求计划；针对上级制定的生产计划，中层管理人员需要根据产品的物料清单和库存信息，制定物料需求计划，决定生产与采购计划，并由基层管理人员具体执行，例如，编制车间作业计划和具体的采购计划。

（2）信息流与资金流。在确定销售计划时，高层管理人员将销售与应收账款信息在一起考虑，并结合企业当前的生产条件确定主生产计划。生产能力的分析是高层管理人员需要考虑的一件事情，它决定了计划能否完成。中层管理人员在制定物料需求计划时，需考虑库存状态和具体的生产能力，例如工艺路线等。基层管理人员在具体编制车间作业计划和具体的采购计划时要考虑供应商的信息、应付账信息等，以确保计划的顺利完成。

（3）计划与控制。MRPⅡ执行的主线是计划与控制，考虑生产能力与财务信息等方面的因素，对物料、成本、资金施行计划与控制，并由上级到下级贯策执行，由下级到上级进行逐级问题反馈，随时进行计划的修订与改进，以保证生产过程的顺利进行。

在图 10.2 的右侧是计划与控制的流程，作为经营计划管理的流程，它包括了决策层、计划层和执行控制层，从高级到低级，从粗到细；流程图的中间是基础数据部分，集成了企业各个部门的业务数据信息，存储在 ERP 系统的数据库中，可以反复调用，起到了沟通各部门信息的作用；流程图的左侧是财务系统，包括应收账、总账和应付账等部分。图 10.2 中的各个连线表明信息的流向及相互之间的集成关系。

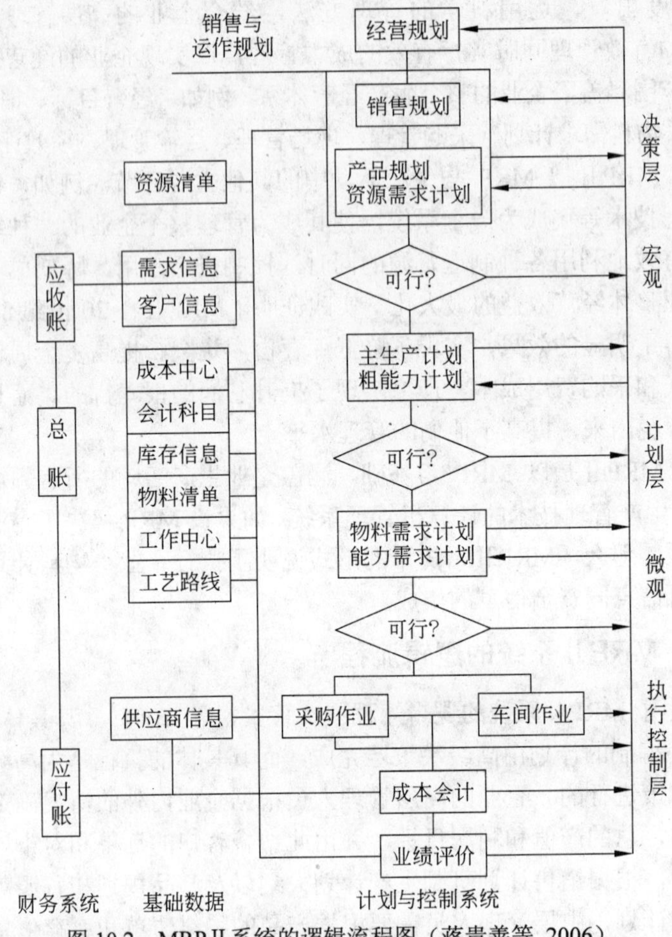

图 10.2 MRPⅡ系统的逻辑流程图（蒋贵善等 2006）

### 10.1.2.3 MRPⅡ管理模式的特点（蒋贵善等 2006）

MRPⅡ是一个完整的生产经营管理计划体系，是实现企业整体效益的有效管理模式，其管理模式的特点可以从以下几个方面来说明。

#### 1. 生产经营活动的统一性

MRPⅡ统一了企业的生产经营活动，把销售、供应、生产、财务、成本、工程技术等生产活动中的主要环节集成在一个系统中，实现了对各环节的统一的计划、组织、控制和协调，达到了资源有效利用以及最大化的目的。

#### 2. 计划的一贯性与可行性

MRPⅡ实施的管理模式是计划主导型，其计划层次从宏观到微观、从战略到技术、由粗到细逐层优化，但始终保证与企业经营战略目标一致。“一个计划”是MRPⅡ的原则，它把通常的手工管理中的三级计划统一管理起来，计划由厂级职能部门统一编制，车间班组只能执行计划、控制、调度和反馈信息。计划下达前反复验证和平衡生产能力，并根据反馈信息及时调整，处理好供需矛盾，保证计划的一贯性、有效性和可执行性。各级员工以实现企业的经营战略为目标，严格按照计划执行相应的职责，以保证计划的贯彻执行。

#### 3. 管理的系统性

MRPⅡ是一项系统工程，它把企业所有与生产经营直接相关部门的工作联结成一个整体，各部门都从系统整体出发做好本职工作，每个员工都知道自己的工作质量同其他职能的关系。系统中只有“一个计划”，各级管理层次、各职能部门紧密配合、团队协作。

#### 4. 环境适应性

MRPⅡ是一个闭环系统，它要求跟踪、控制和反馈瞬息万变的实际情况，管理人员可随时根据企业内外环境条件的变化迅速做出响应，提高应变能力，及时应变，满足市场不断变化着的需求，保证生产正常进行。MRPⅡ可以及时掌握各种动态信息，保持较短的生产周期，因而有较强的应变能力。

#### 5. 决策模拟性

MRPⅡ系统体现了现代管理思想和生产管理规律，并可以按照规律建立的信息逻辑实现模拟功能。它可以解决“如果怎样……将会怎样”的问题，可以预见在相当长的计划期内可能发生的问题，事先采取措施消除隐患，而不是等问题已经发生了再花几倍的精力去处理。这将使管理人员从忙碌的事务堆里解脱出来，运用系统的查询功能，熟悉系统提供的各种信息，致力于实质性的分析研究，熟练掌握模拟功能，进行多方案比较，提供合理的决策方案。

#### 6. 数据共享性

MRPⅡ是一种制造企业管理信息系统，企业各部门都依据同一数据信息进行管理，在统一的数据库支持下，按照规范化的处理程序进行管理和决策，数据信息是共享的，任何一种数据变动都能及时地反映给所有部门。过去那种信息不通、情况不明、盲目决策、相互矛盾的现象得到了改变，数据由专人负责维护，提高了信息的透明度，保证了数据的及时性、准确性和完整性。

#### 7. 物流、资金流的统一

MRPⅡ系统包含了成本会计和财务功能，可以由生产活动直接产生财务数据，把实物形态的物料流动直接转换为价值形态的资金流动，保证生产和财务数据一致。财务部门及时得到资金信息用于控制成本，通过资金流动状况反映物料和经营情况，随时分析企业的经济效益，参与决策，指导和控制经营和生产活动。

### 10.1.3 ERP 简介

#### 1. 企业资源规划的形成

综上所述，MRP 的基本思想是从最终产品的主生产计划中的产品产量，自动地计算出构成这些产品的相关物料（例如，原材料、零部件、组件等）的需求量和需求时间，并由此来确定其加工、采购的时间和数量。

与 MRP 不同，MRPⅡ系统运作的逻辑起点是企业的经营规划，围绕企业的经营目标，以生产计划为主线，是将企业中与生产有关的人、财、物、方法、设备、信息等资源整合在一个系统中以便对它们进行统一的计划和控制，使企业的物流、信息流、资金流畅通流动，进行动态反馈。

从 MRP 到 MRPⅡ的发展过程中可以看出，MRPⅡ系统在企业中的应用具有以下特点：资源概念的内涵不断扩大，系统的应用由离散制造业逐步转向流程工业，企业计划的闭环逐渐形成。虽然 MRPⅡ系统已经比较完善，其应用也相当普及，但是其资源的概念始终局限于企业的内部，在决策支持上主要集中在结构化决策问题上。随着计算机网络等信息技术的迅猛发展，20 世纪 80 年代以来，企业面临国际化的市场环境，全球经济一体化进程的不断深入，企业的生存环境发生了深刻的变化，产业上下游企业之间的关系由竞争转向合作，包括消费者与供应商在内的供需链管理已经成为企业生产经营管理的重要组成部分，MRPⅡ系统已无法满足企业对内外资源全面管理的要求。MRPⅡ逐渐发展成为新一代的企业资源规划（ERP）。

ERP 是从制造资源计划 MRPⅡ发展而来的新一代集成化的企业资源管理系统，它帮助企业在整个供应链和价值网络中优化其经济和组织结构，把客户需求和企业内部的制造活动以及供应商的制造资源整合在一起，形成一个完整的企业供应链系统。ERP 扩展了 MRPⅡ的功能，具体体现如下：

（1）横向的扩展。与 MRPⅡ相比，ERP 增加了 MRPⅡ的功能范围，从供应链上游的供应商管理到下游的客户关系管理；具体地，MRPⅡ侧重于对企业内部的人力、财力和机器设备等资源的管理，而 ERP 系统在 MRPⅡ的基础上拓展了管理的范围，把客户的需求、企业内部的制造活动和供应商的资源整合在一起，形成一个完整的供应链，包括订单、计划、采购、库存、生产、质量控制、运输、分销、服务与维护、财务、人事、研发等环节进行统一有效的管理。

（2）纵向的扩展。ERP 增加了从低层的数据处理（手工自动化）到高层管理决策支持（职能化管理）；ERP 系统在企业总部与各层次的分支部门之间实现动态的、实时的信息交换，从而实现整个企业的纵向集成。

（3）行业的扩展。ERP 打破了 MRPⅡ的传统制造业行业局限性，ERP 的服务对象拓展为从传统的以制造业为主到面向所有的行业，逐渐形成针对行业的解决方案，来满足不同行业业务的特殊需求，为各行业企业应用 ERP 提高管理水平提供了更为广阔的空间。

图 10.3 给出了从 MRP 到 MRPⅡ和 ERP 的演变过程。

### 2. ERP 的概念

ERP 是由美国著名的计算机技术咨询和评估集团 Garter Group Inc.于 20 世纪 90 年代提出的，描述了商业系统和制造资源计划 MRPⅡ下一代软件的概念，综合应用了客户机/服务器体系、关系数据库结构、面向对象技术、图形用户界面（GUI）、第四代语言（4GL）、

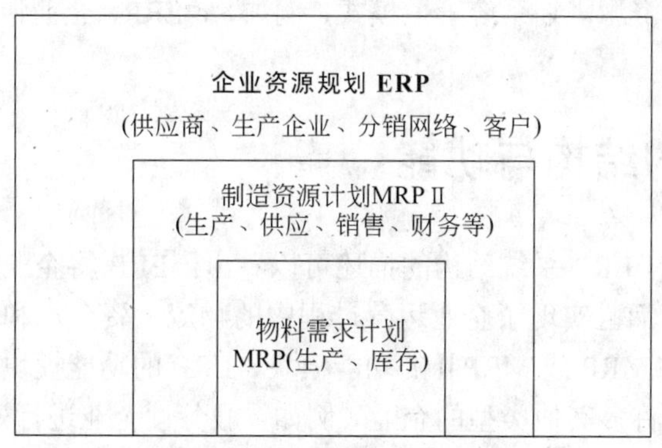


图 10.3　从 MRP 到 ERP 的演变

网络通信等信息产业的成果，整合了企业管理理念、业务流程、质量管理、基础数据、人力物力、计算机硬件和软件于一体的、面向供应链的企业资源管理系统。ERP 系统集中了信息技术与先进的、系统化的管理思想，为企业决策层及员工提供决策运行手段的管理平台。

对于 ERP 的概念，从不同的角度考察会有不同的理解。

就 ERP 的基本思想而言，它是将制造企业的制造流程看作是一个紧密连接的供应链，其中，它包括了供应商、制造工厂、分销网络和客户。现代企业的竞争已经不是单一企业与单一企业间的竞争，而是一个企业供应链与另一个企业的供应链之间的竞争，因此，企业不但要依靠自己的资源，还必须把经营过程中的有关各方如供应商、制造工厂、分销网络、客户等纳入一个紧密的供应链中，才能在市场上获得竞争优势。ERP 系统正是适应了这一市场竞争的需要，实现了对整个企业供应链的管理。

就 ERP 采用的管理手段而言，它将企业内部划分成几个相互协同作业的支持集团，例如，市场、销售、生产、质量、工程、供应、财务、技术等，以及竞争对手的监视管理。同时，ERP 强调企业的事前控制能力，它为企业提供了对质量、适应变化、客户满意、效绩等关键问题的实时分析能力，为计划人员提供了多种模拟功能和财务决策支持系统，使之能对每天将要发生的情况进行分析，以便财务的计划系统能够不断地接收来自于制造过程、分析系统和交叉功能子系统的信息，正确快速地做出决策。在生产管理方面，ERP 提供在管理事务级集成处理的基础上提供给管理人员更强的事中控制能力，例如，通过计划的及时滚动，保证计划的顺利执行、通过财务系统来监控生产制造过程等。

就 ERP 采用的信息技术而言，ERP 在软件方面要求具有客户机/服务器体系、浏览器/服务器体系、图形用户界面、关系数据库结构、面向对象技术、开放和可移植性、第四代语言、网络通信和 CASE 工具等。相对于传统的 MRP II 系统而言，ERP 的信息技术改进是一种革命性的。

伴随着企业管理模式的发展以及企业过程的重组，企业的组织结构从传统的递阶组织形式转向网络化、虚拟化形式，ERP 也出现了更多的功能，例如，支持供应链的同步化运作，支持动态企业建模，支持电子商务和在线工作流管理，支持实时与智能化的管理，支持企业知识管理等。同时，在电子商务业务模式不断发展的推动下，ERP 展示出更多、更新颖的企业资源规划系统管理模式，例如，e-ERP、企业协同管理系统、协同商务系统、ERPⅡ等。

## 10.2 ERP 的结构与功能

由图 10.4 给出的 ERP 系统结构的描述可以看出：ERP 将企业所有的资源进行整合以便进行集成管理，而且实现了企业运营过程中的物流、资金流和信息流的全面一体化管理。不同于以往的 MRP 或 MRPⅡ的功能模块，ERP 的功能模块不仅可用于生产企业的管理，而且适合于许多其他类型的企业（例如，服务性企业进行资源计划和管理）。这里，以生产企业为典型例子来介绍 ERP 的经营规划、销售与运作规划、主生产计划（粗能力计划）、物料需求计划、能力需求计划、车间作业计划、采购计划、库存管理、质量管理、财务管理、物流管理、人力资源管理等功能模块。

### 10.2.1 企业经营规划

#### 1. ERP 中的计划与控制层次

ERP 系统中有五个计划层次，即经营规划、销售与运作规划（生产规划）、主生产计划、物料需求计划、车间作业与采购计划（生产作业控制）。如图 10.4 所示，ERP 系统中的计划层次结构体现了企业进行计划管理是由宏观到微观、由战略到战术、由粗到细的逐级深化的过程。

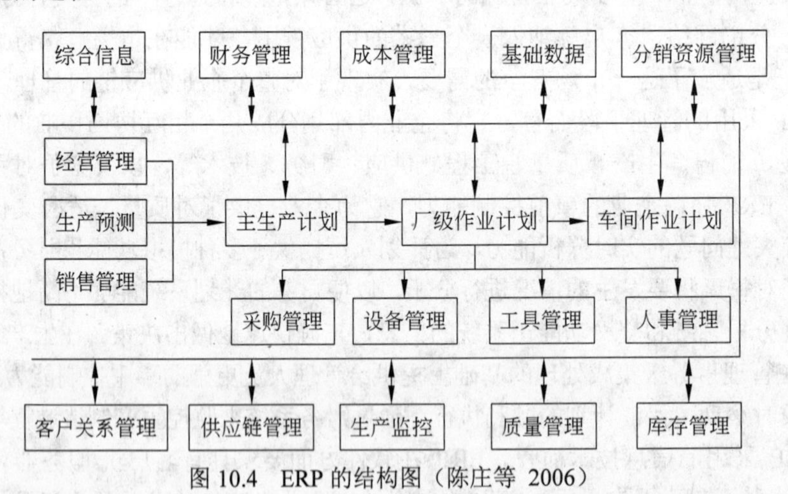


图 10.4 ERP 的结构图（陈庄等 2006）

在战略决策层，企业的高级管理人员根据订单需求以及对市场需求的估计和预测，确定企业长期的发展规划，但是，计划内容比较粗略而且计划的时间跨度也比较长。该层次的计划内容包括三个过程，即经营规划、销售与运作规划和主生产计划，其中，经营规划和销售与运作规划具有宏观规划的性质，而主生产计划是由宏观向微观的过渡。

在中间管理层，企业的中级管理人员根据上级制定的规划，制定物料需求计划和能力需求计划。需要指出，物料需求计划是微观计划的开始，是具体的详细计划。

在企业底层的操作层，基层管理人员根据直接上级管理层给出的物料需求计划制定车间作业计划和采购计划，或生产作业控制计划，是具体的计划执行或控制阶段。

ERP 系统将企业的计划工作划分为五个层次，明确了各级管理人员的工作职责，明确了计划由制定到实施的渐进过程。同时，企业的计划必须是切实和可行的，否则，是没有意义的，因此，在制定企业计划时常常需要进行资源需求计划和能力计划。如图 10.5 所示，下层的各个计划层次，都是对经营规划的进一步细化，不能偏离经营规划。

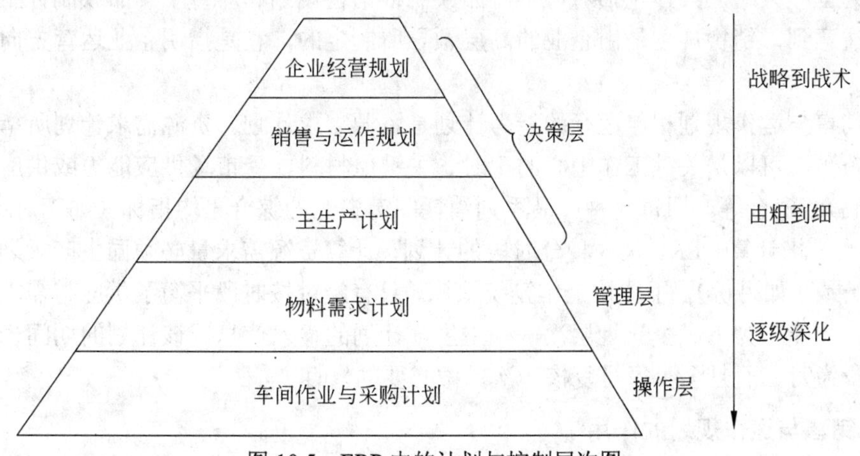


图 10.5　ERP 中的计划与控制层次图

### 2. 企业经营规划的内容

在 ERP 系统中，企业的经营规划是高层管理人员进行的长远的战略规划，是在企业高层领导主持下会同销售、市场、生产、物料、工程技术、财务和人力资源等各部门负责人共同制定的。经营规划要确定企业的经营目标和策略，为企业长远发展做出规划，其主要内容包括：

- 产品开发方向及市场定位，预期的市场占有率；
- 营业额、销售收入与利润、资金周转次数、销售利润率和资金利润率；
- 长远能力规划、技术改造、企业扩建或基本建设；
- 员工培训及职工队伍建设。

作为企业的总体目标，企业的经营规划是 ERP 系统中其他下级各层计划的依据，即所有下级层次的计划只是对经营规划进一步具体细化，而不允许偏离经营规划。经营规划在企业的执行过程中可以修改，但是只能由企业高层领导进行，而执行下层计划的管理人员只有反馈信息的义务。

## 10.2.2　销售与运作规划

### 1. 销售与运作规划的目的

在 ERP 系统的计划与控制层次中，销售与运作规划首先是企业经营战略与战术之间的桥梁，在企业的经营和战略计划的制定过程与详细计划的制定和执行的过程之间起到关键的连接作用。其次，销售与运作规划是企业高层管理人员对 ERP 系统的主要输入，同时，销售与运作规划管理着企业中其他计划，包括主生产计划和它的所有支持计划。

### 2. 销售与运作规划的内容

销售与运作规划是 ERP 系统的第二个计划层次。在早期的 MRP Ⅱ流程中，销售规划与生产规划（或产品规划）分别是两个不同的层次，但是，由于它们之间有不可分割的联系，后来合并为一个层次。销售规划与运作规划是为了体现企业经营规划而制定的产品系列生产大纲，具体包括对每个产品族制订销售规划和对每个产品族制订生产率。同时，注意到，销售规划是由企业的高层领导所制定的，它是指明企业运营方向的战略级计划。

同销售与运作规划相伴运行的能力计划是资源需求计划。资源需求计划所指的资源是关键资源，可以是关键工作中心的工时、关键原材料（受市场供应能力或供应商生产能力限制）、资金等。用每一种产品系列消耗关键资源的综合平均指标（如工时/台、吨/台或元/台）来计算。ERP 是一种分时段的计划，计算资源需求量必须同生产规划采用的时间段一致（如月份），不能按全年笼统计算。只有经过按时段平衡了供应与需求后的生产规划，才能作为下一个计划层次——主生产计划的输入信息。该计划的期间一般为 1 年，时段为月，而且至少每月复核一次，做必要的修订。

### 3. 销售与运作规划的作用

销售与运作规划的作用体现在以下几个方面：

（1）它把经营规划中用货币表达的目标转换为用产品系列的产量来表达；

（2）它制定了一个均衡的月产率，以便均衡地利用资源，保持稳定生产；

（3）它控制拖欠量或库存量；

（4）作为编制主生产计划（MPS）的依据。销售规划不一定和生产规划完全一致。例如，销售规划要反映季节性需求，而生产规划要考虑均衡生产。在不同的销售环境下，生产规划的侧重点也不同。对现货生产（MTS）类型的产品，生产规划在确定月产率时，要考虑已有库存量。如果要提高成品库存资金周转次数，年末库存水准要低于年初，那么，生产规划的月产量就低于销售规划的预测值，不足部分用消耗库存量来弥补。对订货生产（MTO）类型的产品，生产规划要考虑未交付的拖欠订单量（backlog），如果要减少拖欠量，那么，生产规划的月产量要大于销售规划的预计销售量。

## 10.2.3 主生产计划

### 1. 主生产计划的内涵

在 ERP 系统中，主生产计划是一个重要的计划层次，它是根据上级生产计划、预测和客户订单的输入来安排将来各周期中提供的产品种类和数量，它将生产计划转为产品计划，将销售规划与运作规划中的产品系列具体化，在平衡了物料和能力的需要后，精确到时间、数量的详细的进度计划。主生产计划是企业在一段时期内的总活动的安排，是一个稳定的计划，是根据生产计划、实际订单和对历史销售的分析而产生的。

注意到，主生产计划起到了从宏观计划向微观计划过渡的承上启下作用。主生产计划又是联系市场、主机厂或配套厂及销售网点（面向企业外部）同生产制造（面向企业内部）的桥梁，使生产计划和能力计划符合销售计划要求的优先顺序，并能适应不断变化的市场需求；同时，主生产计划又能向销售部门提供生产和库存信息，提供可供销售量的信息，作为同客户商洽的依据，起到了沟通内外的作用。

### 2. 粗能力计划

在进行主生产计划时要同时进行粗能力计划工作，其原因在于：只有经过按时段平衡了供应与需求后的主生产计划，才能作为下一个计划层次——物料需求计划的输入信息。主生产计划必须是现实可行的，需求量与需求时间都是符合实际的。而且，主生产计划必须是可以执行的，只有这样才是可信的，才能使企业的全体员工认真负责地去完成计划。因此，主生产计划编制和控制是否得当，在相当大的程度上关系到ERP系统的成败。它之所以称为“主”生产计划，就是因为它在ERP系统中起着“主控”的作用。

粗能力计划是一种计算量较小，占用计算机机时较少、比较简单粗略、快速的能力核定方法，通常只考虑关键工作中心及相关的工艺路线。关键工作中心在工作中心文件中定义后，系统会自动计算关键工作中心的负荷。运行粗能力计划可分两个步骤。第一步，建立资源清单，说明每种产品的数量及各月占用关键工作中心的负荷小时数，同时与关键工作中心的能力进行对比；第二步，在产品的计划期内，对超负荷的关键工作中心，要进一步确定其负荷出现的时段。

粗能力计划是一种中期计划，因此一般仅考虑计划订单和确认订单，而忽略在近期正在执行的和未完关键工作中心负荷小时汇总成的订单，也不考虑在制品库存。

### 3. 主生产计划的对象与编制方法

主生产计划的计划对象是把生产规划中的产品系列具体化以后的出厂产品，通称最终成品。最终成品通常是独立需求件，但是由于销售环境不同，作为计划对象的最终成品其含义也不相同。

首先是现货生产产品。现货生产产品通常是流通领域直接销售的产品，处于产品结构中的顶层。这类产品的需求量往往根据分销网点的反馈信息（分销资源计划）或预测得到。对于产品系列下有多种具体产品的情况，有时要根据市场分析估计各类产品占系列产品总产量的比例。此时，主生产规划的计划对象是系列产品，且按预测比例计算的具体产品。

其次是订货生产及专项生产的最终成品。这种情况一般是标准定型产品或按订货要求设计的产品。

最后是订货组装产品。对模块化产品结构，产品可有多种搭配选择时，用总装进度安排出厂产品的计划，用多层主生产计划和计划物料清单制定通用件、基本组件和可选件的计划。这时，主生产计划的计划对象相当于X形产品结构中“腰部”的物料，顶部物料是总装进度的计划对象。

### 4. 主生产计划的输出报表

主生产计划以出厂产品为对象，按每种产品分别显示计划报表。报表的生成主要根据预测和合同信息，显示该产品在未来各时段的需求量、库存量和计划生产量。报表格式有横式和竖式两种。横式报表主要说明需求和供给以及库存量的计算过程。

5. 主生产计划员

主生产计划是由专职的主生产计划员，或称主管计划员，负责编制的。这个岗位的人员必须具有较高的素质，例如，首先，熟悉产品和生产工艺，了解车间作业及物资供应情况，了解销售合同及客户要求。其次，知道如何建立产品的搭配组合，以减少生产准备、合理利用资源。同时，知道如何安排通用零部件生产，缩短交货期。然后，时刻保持同市场销售、设计、物料、生产、财务等部门的联系与合作，预见未来可能发生的问题，防患于未然。最后，把核实和调整系统生成的主生产计划订单，作为日常工作，保证系统的正常运行。总之，主生产计划员是一个非常关键的岗位，推行 ERP/MRPⅡ系统，必须有合适的人选。国内一些先进企业，全部计划人员都具有大专以上文化水平，这是十分必要的。

## 10.2.4 物料需求计划

如图 10.6 所示，物料需求计划是对主生产计划的各个项目所需的全部制造件和全部采购件的网络支持计划和时间进度计划。它根据主生产计划对最终产品的需求数量和交货期，推导出构成产品从零部件及材料的需求量和需求日期，再导出自制零件的制造订单下达日期和采购件的采购订单发放日期。它是 ERP 系统微观计划阶段的开始，是 ERP 的核心。主生产计划只是对最终产品的计划，MRP 要根据主生产计划展开编制相关需求件的计划；它也可以人工直接录入某些物料的需求量，如增加作为备品备件的数量。MRP 最终要提出每一个加工件和采购件的建议计划，除说明每种物料的需求量外，还要说明每一个加工件的开始日期和完成日期；说明每一个采购件的订货日期和入库日期。把生产作业计划和物资供应计划统一起来。

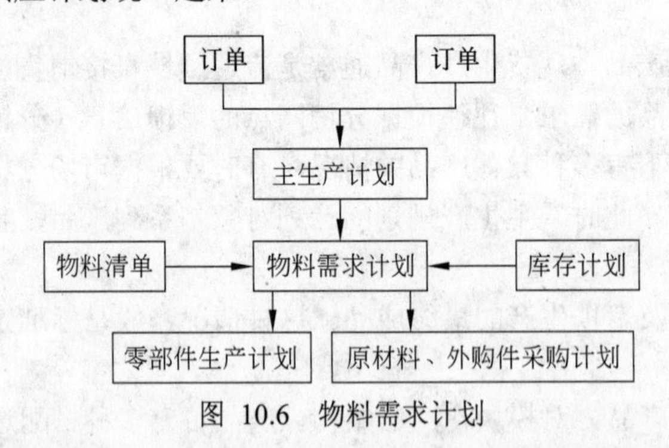

图 10.6 物料需求计划

物料需求计划是生产管理的核心，它的作用是进行需求资源和可用能力之间的进一步平衡。同时，物料需求计划也是一种优先级计划和一种分时段计划。

物料需求计划是否可行，要通过能力需求计划来验证。运行能力计划时，要根据各个物料的工艺路线，把各个时段企业要生产的全部物料占用各个工作中心的负荷同工作中心的可用能力进行对比，经过调整，使负荷与能力平衡后，计划才是可行的，只有可执行的计划才能下达。因此，物料需求计划必须同能力需求计划相伴运行。

## 10.2.5 能力需求计划

能力需求计划是对物料需求计划所需能力进行核算的一种计划管理方法。具体地，能力需求计划是对各生产阶段和各工作中心所需的各种资源进行精确计算，得出人力负荷、设备负荷等资源负荷情况，并做好生产能力与生产负荷的平衡工作。如图 10.7 所示，能力需求计划旨在通过分析比较物料需求计划的需求和企业现有生产能力，及早发现能力的瓶颈所在，从而为实现企业的生产任务而提供能力方面的保障。

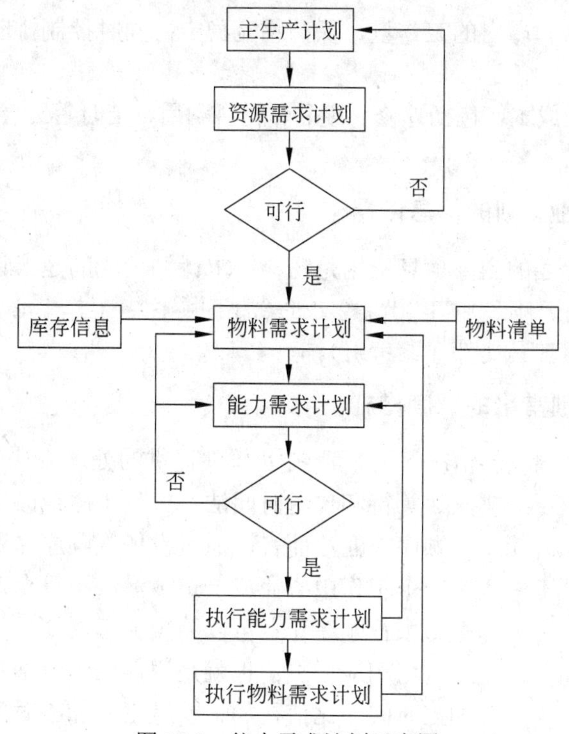


图 10.7 能力需求计划示意图

能力需求计划需要处理好超负荷的问题和低负荷问题。对于低负荷问题，应具体分析，不要为了形式上追求满负荷，否则破坏了物料的均衡流动或增加库存。能力需求计划还将对企业的技术改造规划提供有价值的信息，找出真正的瓶颈问题。

## 10.2.6 车间作业计划

车间作业计划是随时间变化的动态作业计划，它将作业分配到具体的各个车间，然后再进行作业排序、作业管理、作业监控。在 ERP 系统中，车间作业计划同采购计划一样都处于计划的执行层次，只是对车间作业履行“控制”职能，其具体目的在于：控制生产作业在执行中不偏离主生产计划和物料需求计划，同时，在当出现偏离时，采取措施纠正偏差，若无法纠正，将信息反馈到计划层，并且报告生产作业执行结果。

### 1. 车间作业计划的内容

车间作业计划控制的内容有以下几个方面：

（1）它控制加工单的下达。只有在物料、能力、提前期和工具都齐备的情况下才下达订单。以免造成生产中的混乱。通过查询一系列报表，如加工单、库存分配、例外短缺、工艺路线、能力计划、工作日历等来核实。

（2）它控制加工件在工作中心加工的工序优先级（根据加工单的完工日期）；具体讲就是：生成下达订单、源工单及车间文档（文档包括图纸、工艺过程卡、领料单、工票等）。

（3）它控制投入和产出的工作量，保持物流稳定；同时控制排队时间、提前期和在制品库存。

（4）它控制加工成本（包括返修、废品、材料利用、工时等），结清订单，完成库存事务处理。

### 2. 执行车间作业计划的信息依据

执行车间作业计划的主要信息依据是物料需求计划生成的建议计划或确认计划，及人工添加的订单（加工什么）；工艺路线文件（加工顺序）；工作中心文件（在何处加工）；以及工艺装备或专用工具文件（参考用）。

### 3. 车间作业计划常用的调度措施

在需要压缩生产周期的情况下，一般 ERP 软件提供的处理方法，包括平行顺序作业法、加工单分批法、压缩排队、等待和传送时间法、替代工序或改变工艺法和加班加点以及调配人力等方法。就平行顺序作业法而言，通过设依次顺序作业中下道工序的排队时间为负值来实现。工件在上一个工作中心完成一定数量，不等全部加工完，就部分地传送到下一个工作中心去加工。平行顺序作业可以缩短加工周期，但是由于增加了传送次数，传送时间增加了，搬运费用相应增加；也就是说，成本会增加。另外，考虑传送的批次时要注意上、下工序加工时间的比值，如果前道工序加工时间很长，或各工序加工时间呈无规律地长短相间，有些工作中心会出现窝工等待，因此，有些工序还会在全部加工完成后再传送给下道工序，形成平行顺序作业和依次顺序作业交替使用的现象。

### 4. 加工单

加工单或车间订单是一种面向加工件说明物料需求计划的文件。有一点像手工管理中的传票，可以跨车间甚至厂际协作。车间作业的优先级主要根据物料需求计划要求的计划产出日期。加工单的格式同工艺路线报表很相似。它的表头和左侧各栏的信息取自工艺路线文件，只是增加了加工单号、加工单需用日期、每道工序的开始日期和完成日期。

### 5. 派工单

派工单或调度单，是一种面向工作中心说明加工优先级的文件，说明工作中心在一周或一个时期内要完成的生产任务。它还说明哪些工作已经到达，正在排队，应当什么时间开始加工，什么时间完成，加工单的需用日期是哪天，计划加工时数是多少，完成后又应传送给哪道工序。它还说明哪些工件即将到达，什么时间到，从哪里来。没有信息集成系统，这样的报表靠手工管理是不可能实现的。有了派工单，车间调度员、工作中心的操作员对目前和即将到达的任务一目了然。如果在日期或小时数上有问题，也容易及早发现，

#### 6. 确定工序优先级

派工单上加工的优先级一般是按照工序开始日期的顺序排列的。而工序开始日期又是以满足加工单要求的完成日期或需用日期为基准的。多数情况下二者的优先顺序是一致的，但是也可能有例外，比如某个工件的工序加工时间很短，虽然开始日期在前，但即使略微推后也不致影响加工单的需用日期。当在提前期上出现矛盾时，可以参考常用确定优先级的方法来判断。在使用这些方法时要注意，最直观的方法仍然是用完成或需用日期来表示优先级，用优先序号只能表示相对关系，如果盲目地一味遵照相对优先级，有可能延误加工单的需用日期，在应用时要注意分析。

#### 7. 查询报表

在车间作业计划系统中，一般软件提供的常用查询报表有以下几类：

首先是物料和能力可用量报表。根据加工单上物料的数量和时间，系统自动显示所需的物料及能力，若有短缺也将自动标识。

其次是加工单状态报表。按已下达、已发料、短缺或例外情况、部分完成、完成末结算、完成已结算等分别报告。

最后是工序状态报表。说明需求量、完成量、报废量、传送量，同时说明材料和工时消耗以及发生的成本。

这些报表反映的动态信息已超出了手工管理统计报表的概念，因此，不能简单地称为统计报表。

#### 8. 投入/产出控制

投入/产出控制是控制能力计划执行的方法，或者说是一种衡量能力执行情况的方法。投入/产出报表要用到的数据是计划投入、实际投入、计划产出、实际产出、计划排队时间、实际排队时间以及投入、产出时数的允差。这是一种需要逐日分析的控制方法。它也可以用来计划和控制排队时间和提前期。

### 10.2.7 采购计划

ERP 系统的采购计划部分负责管理从请购单到询价单、采购订单、收货质检、验收入库等全过程业务，帮助企业管理合同、定金，详细评价与比较供应商的历史信用，处理异常业务的退回等。采购计划的任务在于确定合理的定货量、选择优秀的供应商和保持最佳的安全储备，它能够随时提供定购、验收的信息，跟踪和催促对外购或委外加工的物料，保证货物及时到达。它还建立供应商的档案，用最新的成本信息来调整库存的成本。具体的操作包括：

（1）查询供应商信息，例如，供应商的能力、信誉、供货价格等方面信息。

（2）催货，例如，对外购或委外加工的物料进行跟催。

（3）采购与委外加工统计（统计、建立档案，计算成本）。

（4）价格分析（对原料价格分析，调整库存成本）。

### 10.2.8 库存控制管理

ERP 系统的库存控制管理部分负责管理库存物品的出入库操作、库存调整调拨业务、盘点业务及盈亏差异处理。其次，系统还支持多仓库、货位、批次、包装单位等管理方式。同时，支持固定、变动成本核算方式和多种计算方法。

值得指出，ERP 系统的库存控制管理子系统可以用来控制存储物料的数量，以保证稳定的物流支持正常的生产，但是又最小限度的占用资本。它是一种相关的、动态的及真实的库存控制系统。它能够结合、满足相关部门的需求，随时间变化动态地调整库存，精确地反映库存现状。这部分系统功能涉及的具体操作如下：

（1）为所有的物料建立库存，决定何时订货采购，同时作为交给采购部门采购、生产部门作生产计划的依据。

（2）收到订购物料，经过质量检验入库，生产的产品也同样要经过检验入库。

（3）收发料的日常业务处理工作。

### 10.2.9 质量管理

如前所述，ERP 系统对采购、库存、生产、分销、运输、财务、成本、人力资源等环节进行规划，形成完整有机协作的供应链，将企业内部所有资源整合在一起，达到资源的最佳组合，取得最大的经济效益。基于全面质量管理的思想，ERP 的质量管理模块能够实现从供应商的评估、原料采购流程中的质量控制、生产过程中的质量控制到售后服务的产品整个生命周期进行质量记录和分析，达到全程的严格质量控制。

（1）供应商的管理。建立供应商台账，记录供应商的基本情况（例如，供应商的质量、服务、订单执行情况、响应速度、价格和付款期限等信息）以及分供方评定的结果，实时掌握该供应商的产品的实际质量情况，并制定相应的政策。

（2）物料采购质量管理。从供应链的角度看物料采购中的质量管理格外重要，它决定了产品的品质。ERP 系统中通过衔接采购和质量管理模块能够实现采购流程的质量控制。在 ERP 的流程设置中，采购业务的处理流程设置为采购计划→订单分配→收货→入库→付款，这样一来，把收货和入库严格区分开，流程中的控制点设置为未经检验的物料不能入库；检验的标准和实际检验的结果在质量管理模块中采集和记录，物品入库的批次号和检验结果以及所放货位相匹配，库存管理模块根据以上信息实现先进先出，时效报警，质量追踪，状态查询等功能。

（3）生产制造过程的质量管理。

ERP 系统把质量管理模块与生产过程进行衔接，这样一来，企业能够实现产品的检验和控制，例如，对产品的性能进行测试与控制。通过测量产品的性能并把测量结果与规定的标准相比较，决定产品是否合格，以发现有缺陷的产品，并追踪责任，同时，根据反馈信息改进操作。ERP 系统质量管理模块能够设置检验标准，实时收集生产过程的数据，进行产品检验与对比分析，并及时采取措施在线纠正工艺参数，实现对生产过程的实时监控。

（4）销售及售后服务过程的质量管理。

ERP 系统能够实现销售过程及售后服务的质量监控，例如，对质量信息进行收集、处理和反馈。具体地，系统根据客户的反馈信息，快速进行质量追溯，及时地提高技术设计、改进生产过程以及改善采购环节的工作。

### 10.2.10 设备管理

ERP 系统的设备管理模块能够实现对设备进行信息化的、动态管理，包括设备基础信息管理、设备运行与维护管理、检测管理、备件管理等。通过建立设备整个寿命周期的管理体系，加强基础档案和技术档案建设，在保证设备的正常运行、提高设备的运行效率、减少事故、减少检修成本的前提下，该模块与生产、供应、财务、人力资源等系统有机衔接，实现设备资料的全过程动态共享，实时提供各级管理人员各类业务信息，有助于提高生产、经营决策的准确度。

#### 1. 设备的基础信息管理

该功能实现对设备台账和设备维修档案等基础信息进行管理，其中，设备台账包括设备种类、设备名称、编号、属性与技术参数、安装信息、投产日期、使用年限等方面的信息，而设备维修档案信息包括设备维修周期、保养设置、设备维修工时定额、设备维修材料定额、设备状态，故障代码、维修类别等方面内容。建立好设备的基础信息便于管理与维修人员快速地查阅与维护，并与其他模块共享。

#### 2. 设备事故记录管理

该功能实现对设备事故发生的时间、部门、操作人员、原因等信息管理，为设备的预防性维护提供依据。

#### 3. 设备的维修管理

根据设备的特性以及故障原因，设备的维护与维修可以分为四类，即不可预见性的事故抢修、可预见性有周期性的预防维修、可预见性无周期性的状态检修和有计划的大规模维修保养的项目维修。设备维修管理功能模块负责对在用设备的故障、维修管理，以及对设备的运行情况登记和设备巡检和定期检修。其具体的过程包括下面的信息与操作，例如，设备物料清单、维修工单、设备维护操作的规范、工单排程、工单执行、记录物料和资源的使用情况、反馈信息收集和维修成本结算和分析等。

#### 4. 设备的精度检测

设备的精度是衡量设备维修保养程度的重要指标。然而，设备的精度随着设备的长期运行、负载的作用、环境中介质的腐蚀、灰尘、杂质等的侵入而产生磨损而趋于逐渐降低，最终影响产品的质量。应当定期地对设备的性能与精度进行测量与检测，以便对设备进行维护，延长其使用寿命。

### 10.2.11 财务管理

在企业中，财务管理是ERP系统中不可缺少的一部分。ERP中的财务管理模块与一般的财务软件不同，作为ERP系统中的一部分，它和系统的其他模块有相应的接口，能够相互集成，例如，它可将由生产活动、采购活动输入的信息自动计入财务模块生成总账、会计报表，取消了输入凭证烦琐的过程，几乎完全替代以往传统的手工操作。一般的ERP系统中的财务管理模块分为会计核算和财务管理两大部分。

#### 1. 会计核算

会计核算的任务主要是记录、核算、反映和分析资金在企业经济活动中的变动过程及其结果，它由总账、应收账、应付账、现金、固定资产、多币制等部分构成。

总账模块的功能是处理记账凭证输入、登记，输出日记账、一般明细账及总分类账，编制主要会计报表。它是整个会计核算的核心，应收账、应付账、固定资产核算、现金管理、工资核算、多币制等各模块都以其为中心来互相信息传递。

应收账模块处理企业应收的、由于商品赊欠而产生的正常客户欠款账，具体包括发票管理、客户管理、付款管理、账龄分析等功能。该应收账模块和客户订单、发票处理业务相联系，同时将各项事件自动生成记账凭证，导入总账。

应付账模块负责发票管理、供应商管理、支票管理、账龄分析等应付购货款等账目，它能够和采购模块、库存模块完全集成以替代过去烦琐的手工操作。

现金管理模块负责对现金流入流出的控制以及零用现金及银行存款的核算，具体地，它包括了对硬币、纸币、支票、汇票和银行存款的管理。在ERP系统中提供了票据维护、票据打印、付款维护、银行清单打印、付款查询、银行查询和支票查询等和现金有关的功能。此外，现金管理模块还和应收账、应付账、总账等模块集成，自动产生凭证，过入总账。

固定资产核算模块负责完成对固定资产的增减变动以及折旧有关基金计提和分配的核算工作，它能够帮助管理者对目前固定资产的现状有所了解，并能通过该模块提供的各种方法来管理资产，以及进行相应的会计处理。具体地，固定资产核算模块登录固定资产卡片和明细账、计算折旧、编制报表，以及自动编制转账凭证，并转入总账，它和应付账、成本、总账模块集成。

多币制模块将企业整个财务系统的各项功能以各种币制来表示和结算，且客户订单、库存管理及采购管理等也能使用多币制进行交易管理。多币制模块和应收账、应付账、总账、客户订单、采购等各模块都有接口，可自动生成所需数据。该模块是为了适应当今企业的国际化经营，对外币结算业务的要求增多而产生的。

工资核算模块能够自动进行企业员工的工资结算、分配、核算以及各项相关经费的计提，具体地，它能够登录工资、打印工资清单及各类汇总报表，计算计提各项与工资有关的费用，自动做出凭证，导入总账。这一模块是和总账，成本模块集成的。

成本模块能够依据产品结构、工作中心、工序、采购等信息进行产品的各种成本的计算，以便进行成本分析和规划。同时，该模块还能用标准成本或平均成本法按地点维护成本。

#### 2. 财务管理

基于会计核算的数据，财务管理模块能够实现财务计划、控制、分析和预测等功能。例如，根据前期财务分析做出下期的财务计划、预算，提供查询功能和通过用户定义的差异数据的图形显示进行财务绩效评估和账户分析，该模块资金筹集、投放及资金管理等有关资金的决策。

### 10.2.12 销售管理

销售管理是从产品的销售计划开始的，是对其销售产品、销售地区、销售客户各种信息的管理和统计，并能够对销售数量、金额、利润、绩效、客户服务等方面做出全面的分析，因此，ERP 的销售管理模块具有下面三方面的功能。

#### 1. 对客户信息的管理和服务

ERP 系统能够建立一个客户信息档案，对其进行分类管理，从而对客户进行有针对性的服务，以达到最高效率的保留老客户、争取新客户的目的。需要指出，ERP 与客户关系管理软件的结合将很好地维护好企业的客户资源，最终实现增加企业效益的根本目的。

#### 2. 对销售订单的管理

销售订单是 ERP 系统的入口，所有的生产计划都是根据它下达并进行排产的。而销售订单的管理是贯穿了产品生产的整个流程，具体地包括以下几个方面：

（1）该模块能够进行客户信用审核与查询，审核订单交易，并对客户的信用进行分级。

（2）该模块能够进行产品库存查询，以决定是否要延期交货、分批发货或用代用品发货等问题。

（3）该模块能够进行产品的报价，即为客户作不同产品的报价。

（4）该模块能够进行订单的输入、变更及跟踪等操作。

（5）该模块能够进行交货期的确认和发货事物安排等交货处理工作。

#### 3. 对销售的统计与分析

该模块能够根据销售订单的完成情况，依据各种指标做出客户分类、销售代理分类等统计，然后根据这些统计结果对企业的实际销售效果进行评价，例如，根据销售形式、产品、代理商、地区、销售人员、金额、数量来分别进行销售统计，通过对比目标、同期比较和订货发货分析方面，从数量、金额、利润及绩效等方面做出相应的销售分析，进行客户投诉记录、原因分析等客户服务。

### 10.2.13 人力资源管理

以往的 ERP 系统基本上都是以生产制造及销售过程（供应链）为中心的。因此，长期以来一直把与制造资源有关的资源作为企业的核心资源来进行管理。但是，近年来，企业内部的人力资源开始越来越受到企业的关注，并被视为企业的资源之本。这样一来，人力资源管理作为一个独立的模块，被加入到了 ERP 的系统中来，和 ERP 中的财务、生产系统组成了一个高效的、具有高度集成性的企业资源系统。它与传统方式下的人事管理有着根本的不同，具体体现在辅助人力资源规划决策、招聘管理、工资核算、工时管理以及差旅核算等几个方面。

（1）辅助人力资源规划决策。人力资源管理能够针对企业人员、组织结构编制的多种方案，进行模拟比较和运行分析，并辅之以图形的直观评估，辅助管理人员做出最终决策。同时，制定职务模型，包括职位要求、升迁路径和培训计划，根据担任该职位员工的资格和条件，系统会提出针对该员工的一系列培训建议，一旦机构改组或职位变动，系统会提出一系列的职位变动或升迁建议。值得注意的是，它还能够进行人员成本分析，可以对过去、现在、将来的人员成本做出分析及预测，并通过 ERP 集成环境，为企业成本分析提供依据。

（2）招聘管理。人才是企业最重要的资源。优秀的人才才能保证企业持久的竞争力。ERP 人力资源管理系统通常从以下几个方面对招聘功能提供支持：首先它能够进行招聘过程的管理，优化招聘过程，减少业务工作量；其次，它对招聘的成本进行科学管理，从而降低招聘成本；同时，它为选择聘用人员的岗位提供辅助信息，并有效地帮助企业进行人才资源的挖掘。

（3）工资核算。ERP 人力资源管理系统能够根据公司跨地区、跨部门、跨工种的不同薪资结构及处理流程制定与之相适应的薪资核算方法。另外，与时间管理直接集成，能够及时更新，对员工的薪资核算动态化。同时，通过和其他模块的集成，自动根据要求调整薪资结构及数据。

（4）工时管理。ERP 人力资源管理系统能够根据本国或当地的日历，安排企业的运作时间以及劳动力的作息时间表。另外，运用远端考勤系统，可以将员工的实际出勤状况记录到主系统中，并把与员工薪资、奖金有关的时间数据导入薪资系统和成本核算中。

（5）差旅核算。ERP 人力资源管理系统能够自动控制从差旅申请、差旅批准到差旅报销整个流程，并且通过集成环境将核算数据导进财务成本核算模块中去。

## 10.3 ERP 与 MRP Ⅱ

作为现代企业管理的一种手段，ERP 的基本思想是采用计算机与信息技术对整个企业的采购、库存、生产、销售、财务等行为和环节进行有效的管理，使企业的各种资源按计划合理调配，并达到减少资源消耗与浪费、提高运行效率的目的。

下面在讨论 ERP 的基本特点的同时，阐述 ERP 与 MRP Ⅱ 的主要区别。

### 10.3.1 ERP 的特点

ERP 的主要特点是集成性（数据信息、模块与质量管理）、信息共享以及科学、合理的流程规范运行与统一管理。

#### 1. 集成性

首先，信息集成是 ERP 的最主要的特征。ERP 对整个供应链上的所有组成部分，例如，供应商、制造商和其他合作伙伴，按照客户和市场的需求，步调协调、一致地开展业务工作，保证产品和服务能够保质、保量、按时交付到客户手中。其次，对企业内部各功能模块而言，ERP 是面向整个企业的管理信息系统，它将传统管理条件下条块分割的各模块与其资源按照流程管理的思想重新整合达到整个企业（供应链）资源的优化配置。同时，ERP 将质量管理功能同其他模块集成能够有效地提高质量管理体系的运作效率，进一步提高企业的产品与服务质量。

#### 2. 流程规范运行与统一管理

ERP 能够权衡供应链上各部分的价值，实现对供应商、制造、财务、客户和分销业务流程的科学的、合理的流程规范运行与统一管理，使整个业务流程流畅、无阻碍地高效进行。

#### 3. 普遍适用性

ERP 的设计思想是在认真考虑了各类企业、非企业等大量组织实体的业务处理任务与流程的共性的基础上，制定了普遍适用于大量不同类型的企业和非企业组织机构的功能模块系统，通过参数配置以适应不同的要求。同时，ERP 具有定制能力，即适应特定企业业务处理所需要的管理模式，形成诸如行业解决方案的功能。

#### 4. 灵活拓展性

ERP 支持企业内部的各组织机构与业务流程的重组与改造，适应企业的发展与拓展，满足各类企业单位管理业务不断变化的需要。进一步地，ERP 系统一般都要开放和其他系统的接口，全部开放产品的源代码，允许客户充分理解和掌握 ERP 系统，给客户提供二次开发的充分支持和自由。进一步地，ERP 常常与自动控制设备、质量检测设备、工程设计、通信、办公自动化、手持输入设备等连接，共同构成企业综合的管理信息系统。

### 10.3.2 ERP 同 MRP II 的主要区别

ERP 同 MRP II 的主要区别体现在资源管理范围、生产方式管理、管理功能、事务处理控制、跨国（或地区）经营事务处理和计算机信息处理技术等方面（陈庄 2006），具体如下所述。

#### 1. 在资源管理范围方面的差别

MRP II 主要侧重对企业内部人、财、物等资源的管理，ERP 系统在 MRP II 的基础上扩展了管理范围，它把客户需求和企业内部的制造活动以及供应商的制造资源整合在一起，形成企业一个完整的供应链并对供应链上所有环节如订单、采购、库存、计划、生产制造、质量控制、运输、分销、服务与维护、财务管理、人事管理、实验室管理、项目管理、配方管理等进行有效管理。

### 2. 在生产方式管理方面的差别

MRP Ⅱ系统把企业归类为几种典型的生产方式进行管理，如重复制造、批量生产、按订单生产、按订单装配、按库存生产等，对每一种类型都有一套管理标准。而在 20 世纪 80 年代末、90 年代初期，为了紧跟市场的变化，多品种、小批量生产以及看板式生产等则是企业主要采用的生产方式，由单一的生产方式向混合型生产发展，ERP 则能很好地支持和管理混合型制造环境，满足了企业的这种多角度经营需求。

### 3. 在管理功能方面的差别

ERP 除了 MRP Ⅱ系统的制造、分销、财务管理功能外，还增加了支持整个供应链上物料流通体系中供、产、需各个环节之间的运输管理和仓库管理，支持生产保障体系的质量管理、实验室管理、设备维修和备品备件管理，支持对工作流（业务处理流程）的管理。

### 4. 在事务处理控制方面的差别

MRP Ⅱ是通过计划的及时滚动来控制整个生产过程，它的实时性较差，一般只能实现事中控制。而 ERP 系统支持在线分析处理 OLAP、售后服务即时质量反馈，强调企业的事前控制能力，它可以将设计、制造、销售、运输等通过集成来并行地进行各种相关的作业，为企业提供了对质量、适应变化、客户满意、绩效等关键问题的实时分析能力。

此外，在 MRP Ⅱ中，财务系统只是一个信息的归结者，它的功能是将供、产、销中的数量信息转变为价值信息，是物流的价值反映。而 ERP 系统则将财务计划和价值控制功能集成到了整个供应链上。

### 5. 在跨国（或地区）经营事务处理方面的差别

现在企业的发展，使企业内部各个组织单元之间、企业与外部的业务单元之间的协调变得越来越多和越来越重要，ERP 系统应用完整的组织架构，从而可以支持跨国经营的多国家地区、多工厂、多语种、多币制应用需求（中国企业应对全球供应链发展的策略）。

### 6. 在计算机信息处理技术方面的差别

随着 IT 技术的飞速发展，网络通信技术的应用，使 ERP 系统得以实现对整个供应链信息进行集成管理。ERP 系统采用客户/服务器（C/S）体系结构和分布式数据处理技术，支持 Internet/intranet/extranet、电子商务、电子数据交换（EDI），并实现在不同平台上的互动。

## 10.4 ERP 中的供应链管理

随着信息技术的迅猛发展以及广泛应用，企业与企业之间的竞争已变得越来越激烈，企业之间的竞争已变成其供应链与供应链之间的竞争。

### 10.4.1 供应链的概念

#### 1. 供应链的概念

供应链是围绕核心企业，通过对信息流、物流、资金流的控制，从采购原材料开始，制成中间产品以及最终产品，最后由销售网络把产品送到消费者手中的，将供应商、制造商、仓库、配送中心、分销商、零售商、直到最终用户连成一个整体的功能网链结构。供应链分为外部供应链和内部供应链。外部供应链是指企业外部的、与企业相关的产品生产和流通过程中涉及的原材料供应商、外协厂商、储运商、零售商以及最终消费者组成的供需网络。内部供应链则是企业内部产品生产和流通过程中所涉及的采购部门、生产部门、仓储部门、销售部门等组成的供需网络。进一步地，企业的外部供应链又可分为产业供应链或动态联盟供应链和全球网络供应链。

#### 2. 供应链管理的概念

供应链管理是通过前馈的信息流和反馈的物料流及信息流，将供应商、制造商、分销商、零售商，直到最终用户连成一个整体的管理模式。它是一种新的管理策略，把不同企业集成起来以增加整个供应链的效率，注重企业之间的合作。它的主要目标是以系统的观点，对多个职能和多层供应商进行整合和管理外购、业务流程和物料控制。有的学者从战略高度对供应链管理概括为供应链上的两个或更多企业进入一个长期协定，以彼此信任和承诺发展成伙伴关系，通过需求和销售信息共享的物流活动的整合，以提升对物流过程运动轨迹控制的潜力。简单地说，供应链管理覆盖了包括外购、制造分销、库存管理、运输、仓储、客户服务在内的从供应商到客户的全部过程。

有的学者认为供应链管理就是指对整个供应链系统进行计划、协调、操作、控制和优化的各种活动过程，其目标是恰当的时间（right time）、恰当的地点（right place）、恰当的条件（right condition）下，将恰当的产品（right product），以恰当的成本（right cost）、恰当的方式（right manner）提供给恰当的消费者（right consumer），即 7R。

供应链管理涉及的内容主要包括战略性供应商和用户合作伙伴关系管理、供应链产品需求预测和计划、供应链的设计（全球节点企业、资源、设备等的评价、选择和定位）、企业内部与企业之间物料供应与需求管理、企业间资金流管理（汇率、成本等问题）、基于互联网的供应链交互信息管理等。

### 10.4.2 供应链管理的原则

为了帮助企业缩短订单履行时间、降低成本、提高投资回报率，Andersen 咨询公司总结了供应链管理的七项原则。

（1）根据客户所需的服务特性来划分客户群。传统意义上的市场划分基于企业自己的状况如行业、产品、分销渠道等，然后对同一区域的客户提供相同水平的服务；供应链管理则强调根据客户的状况和需求，决定服务方式和水平。

（2）根据客户需求和企业可获利情况，设计企业的后勤网络。例如，一家造纸公司发现两个客户群存在着截然不同的服务需求：大型印刷企业允许较长的提前期，而小型的地方印刷企业则要求在 24 小时内供货，于是它建立的是三个大型分销中心和 46 个紧缺物品快速反应中心。

（3）倾听市场的需求信息。销售和营运计划必须监测整个供应链，以及时发现需求变化的早期警报，并据此安排和调整计划。

（4）时间延迟。由于市场需求的剧烈波动，因此距离客户接受最终产品和服务的时间越早，需求预测就越不准确，而企业还不得不维持较大的中间库存。例如，一家洗涤用品企业在实施大批量客户化生产的时候，先在企业内将产品加工结束，然后在零售店才完成最终的包装。

（5）与供应商建立双赢的合作策略。迫使供应商相互压价，固然使企业在价格上受益，但是，相互协作则可以降低整个供应链的成本。

（6）在整个供应链领域建立信息系统。信息系统首先应该处理日常事务和电子商务，然后支持多层次的决策信息，如需求计划和资源规划，最后应该根据大部分来自企业之外的信息进行前瞻性的策略分析。

（7）建立整个供应链的绩效考核准则，而不仅仅是局部的个别企业的孤立标准，供应链的最终验收标准是客户的满意程度。

### 10.4.3 供应链管理的实施步骤

为了实施供应链管理，Kearney 咨询公司强调应该首先制定可行的实施计划，具体分为四个步骤：

（1）将企业的业务目标同现有能力和业绩进行比较，首先发现现有供应链的显著弱点，经过改善，迅速提高企业的竞争力。

（2）同关键客户和供应商一起探讨、评估全球化、新技术和竞争局势，建立供应链的远景目标。

（3）制定从现实过渡到理想供应链目标的行动计划，同时评估企业实现这种过渡的现实条件。

（4）根据优先级安排上述计划，并且承诺相应的资源。根据实施计划，首先定义长期的供应链结构，使企业在与正确的客户和供应商建立的正确的供应链中，处于正确的位置。然后，重组和优化企业内部和外部的产品、信息和资金流。最后，在供应链的重要领域如库存、运输等环节提高质量和生产率。

需要指出，实施供应链管理需要耗费大量的时间和财力。Kearney 咨询公司指出，供应链可以耗费整个公司高达 25%的运营成本，而对于一个利润率仅为 3%～4%的企业而言，哪怕降低 5%的供应链耗费，也足以使企业的利润翻番。供应链管理是当前国际企业管理的重要方向，也是国内企业富有潜力的应用领域。通过业务重组和优化提高供应链的效率，降低成本，提高企业的竞争能力。

### 10.4.4 企业内部供应链

企业内部供应链是 ERP 系统的一部分，是将企业内部经营环节中的诸如订单、采购、库存、计划、生产、质量、运输、市场、销售、服务、财务、人事管理等业务活动纳入一条供应链内进行统筹管理，以便达到企业各种业务活动和信息能够实现集成和共享的目的。

企业的内部供应链主要包括物料需求计划、采购管理、库存管理、存货核算和管理、销售管理子系统。

物料需求计划是依据主生产计划对最终产品的需求数量和交货期的需求，推导出产品从零部件及材料的需求量和需求日期到自制零件的制造订单下达日期和采购件的采购订单发放日期。因此，物料需求计划能够解决企业生产什么、生产数量、开工时间、完成时间，以及外购什么、外购数量、订货时间、到货时间，它是ERP 企业内部供应链的重要组成部分，是供应链的入口。

采购管理是企业物资供应部门按照企业的物资供应计划，根据采购、加工制作的渠道，采购取得企业生产经营活动所需要的各种物资的过程。采购管理负责处理采购入库单和采购发票并根据采购发票确认采购入库成本。与库存管理系统配合使用可以随时掌握存货数量信息，从而减少盲目采购，避免库存积压；与存货管理系统联合使用，可以为存货核算提供采购入库成本，便于财务部门及时掌握存货采购成本。

ERP 中的库存管理系统通过对企业存货进行管理，正确地计算存货购入成本，促使企业努力降低存货成本。同时，该功能能够反映和监督存货的收发、领退和保管情况，反映和监督存货资金的占用情况，控制存储物料的数量，以保证稳定的物流支持企业正常生产但又最小限度的占用资本。进一步地，该功能能够在满足相关部门需求的同时，随时间变化动态地调整库存，精确地反映库存现状。

存货管理是企业内部供应链管理的核心，该功能可以帮助企业的仓库管理人员对库存商品进行详尽的、全面的控制和管理。同时，该功能能够提供各种库存报表和库存分析，并为管理人员提供决策依据从而实现降低库存、减少资金占用、避免物品积压或短缺、保证企业经营活动顺利进行。

ERP 中的销售管理能够进行销售订货、发货、开票、退货等操作，同时，该功能能够在进行发货处理时可以对客户信用额度、存货量、最低售价等进行检查和控制，而通过审核的发货单可以自动地生成销售出库单、冲减库存的现存量。同时，该功能可以进行销售增长分析、销售结构分析、销售毛利分析、市场分析和商品周转率分析。

### 10.4.5 企业外部供应链

企业外部供应链主要有产业供应链或动态联盟供应链和全球网络供应链两种模式。产业供应链或动态联盟供应链管理是将企业内部供应链管理延伸和发展为面向全行业的产业链管理，其管理的资源从企业内部扩展到了外部全行业，在整个行业中建立一个环环相扣的供应链，使多个企业能在一个整体的管理下实现协作经营和协调运作。

立足于全球生产、全球经营和全球销售的大型跨国企业，为了取得竞争优势、获取超额利润，必须在全球范围内分配和利用资源，通过采购、生产、营销等方面的全球化，实现资源的最佳利用和发挥最大的规模效益。因此，全球供应链由此应运而生。在全球供应链中，产品的进货生产与销售的整个过程都发生在全球性的不同工厂。需要指出，互联网与电子商务的快速发展和应用极大地改变了全球供应链的层次结构，形成了基于互联网的开放式的全球网络供应链。在全球网络供应链上，企业的形态与边界发生了根本性的改变，整个供应链的协同运作变成了交互式、透明的协同工作。

全球网络供应链管理与国内供应链管理之间存在着一些区别如下：

（1）文化、政治环境、法律、技术、经济及竞争因素的不同会给跨国企业间的沟通带来困难。全球网络供应链的战略集成已经成为提高企业运行效率的必然选择。这种全球供应链的战略集成不仅是企业的采购、产品研发设计、制造、营销、销售和服务等职能的集成，而且也是跨文化和跨地区的企业的合作、协调、协作和战略集成。面对全球网络供应链中的运输和仓储等主要物流环节和基本业务的全球化，企业的结构和运作方式的不同、各国间的语言、文化和价值体系方面的不同，会产生交流的障碍与人员管理方面的问题。

（2）信息共享的挑战。信息共享已经成为全球供应链竞争优势的重要标志，它直接反映了全球供应链的集成及自动化程度。全球供应链中合作伙伴之间需要共享的信息包括资源、库存、需求预测、订货状态、产品计划、生产进度、销售、服务、财务、人事等方面。但是，由于技术上与地域上的因素，全球供应链中合作伙伴之间的信息不对称和不愿意共享信息使得供应链的管理面临着运行效率低下和总体竞争力不强的制约问题。

## 10.4.6 供应链上的信息孤岛

“信息孤岛”一词最早是由我国经济学家吴敬琏在 2002 年提出的。信息孤岛是指相互之间在功能上不关联互助、信息不共享互换以及信息与业务流程和应用相互脱节的计算机应用系统。

### 1. 信息孤岛的类型

企业在信息化建设过程中存在着常见的四种类型的信息孤岛，即数据孤岛、系统孤岛、业务孤岛和管控孤岛。

作为最普遍的形式，数据孤岛存在于所有需要进行数据共享和交换的系统之间。随着企业计算机技术运用的不断深入，不同软件间，尤其是不同部门间的数据信息不能共享，设计、管理、生产的数据不能进行交流，数据出现脱节，即产生信息孤岛，势必给企业的运作带来信息需要重复多次的输入、信息存在很大的冗余、大量的垃圾信息、信息交流的一致性无法保证等困难。

系统孤岛是指在一定范围内，需要集成的系统之间相互孤立的现象。原先各自为政所实施的局部应用使得各系统之间彼此独立，信息不能共享，成为一个个信息孤岛。有条件的企业投入资金将以前的系统重新升级、设计，在一定范围内实现了信息的共享，业务可以跨部门按照流程顺序执行。经过一段时间后，又有新的系统要上，又发现这些系统所需要的数据不能从现有系统中提取，仍然要从现有系统统计打印出来再输入到新系统中，又出现了信息孤岛。

业务孤岛表现为企业业务不能通过网络系统完整、顺利地执行和处理。在企业内部网络系统和网络环境的建设中，以企业发展为目标的信息化要求日益迫切，企业的业务需要在统一的环境下，在部门之间进行处理。企业里经常遇到的头痛问题是“产供销严重脱节”、“财务账与实物账不同步”，其实质就是生产流程、供应流程、销售流程和财务流程都是孤立运行，没有能够形成一个有机的整体。信息孤岛的要害就是割断了本来是密切相连的业务流程，不能满足企业业务处理的需要。

管控孤岛是指智能控制设备和控制系统与管理系统之间脱离的现象，影响控制系统作用的发挥。企业需要向其上级主管部门上报企业的经营情况、接收上级的各种指令和计划，同时管理层也需要通过信息系统了解和掌握现有信息做出明确的决断，然而由于信息孤岛的存在不能满足信息共享的需要。信息孤岛的问题已经严重地阻碍了企业信息化建设的整体进程，使企业在进行新一轮投入时，难于决断。

### 2.“信息孤岛”的具体表现与危害

首先，“信息孤岛”导致信息多向采集和重复输入，从而影响到数据的一致性和正确性，使得大量的信息资源不能充分发挥应有的作用，效率低下。企业面对不同来源的报表中不一致的数据而无所适从，成为阻碍信息化进一步发展的障碍。

其次，“信息孤岛”不能实现信息的及时共享和反馈，影响业务的顺利开展。由此所造成的信息共享、反馈障碍造成企业信息化作用无法得到有效体现。

同时，“信息孤岛”无法有效地提供跨部门、跨系统的综合性的信息，各类数据不能形成有价值的信息，局部的信息不能提升为管理知识，决策支持只能是空谈。

最后，“信息孤岛”使得企业对外与供应商、分包商、客户之间在产业链上的沟通、协调和协作无法进行。而且，对内与在企业产供销的供应链均无法实现一体化集成。

### 3. 解决“信息孤岛”问题的对策与方案

如何在供应链上的企业内部、企业之间以至于供应链与供应链之间解决“信息孤岛”的问题，下面四个层面的应用集成可供参考：

（1）数据层面的集成，即共享或者合并来自于两个或更多应用的数据。其具体内容包括数据共享、数据转化、数据迁移及数据复制等操作。该层面的集成是实现信息共享最基本的需求，但是，它涉及数据格式的转换、数据冗余以及完整性的保持等诸多难题。

（2）应用系统集成，即使不同应用系统之间能够相互调用信息。

（3）用户界面的集成，它是采用一个标准的界面（例如，使用浏览器）来替换原先系统的终端窗口和 PC 的图形界面。通常情况下，系统终端窗口的应用程序功能可以一对一地映射到一个基于浏览器的图形用户界面，从而形成一个面向用户的、新的、统一的表示层。

（4）业务流程整合，即逐一优化原有的业务流程，并通过流程把所有的应用、数据管理起来，使它们贯穿于众多应用系统、数据、用户和合作伙伴之中。这是最理想的整合层次。

目前，国内的应用集成更多地处于数据层面的集成。数据集成经常采用数据库中间件与 XML-RDBMS 中间件完成；应用系统集成和业务流程整合的实现方法为：API 调用、业务组件调用以及目前最新的基于服务功能调用三种方式实现。在技术实现上，有微软的 COM、DCOM、COM+、OMG 的 CORBA 以及 Java 的 EJB 组件标准；用户界面集成将对带有 API 或没带 API 的应用进行打包处理，使之可以被以组件为标准的最新应用（如 Web 应用）直接调用；传统意义上的应用集成具有很大的客户化程度，提供更多的是咨询和服务，它不能被称为是一种产品。对于行业客户来说，除非一个行业已经有自己的协议标准，否则也无法实现行业化的解决方案。

### 10.4.7 供应链管理与信息技术的应用

#### 1. 基于 SOA 架构的整合

一种信息技术的产生与发展都是和实际需求密不可分的。当信息化的供应链需要在供应链上的企业内部、企业与企业之间、甚至供应链与供应链之间展开资源整合时，一种新的技术与架构应运而生，即 SOA（Service-Oriented Architecture）。SOA 是指面向服务的架构，是为了解决在互联网环境下业务集成的需要而研制出来的。它采用了组件模型，能够基于互联网实现系统之间的整合与协同。SOA 整合的最大特征是基于统一的标准规范进行的，它有开放统一的服务和标准。这个统一的标准是由美国的 W3C 联盟制造的，就是 HTML 等互联网标准的制造者。只要是在 SOA 架构下开发的系统，不受软件厂商的限制，都可以进行数据交换。基于 SOA 架构的整合，能够解决与打通供应链上的企业与企业之间、供应链与供应链之间的“信息孤岛”问题，从而组建具有强大竞争力的供应链。

#### 2. 运用 BI 技术挖掘最具价值的信息

运用 SOA 架构的整合解决供应链上的企业之间、供应链与供应链之间的“信息孤岛”问题，但是，这并不是最后的目标。整合的更高层次之一是运用 BI（Business Intelligence）技术，即商业智能，实现对数据进行挖掘、整合、分析，提供给企业高级管理人员辅助决策的有用信息。

## 10.5 ERP 与客户关系管理

### 10.5.1 客户关系管理的概念

不同的专家学者从不同的角度对客户关系管理（CRM）的概念进行了表述，例如，从战略的角度看，CRM 是为了增进赢利、销售收入和客户满意度而设计的、企业范围的商业战略；从策略的角度看，CRM 按照客户细分情况有效地组织企业的资源，培养以客户为中心的经营行为以及实施以客户为中心的业务流程，并以此为手段来提高企业的获利能力、收入以及客户满意度；也有的学者从战术角度认为 CRM 是一种以客户为中心，以信息技术为手段，对业务功能进行重新设计，并对工作流程进行重组的经营策略；也有的学者认为 CRM 是利用先进的信息技术、为企业建立一个客户信息收集、管理、分析、利用的信息系统。

可以认为，CRM 是以先进的管理思想及技术为手段，通过企业内部涉及客户服务的业务流程有效整合的，以更低成本、更高效率满足客户的需求、最大限度地提高客户满意度及忠诚度的系统与管理行为。CRM 的核心思想是通过不断的改善销售、营销、客户服务和支持等业务流程来提高各个环节的自动化程度与效率，从而缩短销售周期、降低销售成本、扩大销售量、增加收入与赢利、抢占更多市场份额、寻求新的市场机会和销售渠道，最终从根本上提升企业的核心竞争力。具体地，CRM 的思想主要体现在以下七个主要方面（简称 7P）：

（1）客户概况分析（profiling）包括客户的层次、风险承受偏好、爱好、习惯等；

（2）客户忠诚度分析（persistency）是指客户对某个产品或商业机构的忠实程度、持久性、变动情况等内容；

（3）客户利润分析（profitability）是指不同客户所消费的产品的边缘利润、总利润额、净利润等内容；

（4）客户性能分析（performance）是指不同客户所消费的产品按种类、渠道、销售地点等指标划分的销售额内容；

（5）客户未来分析（prospecting）包括客户数量、类别等情况的未来发展趋势、争取客户的手段等内容；

（6）客户产品分析（product）包括产品设计、关联性、供应链等内容；

（7）客户促销分析（promotion）包括广告、宣传等促销活动的管理。

### 10.5.2 客户关系管理的功能

客户关系管理的主要功能可以分为以下几个部分。

#### 1. 客户信息管理

该功能负责对企业的客户资料进行统一的管理，具体包括对客户类型的划分、客户基本信息、客户联系人信息、企业销售人员的跟踪记录、客户状态、合同信息等。

#### 2. 市场营销管理

该功能负责制定市场推广计划，并对各种渠道（包括传统营销、电话营销、网上营销）接触的客户进行记录、分类和辨识，提供对潜在客户的管理，并对各种市场活动的成效进行评价。CRM 营销管理最重要的是实现一对一的营销，从“宏观营销”到“微观营销”的转变。

#### 3. 销售管理

该功能包括电话销售、现场销售、销售佣金等的管理，支持现场销售人员的移动通信设备或掌上电脑接入，以及帮助企业建立网上商店、支持网上结算管理及与物流软件系统的接口。

#### 4. 服务管理与客户关怀

该功能包括产品安装档案、服务请求、服务内容、服务网点、服务收费等管理信息，详细记录服务全程进行情况，支持现场服务与自助服务，辅助支持实现客户关怀。

### 10.5.3 ERP与CRM的集成

为了发挥CRM在客户服务方面的优势与ERP在企业后台管理的优势，以便提高客户的个性化服务、提高客户的满意度，可以考虑将CRM与ERP进行集成与整合，以实现市场、销售、服务、生产、供应的一体化。

#### 1. 客户信息管理指导生产

一般来说，ERP对客户管理的功能稍弱，它的重点放在提升企业的管理效率之上。而ERP与CRM都要用到客户的一些基本信息，例如，客户信用额度、付款条件、客户订单情况等信息，这有助于ERP汇总客户一段时间内的订单金额、所购买的产品对企业贡献的利润水平。值得注意的是，CRM注重对客户信息的管理，例如，客户投诉的追踪处理上，这样的信息共享能够指导ERP改进产品的工艺与设计、提高产品的质量、满足客户与其个性化服务的需求、提高客户的满意度，最大限度地减少客户的客户投诉和抱怨。

#### 2. 客户信息资源共享

通常地，CRM系统维护的客户信息通常是比较全面的，把CRM与ERP两个系统整合起来，实现数据共享，客户信息只需输入一次， 即可实现两个系统的共同调用，大大减少业务人员的工作强度，提高企业员工的工作效率。

#### 3. 产品信息的共享与一致性

在CRM与ERP系统中都要用到诸如产品的基本信息、产品的BOM表、产品的客户化配置和报价等信息内容，同时，CRM系统记录的客户的历史报价情况、客户的回复信息等有助于研发部门快速生成产品的基本信息。因此，为了防止在CRM与ERP的业务部门、生产部分、研发部门之间出现不同版本的产品信息表等信息内容，防止数据信息的重复输入与不一致，产品的信息共享是非常重要的。

#### 4. 营销管理

虽然ERP系统与CRM系统都有销售管理的功能，但是，它们的侧重点是不同的。其中，CRM系统在销售管理方面强调的是过程，注重机会管理、时间管理和联系人管理等方面的工作，而ERP系统强调更多的是结果，注重销售计划和销售成绩方面的工作。可以认为，CRM提供的营销工具是ERP所望尘莫及的，但是，在CRM中营销工具所要用到的很多产品信息却是由ERP系统提供的。例如，CRM要分析哪些产品对企业的利润贡献比较大，作为下一年度重点推广的产品，ERP的成本模块能够帮助CRM客户管理系统计算统计产品的成本。CRM系统有时需要了解哪些客户给企业带来的利润大，重点客户的一些个性化需求能否反映到产品的生产中去，产品交货期是否都能满足等数据信息，这些数据都来源于ERP系统。因此，将ERP系统与CRM系统的营销管理进行整合，将有助于CRM营销的运作和成功，提高CRM系统的效率（许海燕等 2003)。

## 10.6 ERP 的实施

ERP 系统不仅仅是一个软件，而且是传播先进信息技术与先进管理思想的工具。因此，在选择和实施 ERP 系统时，企业的高级管理人员要充分考虑企业的发展方向、信息化基础、管理规范、管理创新和技术创新能力、业务人员的文化素质与计算机技能、业务数据处理量大小以及企业文化等方面的因素。同时，不同的企业实施 ERP 可能采用不同实施方法，要针对具体的、个性条件安排实施工作。需要指出，实施 ERP 需要一个漫长的过程，不可能一步到位，而且，实施后还有一个创新过程，具有一定的风险性，因此，实施企业还应当具有一定的承担风险的能力。

实际上，企业实施 ERP 系统总体上分为两个阶段，即前期工作和项目实施。其中，实施 ERP 系统的前期工作流程包括成立筹备小组、ERP 知识培训、可行性分析与立项、需求分析、测试数据准备和选型，而项目实施则包括准备、建设、切换准备、切换运行和验收几个步骤。

### 10.6.1 前期工作

在企业实施 ERP 系统的前期工作流程中，筹备小组的成员包括企业的高级管理人员（如副总经理）、各管理部门主要领导、熟悉管理业务的人员、熟悉计算机业务的人员以及邀请的咨询专家；可行性分析需要考虑企业的现状以确定 ERP 项目的经济可行性和技术可行性。筹备小组提出可行性分析报告，然后经过企业领导决策批准后，正式对 ERP 项目进行立项，做出项目各种预算；需求分析负责考察各职能部门需要处理的业务需求，例如，数据信息与报表需求，以及各种信息系统（例如，CAM、CAI、CAD、DSS 等）间数据传输的接口问题；测试数据准备负责从各主要业务数据中抽取一些典型数据，作为以后 ERP 选型的测试数据。

下面讨论前期工作中的一项重要步骤，ERP 系统的选择问题。随着 ERP 系统的发展及其给企业带来的良好效益，为了提高其竞争力，国内外越来越多的企业开始选择并实施相应的 ERP 系统。但是，ERP 系统在给企业带来效益的同时，如果选择和实施 ERP 系统不当可能使企业背上沉重的包袱，因此，ERP 系统的选择是一个重要的任务。

一般地，企业实施 ERP 系统通常有两个途径， 即自行研发和购买现成的商业软件，而且，这两种途径各有优缺点。

首先，自行研发 ERP 系统的缺点在于研发时间长，成功与否不确定；其次，企业根据当前的研发能力（企业自身的管理人员与软件开发人员）自行开发 ERP 系统的起点较低。

但是，购买现成的 ERP 软件系统，则可以选择当前最先进的，而且可以了解其成功的案例，同时，相对于自行开发，企业安装调试现成的系统所需的时间会相对较短，重要的是，购买安装当前最先进的 ERP 系统可以给企业带来先进的信息技术和先进的管理理念和方法。

同时，需要指出，购买安装当前最先进的 ERP 系统可能会出现以下的问题，因此，企业在选择时需要慎重考虑一些问题，例如：

（1）软件的功能是否适合本企业当前与未来发展的需求？

（2）ERP 软件与实施服务的价格；

（3）与企业当前使用的各类信息系统的兼容性；

（4）软件供应商与实施服务的持续服务能力；

（5）实施服务的方法与质量；

（6）软件供应商的维护、二次开发支持能力；

（7）注意软件的运行环境；

（8）文档资料的规范与齐全性；

（9）ERP 成功实施的企业应用范例。

需要指出，在国外一些 ERP 系统软件中，适合于大型跨国企业和大型企业使用的包括德国 SAP 公司的 SAP R/3、美国 ORACLE 公司的 ORACLE、荷兰 BAAN 公司的 BAAN，适合于大型跨国企业和大型企业使用的包括 SSA、FOURTHSFIFT、QAD、FRONTSTEP 等。

国内一些主要的 ERP 系统软件供应商中有浪潮公司、用友公司、金蝶公司和金算盘等。

### 10.6.2 项目实施

#### 1. 准备步骤

该步骤包括成立三级项目组织、确定项目的范围、目标和方法以及确定项目工作计划等内容。三级项目组织是指项目领导小组、项目实施小组和项目应用组。其中，项目领导小组由企业的高级管理人员及各职能部门主管组成，负责确定项目的总体目标、检查项目进度与成果、促进内部改革、确定项目实施小组成员等；项目实施小组通常由首席信息执行官（CIO）或者总工程师担任组长，由各业务部门主管、ERP 高级专家等组成，负责制定项目的实施计划，监督实施计划的执行，组织、指导项目应用组的工作，组织项目原型测试与模拟运行，收集数据并制定数据规范，内部培训、提交阶段工作报告等；企业根据 ERP 系统实施领域涉及的部门设置多个不同的项目应用组，而且，每个组的组长由该部门主管担任，并由该部门主要业务人员组成。每个项目应用组的职责是根据其业务特点制定本部门的实施方法和步骤，对系统的实施提供信息反馈与改革意见等。

项目工作计划负责项目进度计划、经费概算与业务改革计划等内容。

此外，在项目准备步骤中，还包括企业管理现状描述、ERP 的管理方式、业务实现与改革、达到的效果等方面的调研与咨询工作。

#### 2. 建设步骤

建设步骤的主要内容包括制定方案、静态数据准备、软件二次开发以及系统安装调试等方面。就制定方案而言，需要完成的工作有需求调查报告、初步设计报告和详细调查报告等。而不随时间变化的静态数据则包括物料编码、物料清单、工艺、工时定额数据、工作中心能力数据、客户资料、供应商资料、会计科目以及各部门资源等。

### 3. 切换准备

在切换准备步骤，需要完成培训、编制用户手册和模拟运行（并行）任务。关于培训，首先需要对领导小组的高级管理人员进行 ERP 系统管理理念的教育，以及新的管理方法和业务流程的教育。其次，对项目实施小组成员进行项目管理、项目实施办法、系统功能以及业务流程的培训。对项目应用组人员而言，他们需要学习并掌握系统操作。同时，还需要对系统管理人员以及开发等技术人员进行培训。

在进行模拟运行或系统并行运作时，需要准备数据，例如，初始静态数据、业务输入数据和业务输出数据，并进行原型测试、用户化与二次开发、建立工作点与并行的工作。在系统并行期间，企业的运转状态必须达到以下情况时才能够决定切换运行，即物品代码资料必须准确，重复率为零，BOM 资料准确率在 98%以上，库存数据准确率在 95%以上，工艺路线准确率在 95%以上等。

### 4. 切换运行

切换运行也叫系统切换，是在并行运行过程的后期，在并行业务进行结账后，认证了新的系统可以达到正确处理业务数据，并输出满意的结果，新的业务流程运作也已经顺利完成并与预期符合，操作人员可以满足系统操作要求，从而决定停止原手工作业方式、停止原系统的运行，相关业务完全转入 ERP 系统的处理。

### 5. 验收

在进行 ERP 项目验收时，首先要准备一些报告，例如，工作报告、系统使用报告、技术报告、测试报告、经济效益报告等，这样需要进行业绩考核，例如，产品销售毛利润增长、产品准时交货率、生产周期、采购周期、库存准确率、库存占用资金、废品率、原材料利用率、产品开发周期、成本核算工作效率等。需要指出，ERP 对企业的影响是全方位的，效益也是多方面的，除了可以计算的经济指标外，还有一些没办法计量的管理效益。

同时，企业还需准备详细的设计手册、系统维护手册和用户手册等。

项目验收的最后一项任务是组织有关验收部门的领导、ERP 系统验收专家（例如，ERP 专家、管理专家和企业同行）和系统研发的主要参与人员一起进行开会验收。

## 10.6.3 ERP 系统实施的失败与成功因素

ERP 系统成功的关键因素有人、培训、软硬件、数据等方面。

（1）ERP 系统架构和企业的运作流程是否匹配。

ERP 系统的架构是基于企业采购、生产、销售、财务、人力资源等具有固定的流程模式环节，而如果企业的管理基础过于薄弱，各生产环节没有固定的流程模式，那么新的 ERP 系统就很难适应企业当前的运作流程，也就起不到应有的作用，甚至影响企业业务的运作。因此，ERP 系统的选型需考虑企业自身的实际情况与适用性。

（2）管理工作基础是否支持 ERP 系统。

企业的管理工作基础不仅决定 ERP 系统所具有的先进管理思想能否在企业落实，

而且影响到ERP项目能否在企业成功实施。ERP系统固定模式的流程不一定符合当前企业的运作模式，因此，企业常常需要对其业务流程进行改造，如果企业原有的业务流程复杂不清，或盘根错节，那必将影响ERP项目的成功实施，而且企业的管理层能否具有一定的执行力去按照ERP的规范流程模式进行业务流程的改造也是一个重要的问题。

（3）基础数据是否准确、规范、一致。

企业的产品结构、工艺路线、物品编码、计量标准、仓库货位、财务、人力资源等基础数据需要按照企业长期经营发展的需求和信息管理的要求进行统一和规范的管理。但是，面对庞大的数据资源，有的企业很难做到数据的准确性、规范性以及各部门间的数据一致性。而ERP之所以能帮助企业进行高效管理，是因为它能够及时地、准确地存储、处理和分析大量的、实时的数据。因此，数据的质量和准确度会影响ERP系统的成功应用。同时，如果各职能部门之间缺乏数据沟通，那么它们的后台数据库就变成了“信息孤岛”，不但影响数据的一致性，还影响ERP系统对数据的集成。

（4）ERP系统功能是否能满足企业当前的需求，如果不能，那么二次开发能否达到目标，系统是否具有一定的扩展性。同时，需要指出，二次开发的周期不能拖得太长；否则，成本问题、技术先进性、对企业的影响等都是值得考虑的问题。

（5）人的问题。有的研究人员认为人的因素是ERP成功应用的最重要的因素。各级管理人员与参与人员的思想认识，例如，高级管理人员的参与程度，中级管理人员的积极性，广大员工的积极配合的态度甚至被认为是最关键的因素。企业的各级管理人员必须对ERP系统有充分的理解和认识，这样才能发挥ERP系统的真正的功效。同时，ERP专家的咨询指导水平、研发人员的技术水平与行业作业方式的理解程度、企业管理人员与操作人员的素质和执行方式都是ERP系统成功的影响因素。另外，一个企业的企业文化与领导者的领导能力、个人魅力和对新的信息技术与ERP产品的态度也是不可忽视的重要因素。

（6）ERP系统是否成熟问题。ERP系统的功能是否完善、界面是否友好与易于操作、各功能模块间的逻辑关系与数据的完整性和一致性、安全性、可扩展性是否符合企业的长期发展需求等因素都将影响ERP系统成功应用。因此，市场环境对ERP系统的质量认定、质量标准规范与价格认定也被认为是影响ERP系统成功应用的因素。

## 10.7 小结

本章首先讨论了ERP的发展历程，分析了MRP与MRPⅡ的概念和特点以及由MRPⅡ到ERP的演变过程。需要指出，MRP即物料需求计划，是一种企业管理软件，目标是要实现对企业的库存和生产过程的有效管理。利用MRP能够把握生产进度计划中规定的最终产品的交货日期，编制所有构成最终产品的装配件、部件、零件的生产进度计划、对外采购计划、对内生产计划，并根据所确定的生产计划，通过科学的计算确定各种物料的需求量和需求时间，从而达到降低库存量、节约成本的目的。

而MRPⅡ，即制造资源计划，从企业整体最优的角度出发，运用科学的管理方法，在MRP的基础上把企业生产经营活动中的生产、供应、销售、财务等各环节进行合理有效地计划、组织、控制和协调，以实现资源有效利用以及最大化。在讨论了MRPⅡ系统的逻辑流程的同时，本章讨论了MRPⅡ特点，即生产经营活动的统一性、计划的一贯性与可行性、管理的系统性、环境适应性、决策模拟性、数据共享性和物流、资金流的统一性。

然而，随着全球经济一体化进程的不断深入，企业的生存环境发生了深刻的变化，产业上下游企业之间的关系由竞争转向合作，包括消费者与供应商在内的供需链管理已经成为企业生产经营管理的重要组成部分，MRPⅡ系统已无法满足企业对内外资源全面管理的要求，MRPⅡ逐渐发展成为新一代的企业资源规划，即ERP。ERP把客户需求和企业内部的制造活动以及供应商的制造资源整合在一起，形成一个完整的企业供应链系统。ERP从横向的、纵向的与行业方面扩展了MRPⅡ的功能，实现了企业所有资源的整合与集成管理，达到了企业运营过程中的物流、资金流和信息流的全面一体化管理。

其次，本章讨论了ERP的结构与功能，其中，包括了企业经营规划、销售与运作规划、主生产计划（粗能力计划）、物料需求计划、能力需求计划、车间作业计划、采购计划、库存管理、质量管理、财务管理、物流管理、人力资源管理等功能模块。

同时，本章讨论了ERP的主要特点，即集成性（数据信息、模块与质量管理）、信息共享以及科学合理的流程规范运行与统一管理。进一步地，ERP的特点也体现在它与MRPⅡ的区别上，即在资源管理范围方面的差别、在生产方式管理方面的差别、在管理功能方面的差别、在事务处理控制方面的差别、在跨国（或地区）经营事务处理方面的差别、在计算机信息处理技术方面的差别。

关于ERP中的供应链管理，本章讨论了供应链的概念，即围绕核心企业，通过对信息流、物流、资金流的控制，从采购原材料开始，制成中间产品以及最终产品，最后由销售网络把产品送到消费者手中的，将供应商、制造商、仓库、配送中心、分销商、零售商、直到最终用户连成一个整体的功能网链结构。而供应链管理是通过前馈的信息流和反馈的物料流及信息流，将供应商、制造商、分销商、零售商，直到最终用户连成一个整体的管理模式。同时，给出了供应链管理的原则与实施步骤。注意到，企业内部供应链是企业内部经营环节中的诸如订单、采购、库存、计划、生产、质量、运输、市场、销售、服务、财务、人事管理等业务活动纳入一条统筹管理的供应链，以便达到企业各种业务活动和信息能够实现集成和共享的目的，而企业外部供应链主要有产业供应链或动态联盟供应链和全球网络供应链两种模式。关于供应链上的信息孤岛问题，本章讨论了信息孤岛的类型、具体表现与危害以及解决“信息孤岛”问题的对策和方案。针对信息技术在供应链管理中的应用，讨论了基于SOA架构的整合与运用BI技术挖掘最具价值的信息方法。

最后，本章讨论了ERP实施的前期准备工作、实施步骤和ERP系统实施的失败与成功因素。

## 案例 10.1 用友 ERP 锦西天然气信息化案例

（硅谷动力：http://www.enet.com.cn/article/2008/0926/A20080926363685.shtml）

### 1. 企业介绍

隶属于辽宁华锦化工（集团）公司的锦西天然气化工有限责任公司是我国第一个以海底天然气为原料的大型化肥生产企业，总投资 20.1 亿元人民币，现有员工 1836 人，是集采购、生产、研发、营销、运输、管理信息化为一体的大型国有企业，并被评为“辽宁省百家信息化建设试点单位”重点单位。

### 2. 企业的信息化建设

1）信息化建设历程回顾

锦西天然气是 1992 年建设投产，1995 年开始建设整个网络系统。那时企业管理技术已经提高很多了，计算机平台主要以 486 为主。

1998 年到 2003 年，企业引入了后来被用友收购的安易 2000 财务系统，主要包括管理库房和财务部分。企业也开发了一套办公管理系统、生产管理系统、质量统计分析系统等，初步实现了办公自动化，财务电算化。电算化是将手工改成计算机的过程，但同实施信息化有很大差别。

现在提到企业管理都用“信息化”这个名词。概括起来，是指用计算机平台来搭建的企业全方位的管理。2003 年至今，企业在原有的基础上全面提出信息化建设，正式引入和实施用友 ERP。同时为达到资源的有效整合，自行配套开发了基于 B/S 架构的满足企业实际需要的诸多子系统，如生产监视系统、振动监测系统等，并将这些子系统集成到企业内部网站上，实现了一些基础信息的整合。

2）总体规划

锦西天然气的信息化建设过程是一个整体规划、分步实施的过程。首当其冲的是整合企业内部资源，实现 ERP 管理。整合企业内部资源应当首先整合企业的财务业务一体化，而财务业务一体化首先应当做核算系统，然后做企业控制，企业控制过程完成后，企业资源内部的整合就完成了。锦西天然气现在正在实施客户关系管理 CRM，以及办公自动化、供应链等，同时整合产品数据管理。其中，供应链指的是规划的供应链，是针对供应商、客户而言，已经超越了企业范围。化工企业需要管理它们的设备，在 ERP 中通过设备管理系统来处理。

实施的时候，锦西天然气和用友公司沟通后认为，国有企业进行信息化改革，流程的改动不能过大。不改动，信息化没有任何意义；改动时，应当还原企业应有的部分，然后在此基础上提升。信息化做到一定阶段，人的思想意识和管理水平有所提高，这时再进行流程改造，把企业的事务流程再造，这是一个整体规划。

锦西天然气的信息化建设分三期实施，首先实施ERP，整合企业内部资源；其次实施客户关系管理、供应链管理，整合企业外部资源；然后集成企业资源计划、客户关系管理、供应链管理系统，整合企业内外部资源形成电子商务，实现企业资源高度集成与优化配置，使信息化为企业战略的实施起到更好的支持与服务作用，这是信息化的要求。整个前期规划，企业做了一年半。

3）核心应用展示

锦西天然气的一期信息化从2003年的11月份开始的。一期信息化的实施以财务管理为核心，整合采购、管理、库存、销售、质量，包括各个逐步核算的固定资产、工资等。这样，整个企业的核算就完成了。然后各个业务部门发放的数据，能及时地转到财务，通过业务接触就能完成对企业全方位的监控。二期，实施全面预算、合同管理。

图10.8为锦西天然气核心应用展示图。

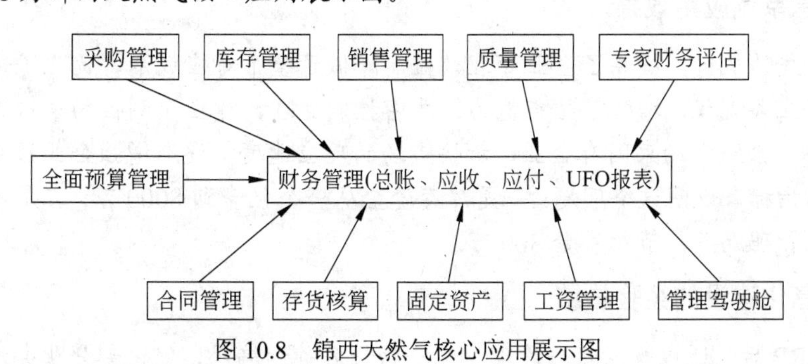


图10.8　锦西天然气核心应用展示图

（1）合同管理驱动财务业务一体化。

中间模块做完后，ERP实施进入第二阶段。合同管理从软件界面上看是企业源头，企业的所有工作，包括采购、销售、工程、外委，都从合同做起，并会贯穿整个企业经营过程中。整个合同信息可以通过信息表来了解，比如合同签订的交易额总量，合同执行、到货情况、挥发情况、执行情况、采购入库、到货、出库、发放等信息全在表里，企业的应收应付也都非常清楚。这种合同管理和总账及应收用户结合，其数据会反映到应收用户当中去，而应收用户的付款，也会体现到合同中。

（2）合同管理驱动流程统一规范。

实施合同管理，首先应当由法审处批准销售合同、采购合同、外委工作合同，批准后进入ERP系统；然后供应处和预销处可以根据批准的合同生成采购订单，进行采购合同、到货、入库；供应商的发票到达后，财务进行结算，法审处填写合同结算单，控制付款过程。实施当中的变化应当由法审处进行统一安排。

（3）全面预算控制企业经营。

预算管理是企业的经营计划。预算管理系统把企业未来的工作体现到财务数据上。要做到财务数据的体现，需要把企业的所有管理工作、各个部门的业务细化，否则无法做出数据。

经营伊始：在会计期间伊始，编制各种类型预算，收入预算、费用预算、利润预算等。过程控制：在经营过程中，监控预算执行情况。例如，管理费用超预算的单据，U8ERP实时报警、提醒和控制。

（4）预则立，不预则“废”。

应用全面预算前：预算管理实施前，计划性不强，费用控制不严，随意增减项目，部门疲于应付。应用全面预算后：各部门业务严格按计划执行，费用按预算指标严格控制，工程资产按计划实施，业务部门工作有条不紊。

预算的执行会让企业固定运行轨道，锦西天然气现在的每一笔费用都可以由预算控制。沿途做好预算后，每个月、每个季度的每项费用都有指标。执行了预算系统，企业的管理者对企业运行的监控效果会更好。而任意的对预算进行调整，会造成整个预算指标控制不严。

### 3. 信息系统应用效果

预算系统的执行，提高了企业管理效益，降低了整个对应成本，优化了部分业务效率，优化了业务流程，增强了执行能力，严密控制管理，建立了刚性约束机制，用计算机系统、ERP 系统来约束国有企业，加快市场的反应速度，逐渐增强企业核心竞争力。有两个具体指标来说明这个问题：一是库存资金从一个亿降到 8000 万；二是系统上线运行后，堵塞管理漏洞，节约资金 300 万。

### 4. 信息化建设的经验总结

实施 ERP 后，通过规范基础管理、统一物料名称和编码、优化部分业务流程、编制全面的系统应用准则和规程，在系统全面应用的基础上有效地促进了企业管理的规范，并将对企业综合管理水平进一步提高产生积极而深远的影响。

1）企业信息化到底上不上

首先，企业管理人员是否有决心。因为企业信息化是一把手工程，企业高层管理者同项目指挥者需要沟通。

其次，企业的管理层的意见是否一致，认识不一致就会产生阻力；另外，企业的销售与管理业务由各个副总分管，副总的意见不统一也是产生阻力的因素。

最后，企业的基础管理是否到位。基础管理体现在：企业的规章制度是否健全，企业的流程是否顺畅，企业在管理上是否有执行能力。

2）企业为什么上信息化

结合企业自身的现状及发展预期，各个企业决定实施信息化时的初衷以及需要解决的问题是不同的，大致有以下几种情况：

企业上信息化是为了生存，那么必须上。濒临倒闭的企业为了生存发展，通过信息化手段，脱胎换骨，重新焕发生机；企业需要谋求更大的发展空间，那么上；企业为解决实际管理中存在的问题，完善管理机制，提高工作效率，那么上；企业为推动管理进步，提升市场竞争力，以便获取更多的机会，那么上。因此，企业需要明确信息化建设的目的，结合自身实际，进行针对性建设，避免盲从，只有适合的才是最好的。

3）信息化管理咨询的目的是什么

信息化建设的漫长过程中，先期的准备工作是非常重要的，这对后面的实施效果起着直接的影响作用。企业要做的第一个工作就是管理咨询，它不是指企业的流程再造，而是信息化的管理咨询，以便达到以下几个目的：

（1）从第三者的角度来分析企业存在什么问题，需要解决什么问题。比如，企业管理存在的问题，各部门之间没法沟通。而借助专家指出问题所在，大家就能形成共识。

（2）确定信息化实施方法，信息化实施方法的执行有两种方法，可以按照各个业务的需求来做，也可以按统一整体规划分步实施，统一编码、统一物料、统一架构。

（3）专家给出的咨询结果要慎重使用。现在锦西天然气对整个咨询报告的分析结果采用80%，有20%不采用。

（4）管理咨询要确定整个信息化的主导走向，指导方针。信息化的长期建设发展要由指导方针确定，指导方针也要分阶段进行调整。另外，企业内部应当合理地达成一个信息化目标。管理者对技术，对管理都了解，但对于信息化改革的结果一定要有正确的认识。

企业和软件公司应当达成共识，企业提出的要求，软件公司能否达到，这需要提前沟通好。因为沟通问题引起的项目无法验收的情况也比较多，这都是内部组织人员没有把工作做好。

日常信息化有很多问题应当通过指导方针和指导思想来决策。信息化指导方针，是适度投资、实用为主、效率优先、管理导向，它决定了整个信息化建设的走向。锦西天然气之所以选择用友公司的产品，而不选择SAP或者ORACLE，就是遵循了这个指导方针，以效率优先，实用为主，通过适度投资，借助信息化推动企业管理进步。

4）选择合适的合作伙伴和产品

首先，要考虑合作伙伴的实力，其是否能长期生存。可以观察业界对这个公司的宣传，或者跟此公司进行直接的沟通和交流。

第二，应当把合作伙伴的销售收入，赢利能力，市场占有率，放到管理工具中去分析，跟其他软件公司对比，看看谁更具有实力。锦西天然气做了SAP、用友、金蝶三家的对比，用友的指标比较高，所以入选。

第三，合作伙伴的人力资源和管理流程，是否有能力、有利于企业的管理咨询和实施服务、技术服务。其人员的实施能力，管理咨询的能力是否满足要求，对方公司的管理流程，是否适合自身企业。

第四，合作伙伴的产品也应当放到管理工具里分析，选择产品也要结合企业的实际情况。

5）主动参与信息化建设工作

有信息化需求的是企业。实施过程中，项目的指挥协调是企业自身面临的问题，企业信息化改革不成功，不要找软件公司。按照哲学原理，矛盾的内因起决定作用。因此实施过程中，应当由企业的项目经理指挥，软件公司处于协调和协助的状态。

6）严格落实项目实施计划

确定了实施计划，可以使企业和软件公司步调一致，所有成员都按计划来。确定了实施计划，有利于协调双方的资源，加快工作进度，降低项目风险，避免项目失败。

做信息化的最佳时间是 90～120 天，错过这个时间，大家都感觉疲惫，风险就出现了。一定要纪律严明，做信息化和企业管理，同打仗指挥一样，时间拖延会造成项目信息风险。

7）积极参与学习和培训

学习、培训、考察的作用如下：

（1）学习、掌握信息化知识，结合企业自身情况，帮助企业形成统一管理，其过程是个统一思想认识的过程，建立学习型组织，培训，逐渐使员工的意识达到透明。

（2）培训管理能够提升管理理念，同时提高管理技能。

（3）考察能够帮助确定实施信息化的最终目标，形成好的实施方法，结合企业自身情况，进行比较。

## 案例 10.2　烽火通信 ERP 案例：MES 与 SAP 的对接

（广州国税行业子站，http://hy.gzntax.gov.cn/k/2010-1/1760415.html）

### 1. 企业简介

烽火通信科技股份有限公司是国内优秀的信息通信领域设备与网络解决方案提供商，成立于 1999 年，2001 年在上海证券交易所 A 股上市。公司 2009 年营业额 490 555 万元（1 至 11 月份），目前拥有五千多名员工。烽火通信是“武汉 • 中国光谷”核心企业，湖北省唯一通过软件企业认定且软件收入超过亿元的企业，是科技部认定的国内光通信领域唯一的“863”计划成果产业化基地、国内唯一集光通信领域三大战略技术于一体的科研与产业实体，拥有亚洲一流的生产基地和先进的生产制造工艺。

烽火通信是国家基础网络建设的主流供应商，其产品类别涵盖光网络、宽带数据、光纤光缆三大系列，光传输设备和光缆占有率居全国前列，烽火通信光缆成为光纤光缆行业的中国名牌产品，10 万套设备在网上稳定运行，50 多万公里长光缆装备国家基础光缆干线网；代表业界最高水平的 ULH WDM、3.2T DWDM、ASON 系统率先应用于电信运营商的国家一级干线网络；FTTH 率先成熟商用……烽火通信坚持走可持续发展的产业道路，在信息网络安全、计费软件、集成业务等领域也取得了不俗的业绩。

### 2. 信息化应用总体现状与发展规划

1）信息化应用现状

自 2003 年 SAP 上线以来，烽火通信的 ERP 系统已经应用了 7 年，顺利实施了 SAP 系统的 SD/MM/PP/FI/CO/PS 等模块，建立了基于 SAP BI 的数据仓库系统，并将应用深入推广到三级子公司。同时实施了光纤和光缆的 MES 系统（制造执行系统），并完成了 MES 系统与 SAP 系统的对接。基础网络应用方面，已实施了提高网络管控力度和安全性的域管理系统，建立了快捷且低成本的视频会议沟通平台等。2009 年 B2B 网关上线，实现了与移动通信集团的电子商务互联。公司目前正在实施的项目包括 PLM 项目（建立产品生命周期项目管理平台）、企业门户及 FIS/FOA 系统（烽火集成信息平台）。目前各种已上线的应用信息系统运行稳定，在公司的经营管理中发挥着巨大作用，为企业快速发展提供了基础保障。

2）信息化发展规划

烽火通信公司信息化的总体目标应朝着协同商务、系统集成和促进企业创新的方向努力，主要是基于企业数据中心的建设模式，保证和支撑公司业务的规模发展及信息化的深度应用。保持信息化与业务目标一致，推动业务发展；加强信息化治理，保障合理、安全利用信息化资源；构造不受地域、空间、时间等限制的信息化资源应用环境，实现研发、制造、管理和过程控制信息化，达到物流、资金流、信息流、工作流的结合，从而全面提升企业竞争力；同时结合公司业务流程管理的系统化实施，实现公司业务流程及信息化的逐步融合，使二者互为促进，共同推动绩效及运营效率的综合提升。

公司信息化建设的整体框架如图 10.9 所示。

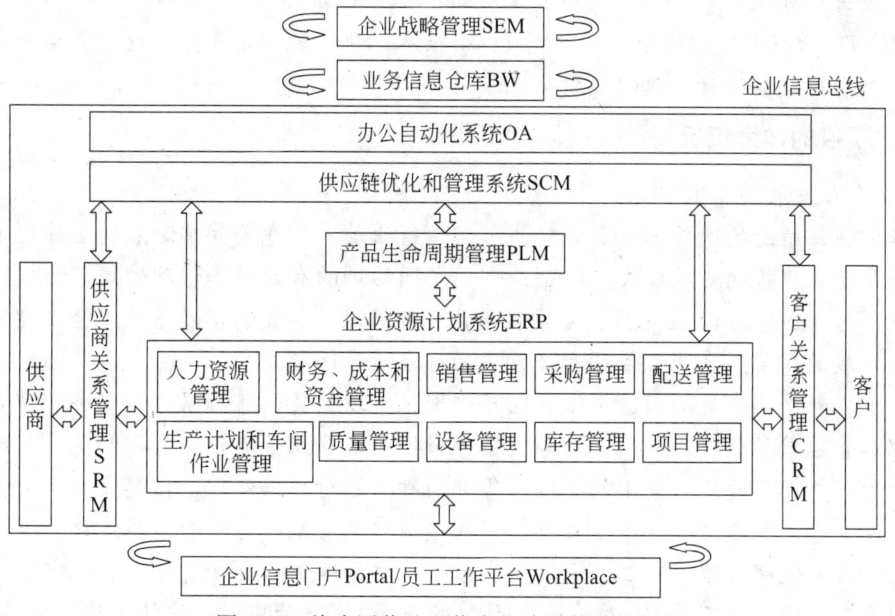


图 10.9　烽火通信公司信息化建设的整体框架

总体规划和五年内的实施计划如下：

（1）组织和队伍　对照主要运营商、本行业的标杆企业以及内部信息化需求，完善和细化企业信息规划，构建合理的信息化组织，建立一支稳定、有战斗力、具有服务意识的信息化队伍。

（2）安全与网络　构建稳定、畅通、高速的外部网络出口以及内部畅通有效的网络基础；构建具有防攻击、防感染、可快速定位和排除故障、可安全监测及管理的网络安全墙及系统。

（3）数据系统　在现有应用数据服务器系统的基础上，逐步建立数据“温备”系统，确保系统运行数据的健壮性；结合研发大楼的建设，推进和建立下一代绿色数据中心。

（4）现用应用系统　对现有运行的ERP、OA、PLM、B2B、视频、邮件等建立运维团队，进行维护和深度应用及Ⅱ、Ⅲ期扩展，包含新拓展模块、新业务、用户数量增加等，使每一个新建或在用系统得以正常运行及例行升级、拓展，进行BI等经营决策分析，发挥其价值。

（5）新应用系统　不断在应用层、增值层建设新的信息化项目，加强企业内、外部的协作和商务协同，结合移动办公等新技术，积极推进新系统的启用。

（6）应用覆盖　加大并持续投入信息化管理布局工作，提高信息化覆盖率。扩展信息化服务对象范围，在满足关键主营业务的支持下，逐步将公司中高层管理和普通员工等不同层次的信息化需求纳入实现，整体提升公司信息化应用的全员水平；加强总部对各分支结构（包括子公司）信息化工作的支持、管理、监控。

（7）宣贯、培训和IT文化　积极开展培训、宣贯和沟通交流，促进各业务部门重视信息化工作，共同参与建设和运维，提高系统应用效率、效果及水平；真正运用信息技术支撑企业业务流程规范化，提高企业基础管理水平。

（8）IT新技术　积极跟踪、研究IT新技术、新系统、新趋势，包含多语种国际化应用，加强行业和标杆企业的应用交流。

### 3. 项目的详细情况

1）企业发展的需求

烽火通信所处的通信设备及光纤线缆制造行业是一个竞争异常激烈的全球化市场。烽火通信企业规模的发展壮大，对企业部门之间协调的有效性和管理的规范性提出了更高要求，也对公司的IT应用提出了更高要求，部门级非集成的信息系统完全不能满足公司业务发展的需要。企业在管理和经营方面存在诸多问题：

（1）在新产品研发部门、中试、生产制造、市场销售、售后服务和财务管理等与产品数据和管理信息相关的部门，业务关系、数据传递及业务流程定义不明确，导致产品数据和管理信息不能进行集中的管理，各部门独立进行数据处理，信息更新不同步。基础数据及业务资料无法真正实现共享，容易造成信息混乱，增加管理难度。

（2）业务流程脱节，销售、采购、生产、库存管理等业务相对独立，很少能够从流程的观点来考虑其上下关系。难以形成面向市场，以客户为中心的快速响应的业务流程。烽火通信意识到未来的竞争将是企业管理的竞争。要在竞争中发展壮大并继续保持竞争优势，适应企业发展需要的管理模式和手段的改进、企业经营业务流程的规范和优化、以及相应的企业信息化建设将日益紧迫。通过实施并推广应用世界先进水平的信息系统成为烽火通信未来发展的重要环节。烽火通信的企业信息化建设，首先要建立实施ERP，然后要考虑产品数据管理（PDM）、客户关系管理（CRM）、供应链管理（SCM）等系统的构建，并逐步向电子商务动作模式转型。目前，通过企业资源规划系统（ERP）建立整体企业核心业务流程是所有系统的核心和前提。在此基础上，全面引入国际先进管理经验，优化企业的组织架构和业务流程，建立世界级的绩效考评系统，运用现代化的管理工具ERP系统固化企业流程重组的成果，提高企业整体管理能力，优化配置企业资源，提高对市场的反应速度和服务水平，提高市场竞争能力，迅速做大产业规模，实现企业的跨越式发展。

2）项目目标与原则

通过实施ERP，可以实现公司内部物流、资金流和信息流的统一；使数据共享、适时了解企业运作以及运用模拟分析手段减少投资风险等成为可能，为企业提供多方决策依据，实现系统化管理。同时，通过实施ERP管理项目也可以有效地解决企业具体业务中存在问题，比如库存物料不配套；生产任务不均衡；销售订单签订无把握；财务数据滞后，财务人员疲于记账，无暇顾及财务分析和监控工作等。

通过实施ERP项目，可以有效提高公司管理水平，达到以下几方面的目的：

（1）通过BPR的实施，建立优化的业务流程以及核心部门及岗位的绩效考评指标，理顺组织职责，实现公司业务运作模式与国际先进水平接轨，增强市场核心竞争能力，应对加入WTO的挑战。

（2）通过ERP项目系统的实施，进一步实现公司管理的规范化、标准化、流程化和信息化，大大提升公司的整体管理水平与员工素质。

（3）提高以CTC业务为核心的财务管理、销售订单管理、产品结构与配置管理、生产计划管理、工程管理、采购库存管理、成本管理、线缆管理的准确性、统一性、实时性和可控性，并实现获利能力分析，状态跟踪，交货期控制等。

（4）建立符合国际会计准则与中国证监会对上市公司要求的财务体系，规范财务管理流程，缩短财务结账周期，提高财务报表合并效率。

（5）将财务系统的管理从简单的财务核算提高到财务分析、控制的层次，实现财务系统为管理工具，提升财务会计的管理会计职能。

（6）使最终用户能有效掌握和运用ERP系统，并协助烽火通信建立一支合格的ERP系统维护与后续实施力量。

实施原则如下：一把手参与原则；总体规划，分步实施，循序渐进。需求迫切、实施相对易出效果的先开始；以公司自身的需求为准绳，以提高管理和竞争力为目标；选择能够提供最快市场准入时间和拥有成功案例的厂商合作；培养和巩固自己的信息人员队伍；资金的持续投入。

3）烽火通信ERP系统功能结构

烽火通信ERP系统中的组织结构示意图如图10.10所示。

4）项目实施情况

（1）BPR与ERP同步实施。

在BPR（企业流程再造）与ERP实施上，业界有两种做法，一种是在实施ERP的同时进行BPR工作；第二种先进行BPR，然后实施ERP。前者需要实施企业的管理基础较好，而且实施过程中企业会感觉资源缺乏，第二种方法没有上面的顾虑，但实施周期较长，而且随着企业的发展，开始ERP实施时流程可能与以前BPR结果脱离甚至相悖。

为了使企业尽快理顺流程、规范管理，在竞争中赢得宝贵时间，同时降低因实施周期延长而增加的实施风险，烽火选择了ERP与BPR同步进行的方案，并确定以下原则：通过BPR对企业内部管理强化整合，为ERP系统实施理顺环节、扫除障碍；同时，ERP系统通过信息技术手段强化和固化BPR的主要成果，并对BPR的变革起到推进和保障作用。

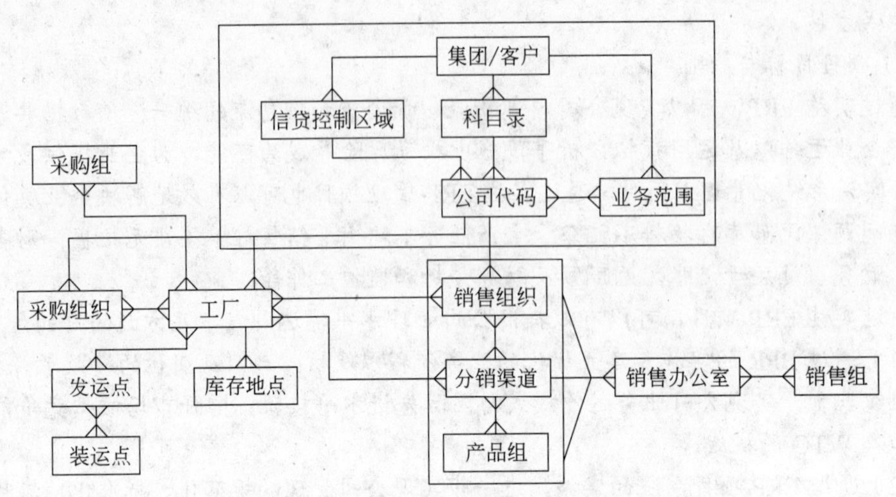


图 10.10 烽火通信 ERP 系统中的组织结构示意图

BPR 和 ERP 作为企业提升管理的两大工具，BPR 侧重于管理思想，ERP 侧重于技术实现。在 BPR 从思想到实现的转变过程中，离不开 ERP 系统的应用，并只有通过 ERP 系统的应用，才能更好地支撑和固化新的业务流程。需要注意的是，虽然 ERP 系统可以固化绝大多数的业务流程，但仍有一些关键业务流程在系统外需要人的特别关注，如采购过程中供应商的具体筛选和管理就无法由 ERP 系统来替代。因此，烽火通信的实施过程中特别强调 BPR 和 ERP 的整合，充分发挥 BPR 中最佳业务实践和 ERP 系统中固化的先进管理思想的整合作用。

BPR 采用分阶段实施来完成。

第一阶段：制定重组策略。首先对公司需求进行评估，结合最佳实践分析，针对国内外优秀企业在该领域的最佳实践作法分析研究。然后，对客户需求以及价值评估，确定真正的客户需求。在最佳实践分析与客户需求确认的基础上，将公司现状与最佳实践和客户需求之间做基准分析，提出业务流程重组策略。

第二阶段：详细设计。在此阶段进行详细的重组设计，编制业务操作手册，对业务流程过程中的控制范围、目标以及具体业务操作、职责说明进行详细描述。对一些业务操作较为简单的领域，可以先行进行速效实施，以了解实施中可能的风险，积累经验并增加实施信心。对于所设计的复杂流程，首先编制详细的业务流程实施计划，先行进行一些部门或核心流程的试点实施。

第三阶段：全面实施。

第四阶段：效果评估。将改进后状况与第一阶段中所制定重组策略进行比较，对效果作全面的评估，并提出今后工作重点以及改善意见。

（2）ERP/BPR 项目管理。

① 详细计划。

在确定 ERP/BPR 项目整体需求、范围以及目标后，必须制定详尽周密的项目实施计划，保证实施成功。烽火 ERP/BPR 项目计划包括以下几个方面。

- **项目总体安排**：对项目的时间、进度、人员等做出总体安排，制定项目总体计划。
- **项目授权**：与 ERP 项目咨询公司签订 ERP 项目合同，明确双方职责，根据项目的需要对咨询公司进行项目管理的授权。
- **详细的项目范围**：对企业进行业务调查和需求访谈，了解最终用户的详细需求，据此制定系统定义备忘录，明确用户的现状、具体的需求和系统实施的详细范围。
- **定义递交的工作成果**：与实施咨询公司讨论确定系统实施过程中和实施结束时需要递交的工作成果，包括相关的实施文档和最终上线运行的系统。
- **评估实施的主要风险**：由实施咨询公司结合公司实际情况对实施系统进行风险评估，对预计的主要风险采取相应的措施来加以预防和控制。
- **项目的时间计划**：根据系统实施的总体计划，编制详细的实施时间安排。
- **成本和预算计划**：根据项目总体的成本和预算计划，结合实施时间安排，编制具体的系统成本和预算控制计划。
- **人力资源计划**：确定实施过程中的人员安排，包括具体的咨询公司的咨询人员和烽火关键业务人员，并对烽火参与实施的关键人员的日常工作做出安排，以确保对实施项目的时间投入。在总体计划的基础上，项目组同时使用双周计划，各业务组每隔一周对两周以来的工作进度、计划完成情况进行交流和总结，对于项目进展中发生的各种变化情况，及时更新或调整资源，在满足本阶段项目计划的前提下制定下两周详细工作计划。

② 分阶段实施，里程碑管理。

ERP 项目实施周期较长，如果不分成若干阶段，对实施人员来说，时间似乎总感觉很充足，但成功却是遥遥无期，这就增加了实施难度和失败的可能性。

根据项目管理中工作细分的要求，烽火将 ERP 第一期实施项目分为五个阶段完成。

第一阶段：业务流程和项目计划，2002 年 1 月 10 日至 2002 年 1 月 31 日。

第二阶段：业务流程优化概念设计，2002 年 2 月 1 日至 2002 年 3 月 20 日。

第三阶段：业务流程与 mySAP 系统实现，2002 年 3 月 21 日至 2002 年 7 月 15 日。

第四阶段：系统评估与投入运行准备，2002 年 7 月 16 日至 2002 年 8 月 31 日。

第五阶段：mySAP 上线及后续支持，2002 年 9 月 1 日至 2004 年 10 月 30 日。

每一阶段就是实施过程中的一个重要里程碑，每个里程碑都定义应取得的成果以及咨询公司应完成的交付品。在每一个阶段的开始，项目经理确保让项目组所有成员知道各个阶段的里程碑和目标，以及进度安排和资源的大体分配，并组织讨论可行性，同时对里程碑进一步分解，制定短期的实施目标，让项目组感觉到一段时间就实现了一个目标，充分的激发了团队成员的积极性，使项目组成员时刻保持高效的工作状态。另外，当这些小目标都能按时完成，那么整个项目的按期完成就有了保证。

③ 按计划执行。

项目执行是实施过程中历时最长的一个环节，贯穿 ERP 项目的业务模拟测试、实现、系统开发确认以及系统转换运行等过程。项目执行中主要工作包括：

- **实施计划的执行**　根据预定的实施计划开展日常工作，及时解决实施过程中出现的各种人力资源、部门协调、人员沟通、技术支持等问题。

- **时间和成本的控制** 根据实施的实际进度控制项目的时间和成本，并与计划进行比较，及时对超出时间或成本计划的情况采取措施。
- **实施文档管理** 对实施过程进行全面的文档记录和管理，对重要的文档需要报送项目实施领导委员会、公司领导和所有相关实施人员。
- **项目进度汇报** 以项目进度报告的形式定期向实施项目的所有人员以及公司领导通报项目实施的进展情况、已经开展的工作和需要进一步解决的问题。
- **项目例会** 定期召开由企业的项目领导、各业务部门的领导以及实施咨询人员参加的项目实施例会，协调解决实施过程中出现的各种问题。
- **会议纪要** 对所有的项目例会和专题讨论会等编写出会议纪要，对会议做出的各项决定或讨论的结果进行文档记录，并分发给与会者和有关的项目实施人员。

④ 评估及更新。

项目评估及更新的核心是项目监控，就是利用项目管理工具和技术来衡量和更新项目任务。项目评估及更新同样体现在整个项目全过程中。烽火 ERP 项目使用的项目评估及更新工具和技术包括:

- **阶段性评估** 对项目实施进行阶段性评估，小结实施是否按计划进行并达到所期望的阶段性成果要求，如果出现偏差，研究是否需要更新计划及资源，同时落实所需的更新措施。
- **项目里程碑会议** 在项目实施达到重要的里程碑阶段，召开项目里程碑会议，对上一阶段的工作做出小结和评估实施进度及成果，并动员部署下一阶段的工作。
- **质量保证体系** 通过对参与实施人员进行培训和知识传授，编写完善实施过程中的各种文档，从而建立起质量保证体系，确保在实施完成后企业能够达到对系统的完全掌握和不断改善的目标。

（3）后续优化和升级。

ERP 系统上线后，由于业务的快速发展，子公司的相继成立，以及办公场地的搬迁，项目第二期组织实施了相关子公司 ERP 子系统、业务和流程优化、ERP 系统升级、局部工序业务分拆、KPI 考核牵引等。围绕 ERP 整体升级进行。

新系统必须能够应对未来 5 年业务发展需要，能够提高业务快速应变能力，促进企业内部合作，支持全球化业务；驱动业务流程持续改进，提高业务流程效率和自动化水平。同时，还必须保证业务运营和系统的稳定性，降低总体拥有成本。新系统必须能够支持公司未来 5 年内实施的与 ERP 系统有接口要求系统连接，包括客户关系管理系统、供应商关系管理系统、企业战略管理以及办公自动化/企业门户等系统。

**ERP 系统升级项目内容**：此次系统升级主要包括硬件和软件两部分，硬件升级包括服务器、数据存储、数据交换机和双机热备软件系统等，软件部分包括操作系统、数据库系统和 SAP 业务系统等。

**升级模式**：升级模式拟采取分步骤稳步实施，第一步，技术升级阶段，保持老系统业务功能不变，更换 ERP 硬件系统和 SAP 软件系统版本；第二步，技术升级成功后，对老系统功能进行优化和实施新功能。

系统于 2008 年 10 月 2 日系统上线切换后，通过业务试运行验证和跟踪两个月，运行结果正确，速度提高。

5）面临的主要问题与应对措施

项目实施过程非常艰苦，碰到很多问题，对于影响项目进度甚至项目成败的突出问题，及时采取有效措施，解决问题。

（1）技术瓶颈。

- **多种业务模式**：烽火通信产品业务主要包括系统设备、光缆、电缆和光纤，有客户需求驱动生产的，也有自己先做出标准产品等待销售的，这两种模式所采取的销售、计划、生产、库存管理以及成本核算策略完全不同，因此采用“按订单生产”和“按库存生产”两种计划模式。系统设备和光缆产品使用“配置”的形式，针对特定用户需求生产。每种需求包含不同的配置要求，用以决定具体产品型号、规格和成本，然后进行生产。对于电缆和光纤，客户定制要求少，近似标准产品，根据预测进行计划和排产。
- **批次管理**：批次管理是一种强化过程管理的有效手段。通过批次的使用，对物料的出库、入库乃至消耗等任何过程都提供有效的追溯功能，同时也使库存管理更加细化和方便，并为今后物料管理中的先进先出、产品等级管理等更高层次需求奠定了良好的基础。

  烽火线缆类产品的过量交货现象较多，而过量部分是否计算收入也不是一概而论，因而该过量部分的库存管理就成为一个难题。而批次管理中通过“批次特性”就能有效地解决此问题。在库存管理中有两个长度同时存在，一个是合同要求长度，另一个记录实际生产长度，发货时根据需要决定使用的长度。这样既能满足财务成本、收入配比的要求，又能方便查询使操作过程简化。
- **排产合同的使用**：在通信制造行业中普遍存在一种事后确认销售的情况，即先按照客户的意向生产并发货，一段时期以后销售合同才成立。这种情况对烽火而言在销售收入、销售成本确认上显然于普通的销售订单不一样，为此，定义一种“排产合同”的概念，记录与正式订单相同的信息，传递需求到生产部门，只是发货不形成销售成本和收入，等到排产合同转正，即转为正式合同之后，才会进行相应的销售收入和成本核算。
- **POC 法对销售成本再分配**：POC 是完工百分比法（PERCENTAGE OF COMPLETION）的简称，这也是全国 SAP 系统实施中首次使用。

在销售成本核算方面，烽火通信有分期收款发出商品这种业务，每月进行销售订单结算时需要手工计算分期收款成本，在此基础上计算销售订单毛利和毛利率。通过使用 POC，能够在大量销售业务下自动、准确地将每一销售订单的销售成本同分期收款成本划分开，而且具体到每种型号、规格，这在以前是无法做到的。进而实现对计划成本与实际成本的差异分析。

（2）业务流程烦琐。

烽火涉及业务范围非常广泛，在有限的时间内，完成非常烦琐的业务流程的优化和设计，本身就是一个巨大的挑战。必须通过业务部门领导和关键业务骨干的全力参与，来保证业务需求的准确性和业务蓝图设计的可用性。

（3）主数据问题。

对任何ERP项目来说，主数据的整理和完善，以及历史数据的清理都是难点。烽火项目同样不能例外，在项目实施的初期，甚至业务蓝图设计已经完成后，系统所需的主数据仍然不能准备好。所以烽火通信项目管理者当机立断，成立主数据小组，专门负责各种生产所需的数据准备。这样才有效地解决了这个难题。

（4）观念转变。

每个最终用户都习惯于以前的工作流程和操作方式，要彻底转换到新流程和新系统是非常艰难的工作。烽火采用各级管理者亲自配合项目组成员进行宣贯、督促的方式，并不断培训，对薄弱环节专门定点攻关等做法来推动系统的应用。

### 4. 效益分析

1）项目应用成效

项目于2002年2月正式启动，经过项目需求调研和项目计划准备、业务流程优化概念设计、业务流程与mySAP系统实现、系统评估与投入运行准备、mySAP上线及后续支持等阶段，于2002年10月切换试运行。经过近半年的与原有系统的并行运行，证明新系统在技术实现上和流程设计上都符合烽火公司的实际情况，能够取代原有系统进行销售、生产、交货、财务等业务的指导。因此于2003年3月正式切换系统，进入推广优化应用阶段。

烽火通信ERP项目已经取得的成效包括:

（1）理顺业务流程，实行规范化管理，从研发为导向转变为以市场为导向。

通过ERP项目的实施，重新梳理了公司从销售到生产的所有业务流程，对各业务实行规范化管理，杜绝了一些无章可循的死角。特别是整个公司的生产导向，从原有的研发导向的模式，转变为现有的市场导向。

（2）彻底消除信息孤岛，做到物流和资金流的全面集成。

目前，SAP系统已经在烽火通信全面应用，覆盖了烽火通信的系统、光纤、光缆三个工厂，涵盖了销售、采购、生产、发货、收款、工程服务等各个环节，有效地做到各业务环节的信息集成，彻底消除了信息孤岛。

（3）财务管理跃上新台阶。

通过SAP系统的实施，对经营过程中的财务活动和财务关系产生的日常账务处理、财务报表、费用、固定资金、销售收入和财务支出等内容进行管理。以财务为中心的集中管理使企业彻底解决了各项财务核算和账面核对不准确等问题。同时对三个工厂进行统一的账物管理，减少了报表合并的处理时间，现在公司月结时间从原有的10天左右缩短到1~2天。

（4）打破了原有的计划模式。

原有的MIS系统由于功能欠缺和各模块信息不集成，编制生产计划频次低且耗费大量的人工，同时计划执行情况的控制、反馈和调整不够及时、准确，造成计划难以落实，且缺料现象严重。

采用SAP系统后，彻底打破了原有的计划模式。生产计划按照预测的销售前景来编制生产大纲；再按主生产计划，编制物料需求计划，据此采购原材料和零件，并安排部件的生产，以期将在制品、原材料及成品控制在最优水平上。此外，根据物料需求计划的结果核算能力，调整主生产计划，尽量维护能力的平衡。主要包括中长期预测计划、生产控制和生产主数据维护四项，其中计划有主生产计划、物料需求计划，生产控制有生产订单生成、确认等，而生产主数据维护则包括物料清单、工作中心工艺路线。

（5）有效地降低库存，提高库存周转率。

采用 SAP 系统有效地降低库存，加快了库存周转，直接降低了经营成本。启动 ERP 之前，难以平衡库存，人为控制需要大量动态数据，这些数据难以及时准确收集。启动 ERP 后，利用系统每日运行 MRP，只需几个小时，就可以准确的平衡库存值。通过不断地优化和系统运行，库存周转率正在逐步提高。

通过本项目，烽火通信建立了一套实时、集成、拥有丰富分析工具的信息系统。实施 ERP 系统，实现了多种内部管理和控制形式，实现了主要管理活动的实施监控，运用多种分析方法，提供多维度的决策信息，及时决策；支持建立一套绩效考核指标体系，评价和考核下属部门、公司的经营绩效。

通过对公司研发流程的优化工作，借鉴国内外先进的产品研发管理经验，建立以项目制为核心的产品研发项目团队，明确项目管理职责和绩效评估体系，缩短新产品上市周期。通过对产品设计数据的管理，提高公司产品设计和生产的标准化水平，增强产品部件、零件的通用化程度，提高产品可制造性，降低生产成本，使产品更具市场竞争力。

通过产品研发流程的优化与 ERP 系统实施的结合，加强了研发与生产的衔接，特别是通过工程更改流程和运用系统项目管理功能，实现了研发项目与中试、生产过程的有效配合与控制。实现了市场预测、订单管理、产品配置、生产计划和物料计划、生产过程控制、产品发运、工程服务一体化的集成管理，整合公司业务资源，大大提高对市场和客户的反应速度。

现在系统已经在烽火通信全面应用，最终用户接近 300 人，系统覆盖了从销售订单录入到销售订单分解、生产计划下达、车间生产、包装发运、财务开发票等所有销售订单流动的环节。另外后勤部门的每一个动作都会集成地产生财务凭证，实时地反映了物流的情况。ERP 系统已经在烽火通信发挥着巨大的作用。

ERP 实施应用几年来，实现了合同管理、生产计划、物料管理、工程项目管理、总账和成本控制各环节的规范系统化管理，覆盖了系统设备、线缆、光纤、系统集成四大业务；并且为绩效管理和分析决策提供了真实、准确的数据平台。

经过几年的锤炼，烽火通信培养了一批既懂业务管理又懂 SAP 技术的内部实施顾问。这些内部顾问推动着烽火通信信息化工作的持续改进和内部项目的实施。公司通过内部顾问自身的力量，自主实施的项目有烽火藤仓、烽火集成，烽火南京藤仓（烽火通信下属子公司）进行了 SAP 拆分业务，为烽火通信母公司对子公司实行集中流程和财务管理打下坚实的基础。为自主实施信息化应用项目进行成功的探索。

以 MRP 为支撑，推行精益生产方式，把基于“推式”的 MRP 系统和基于“拉式”的精益生产方式有机的结合的管理创新与信息化充分融合的项目。目前库存能够精细化管理到产品线，库存周转率和及时交货率、现金流都取得了一定的提高。

2）项目价值评估

ERP信息系统作为烽火通信公司基于价值创造（EVA）的绩效管理的数据交换和价值转移结算平台，保证数据共享和信息收集及时有效，降低信息获取成本，也为各EVA中心价值创造的转移结算提供统一的、标准的结算平台。并通过财务会计、管理会计、资产管理、生产管理、物料管理、销售管理、成本管理、工程管理等关键业务的统一管理来实现价值创造。ERP系统为绩效管理提供了先进、创新性的基础平台，实现了价值创造过程的转移定价和数据交换平台，保证了绩效管理系统的统一标准化运行。

ERP系统和基于业务的KPI企业绩效考核评体系，已经在烽火通信发挥着巨大的作用：通过业务流程优化和部分业务流程重设计，建立了从粗到细的一百多个优化的业务流程，理顺了相应的部门职责，实现公司业务运作模式与国际先进水平接轨，增强市场核心竞争能力。通过ERP项目系统的实施，进一步实现公司管理的规范化、标准化、流程化和信息化，大大提升了公司的整体管理水平与员工素质。提高财务管理、销售订单管理、产品结构与配置管理、生产计划管理、工程管理、采购库存管理、成本管理的准确性、统一性、实时性和可控性，并实现获利能力分析，状态跟踪，交货期控制等。建立符合国际会计准则与中国证监会对上市公司要求的财务体系，规范财务管理流程，缩短财务结账周期，提高财务报表合并效率。最终用户熟悉优化后的业务流程，熟练运用ERP系统，做到有章可循，有据可依。

ERP信息系统为公司的基于价值管理（EVA）的绩效管理提供了先进、创新性的基础平台，实现了价值创造过程的转移定价和数据交换平台，保证了绩效管理系统的统一标准化运行，并能通过不断的改进，实现价值创造的适时监控。

从企业业务角度出发，定义不同部门的KPI，建立公司完整的KPI指标体系，结合年度预算的编制，将公司的年度经营目标，分解细化成各部门明确的年度考核目标。整合财务和非财务的主要业绩指标，包括新的客户来源、客户满意度、赢利能力、供应链的最优化、库存状况、销售额、产品质量等，实时地加以控制和评估。并且持续改进企业的流程和运作，充分发挥绩效管理的正向牵引作用。

3）综合效益

（1）将企业行为和管理方向统一到价值创造和满足客户需求的思想上来。公司管理走向规范化、标准化、流程化和信息化，大大提升了公司的整体管理水平与员工素质。深刻改变了员工的工作行为，烽火通信经历了一场价值观的革命，为公司的经营管理提供了切实可行的保障。

（2）促进了烽火通信从重技术研发向产品经营的巨大转变，促进了产品开发人员从关注研发完成情况到关注产品市场表现的产品经营的转变，合理直观地体现了研发价值，以此为基础实行对科技人员的激励机制，极大地提高了研发人员技术创新和开发产品的积极性。

（3）烽火通信保持高速发展势头，成为保持持续增长的设备及光纤光缆制造商之一，牢牢地巩固了国内通信设备及光纤光缆供应商第一集团军的位置，市场占率更是稳步提升，稳居行业前三地位。

（4）烽火通信的品牌地位大幅上升，成为通信行业民族技术创新品牌的象征，创造了世界上第一个大容量传输设备投入商用的记录，烽火通信在沉着应对激烈的市场竞争，实现了产值连续翻番。正在向建成“国内一流、国际知名”的高科技企业迈进！

## 复习题

### 一、填空题

1. MRP 系统的输入信息包括________、________和________三个方面。
2. ERP 的核心管理思想是________。
3. MRP Ⅱ与 MRP 的主要区别就是它运用了________的概念，实现物料信息同资金信息的集成。
4. 写出下面名词缩写代表的中文意思： MRP________，MRP Ⅱ________，ERP________，SCM________。
5. ERP 将企业所有的资源进行整合以便进行集成管理，而且实现了企业运营过程中的三流，即________、________和________的全面一体化管理。
6. 能力需求计划主要用来检验________计划是否可行，以及平衡各工序的能力与负荷。

### 二、单项选择题

1. 20 世纪 60 年代发展起来的一种计算物料需求量和需求时间的系统称为（　　）系统。其基本思想：围绕物料转化组织生产，实现按需要准时生产。

   A. MRP　　B. MRP Ⅱ

   C. ERP　　D. BPR
2. ERP 实质是在（　　）基础上进一步发展而成的、面向供应链的管理思想。

   A. MRP Ⅱ　　B. 时段 MRP

   C. 闭环 MRP　　D. 订货点法
3. 从 ERP 理论发展过程看，企业的信息集成趋势是（　　）。

   A. 从物料信息到资金信息的集成

   B. 企业内部各种信息的集成

   C. 从企业内部信息的集成到整个供应链信息的集成

   D．以上选项都不对
4. 企业的三流是指（　　）。

   A. 物流、资金流和数据流　　B. 成本流、物资流和资金流

   C. 数据流、信息流和物流　　D. 物流、资金流和信息流
5. 不仅解决了企业内部的物流问题，而且形成了从原材料起点到最终用户的一个供销链的是（　　）。

   A. 基本 MRP　　B. 闭环 MRP

C. MRPⅡ
D. ERP

6. 下列哪一顺序为正确的MRP基本计算步骤？（　　）。
   A. 安全库存量、废品率和损耗率等的计算
   B. 计算物料的毛需求量
   C. 净需求量计算
   D. 批量计算
   E. 下达计划订单
   F. 物料需求计划展开
7. 下列哪一组合为正确的生产组织顺序？（　　）
   A. 主生产计划
   B. 需求管理
   C. 销售订单计划
   D. 物料需求计划
8. 请就下列发展时间之先后顺序予以排列：（　　）。
   A. ERP
   B. MRP
   C. MRPⅡ
   D. EERP
9. 说明各项自制件的加工顺序和标准工时定额的文件是（　　）。
   A. 物料主文件
   B. 工作中心
   C. 工艺路线
   D. 工作流程
10. 能够罗列出某一产品的所有构成项目，同时还指出这些项目之间的结构关系产品结构文件是（　　）。
    A. 物料编码
    B. 物料主文件
    C. 物流清单
    D. 零件清单
11. 企业在计划期内根据企业现有的生产技术条件与计划期内所能实现的计划组织措施情况来确定的生产能力是（　　）。
    A. 实际能力
    B. 计划能力
    C. 设计能力
    D. 理想能力
12. 能力需求计划计算的依据是（　　）。
    A. 主生产计划
    B. 工艺路线
    C. 工作日历
    D. 零部件作业计划
    E. 工作中心
13. 计划物料清单的作用是（　　）。
    A. 用来帮助计划物料需求
    B. 设计新产品
    C. 市场部门对新客户的计划
    D. 以上说的都不对
14. 物料需求计划是（　　）。
    A. 一种关于生产加工的新的管理方法
    B. 一种用来计划物料需求和详细生产活动的正规的计算机辅助方法
    C. 仅仅适用于面向库存生产的公司
    D. 管理层用于做出生产管理决定的工具

15. 下面哪一项不是主生产计划的输入信息（　　）。
A. 销售计划　　　　B. 生产规划
C. 客户订单录入　　D. 库存记录
16. 在 ERP 的计划层次中，下列属于微观计划开始的具体详细计划是（　　）。
A. 战略计划、经营计划和生产计划　　B. 主生产计划
C. 车间作业控制　　D. 物料需求计划、能力需求计划
17. 在 ERP 的计划层次中，（　　）计划是宏观向微观过渡的层次。
A. 生产　　B. 能力需求
C. 物料需求　　D. 主生产
18. 在 ERP 的计划层次中，具体的详细计划是（　　）。
A. 战略计划、经营计划和生产计划　　B. 主生产计划
C. 车间作业控制　　D. 物料需求计划、能力需求计划
19. 下列选项中不是物料需求计划的计算依据的是（　　）。
A. 主生产计划　　B. 采购计划
C. 库存记录　　D. 物料清单
20. 对于制造业来说，采购量的大小应该由（　　）来决定。
A. 生产计划　　B. 原材料库存
C. 资金计划　　D. 销售计划
21. 存货管理子系统中，主要输入的单据有（　　）。
A. 各种入库单　　B. 盘点单
C. 各种发票　　D. 各种出库单
22. 目前大多数企业获取 ERP 软件的方式是（　　）。
A. 自行开发　　B. 购买商品化软件
C. 购买破解软件　　D. 网上下载
23. ERP 实施的主体是（　　）。
A. 企业　　B. 软件开发商
C. 顾问　　D. 咨询公司
24. 对产品做销售预测是谁的责任？（　　）
A. 订单录入　　B. 市场部门
C. 主生产计划　　D. 制造部门
25. 以下何种模块不属于 ERP？（　　）
A. 仓储管理　　B. 制造现场控制
C. 财务模块　　D. 销售/配送模块
26. 企业导入 ERP 系统时，下列何者需要关心？（　　）
A. 员工的教育训练　　B. 企业流程的调整
C. 高层领导的支持　　D. 以上皆是
27. ERP 项目实施工作大部分是由（　　）来完成。
A. 项目实施小组　　B. 程序员

C. 职能组　　D. 咨询公司

28. ERP 实施的最关键因素是（　　）。

A. 组织培训　　B. 软硬件

C. 人　　D. 数据

## 三、多项选择题

1. ERP 产品的核心模块有哪些？（　　）

A. 财务（总账、应收、应付）　　B. 集团管理

C. APS　　D. 人力资源管理

E. 设备管理　　F. 生产管理

G. 客户关系管理　　H. 合同管理

I. 质量管理　　J. 序列号管理

K. 工作流程管理　　L. 物流管理（采购、销售、库存）

2. IT 管理咨询涉及企业信息化建设的哪些方面？（　　）

A. 信息化需求及定位咨询　　B. 人力资源管理咨询

C. 各类应用解决方案咨询　　D. 业务运营模式咨询

E. ERP 咨询

3. 以下哪些是企业实施 ERP 过程中，企业项目经理至少应该具备哪些条件（　　）。

A. 全面了解企业自身的业务运作　　B. 了解 ERP 产品的开发工具

C. 协调能力、控制能力　　D. 熟悉数据库及网络产品

4. 以下哪些是实施 ERP 可能获得的效益（　　）。

A. 成本控制与精确计算　　B. 加快市场反应速度

C. 改变产品结构　　D. 改变工艺过程

## 四、简答题

1. 何谓 MRP？MRP 系统的输入信息有哪些？
2. 何谓 MRPⅡ？MRPⅡ管理模式的特点有哪些？
3. MRP、MRPⅡ、ERP 的核心管理理念是什么？它们相互之间的关系如何？
4. 何谓 ERP？ERP 有哪些的功能模块？
5. 什么是物料清单（BOM）？它对物料需求计划来说很重要吗？
6. 何谓物料需求计划？物料需求计划是怎样应用于制造业的？
7. 为什么说引入 ERP 是一场管理变革？
8. 什么是供应链管理？
9. 何谓企业的外部供应链？
10. 何谓供应链上的信息孤岛？
11. 何谓 CRM？如何将 CRM 系统与 ERP 系统进行整合？
12. ERP 项目的实施包括哪些步骤？
13. 影响 ERP 系统实施的成功因素有哪些？

# 参考文献


1 吴齐林. 企业信息系统管理. 合肥：安徽人民出版社，2006.

2 秦树文. 企业管理信息系统. 北京：清华大学出版社，2008.

3 郑延. 企业信息系统战略思考. 财会通讯，2008. 6：127～128.

4 钟铭，王延章. 企业间信息系统定义和分类研究. 大连理工大学学报（社会科学版），2004. 25(4)：68～71.

5 熊婵. 基于协同商务环境下企业间信息系统的协同研究. 现代商贸工业，2008. 31（7）：312～313.

6 杨文彩. 企业信息化环境下人——信息系统交互效率影响因素及作用机理研究. 重庆大学博士学位论文，2007.

7 陈志明，陈丽凤. 信息挖掘在企业日常工作中的实现. 当代化工，2006. 35(5)：382～385.

8 杨小劲，潘矜矜. 电子商务的基本模式研究. 商场现代化，2008. 37(4)：97.

9 王友. 电子商务成功实施的评价及要素研究. 河北工业大学博士论文，2008.

10 高艾兰. 企业信息系统的资源整合及其应用. 管理视界，2007，35(7)：68～71.

11 王明虎. 价值链管理的内容研究. 生产力研究，2005. 1：187～192.

12 面向大规模定制的供应链管理：基于"戴尔"的案例分析. http://www.cma-china.org/CMABase/SCM/SCM/SCM006.htm.

13 海尔物流——制造业物流典范. 中华硕博网：WWW.CHINA-B.COM.

14 （美）亨利·明茨伯格等. 战略历程：纵览战略管理学派. 北京：机械工业出版社，2005.

15 W. 钱·金和勒纳·莫博妮. 蓝海战略. 哈佛商学院出版社，2005.

16 马浩. 战略管理学精要. 北京：北京大学出版社出版，2008.

17 顾萍. 关于信息技术转移成本和锁定的产生. 成都航空职业技术学院学报，2004. 2：45～48.

18 胡祎，娄策群. 信息产品的锁定效应及其策略研究. 情报杂志，2007. 26(2)：13～15.

19 周磊，张翔. 信息产品的锁定效应与转移成本. 中国商界，2008. 6：145.

20 刘衡，李西垚. 网络经济下的锁定、转移成本与网络外部性. 科学与管理，2009. 29(2)：65～67.

21 叶乃沂，何耀琴，杨莉. 电子商务——信息时代的管理与战略. 成都：西南交通大学出版社，2000.

22 王建国. 顾客锁定途径的改进研究. 黑龙江科技信息，2008. 34：162.

23 王琴. 顾客锁定：理论研究与实证分析. 上海：复旦大学出版社，2003.

24 佳能对喷墨打印机的开发——开发和培育新的核心替代技术，持久地维持企业的竞争优势. 博锐管理在线：http://esoftbank.com.cn/wz/56_10814.html.

25 信息技术催化现代服务业的创新——沃尔玛（Wal-Mart）的成功分析. 中华人民共和国商务部：http://syggs.mofcom.gov.cn/aarticle/ag/200406/20040600232392.html.

26 中石化物流供应链管理决策案例. CIO 时代网：http://tech.ddvip.com.

27 中国五矿集团管理决策支持系统成功案例.eNet 硅谷动力：http://www.enet.com.cn/article/2006/1130/A20061130319868.shtml.

28 制造执行系统（MES）. http://www.erp.com/html/qiyexinxihua/MES/. http://www. LoveErp.com.

29 银行信息化建设推动金融业务发展. 计算机世界报，第 48 期 G12、G13. 计世网：

http://www2.ccw.com.cn/03/0348/g/0348g03_3.asp.
30 杨川. RFID 技术在制造业管理信息系统中的应用研究. 自动化技术与应用. 2008. 27(9)：98～101.
31 中国电子商务研究中心：http://b2b.toocle.com/detail--4792858.html.
32 张千帆，梅娟. 移动商务商业模式分析、评价与选择研究. 科技管理研究，2009. 3：249～251.
33 于雷. 移动商务在现代企业运作管理中的应用. 科技创新导报，2009. 1.
34 湖南华菱湘潭钢铁有限公司：电子商务提高供应链协同效率. 中国电子报，20091030 期：http://epaper.xplus.com/papers/zgdzb/20091030/n22.shtml.
35 王珩. 阿里巴巴电子商务的赢利战略. 合作经济与科技，2008. 14：50～51.
36 大连港集团决策信息系统案例. http://www.c4m.cn/allrun_new/dxal/.
37 上海 YKK 协同 HRM 系统应用案例. http://solution.51cto.com.
38 薛华成. 管理信息系统. 第四版. 北京：清华大学出版社，2003.
39 陈国青，李一军. 管理信息系统. 北京：高等教育出版社，2006.
40 王跃武. 管理信息系统. 北京：电子工业出版社，2005.
41 黎孟雄，马继军. 管理信息系统及经典案例. 徐州：中国矿业大学出版社，2005.
42 中国网通商务智能助力经营分析与决策支持. SAP 中国：http://www.bestsapchina.com/downloads/successful_stories/CNC.pdf.
43 交通银行信贷管理信息系统. 中计在线：http://cio.ciw.com.cn/finance/ 20060810113436.shtml.
44 高洪深. 决策支持系统(DSS)：理论·方法·案例. 第 3 版. 北京：清华大学出版社，2005
45 李东. 决策支持系统与知识管理系统. 北京：人民大学出版社，2005.
46 陈晓红. 决策支持系统理论和应用. 北京：清华大学出版社，2000.
47 刘继春，李凯，刘俊勇等. 大型水电企业电力营销决策支持系统功能规划. 中国电力，2007. 40(3)：66～69.
48 康权，刘文颖，石建雄等. 鄂尔多斯电网智能调度决策支持系统. 电网技术，2008. 32（增刊 1）：74～76.
49 蒋贵善，王东华，俞明南等. 生产与运作管理. 大连：大连理工大学出版社，2006.
50 陈庄，毛华扬，刘永梅等. ERP 原理与应用教程. 第 2 版. 电子工业出版社，2006.
51 中国企业应对全球供应链发展的策略. 论文下载网（www.Lunwenda.com）：http://www.lunwenda.com/jisuanji200811/100341/.
52 许海燕，蒋国中，徐霞. 客户关系管理与企业资源计划的整合. 河海大学常州分校学报，2003. 17(3)：42～45.
53 用友 ERP 锦西天然气信息化案例. 硅谷动力：http://www.enet.com.cn/article/2008/0926/A20080926363685.shtml.
54 烽火通信 ERP 案例：MES 与 SAP 的对接. 广州国税行业子站，http://hy.gzntax.gov.cn/k/2010-1/1760415.html.
55 Laudon K C, Laudon J P. 2002. Management Information Systems. News Jersey: Prentice - Hall, 2002.
56 Oz E. 2002. Management Information Systems，3/E, Thomson Learning.
57 Porter M E. 1985. Competitive Advantage. New York: The Free Press.
58 Jr. R M, Schell G. 2001. Management Information Systems, 8/E，Prentice-Hall, Inc.

59 Porter M E. 1996. What is Strategy. Harvard Business Review, Nov/Dec, 74 (6): 61～78.

60 Chan W. Kim and Mauborgne Renée. 2005.Blue Ocean Strategy. Harvard Business School Press.

61 Klemperer P. 1987. The Competitiveness of Markets with Switching Costs. RAND Journal of Economics, 18(1): 138～150.

62 Porter M E. 2001. Strategy and the Internet. Harvard Business Review, March, 79 (3): 62～78.

63 Turban E, Mclean E, Wetherbe J. 2002. Information Technology for Management-Transforming Business in The Digital Economy, John Wiley & Sons, 3rd edition.

64 Anthony G, Scott M S. 1971. A Framework for Management Information Systems. Sloan Management Review, Autumn, p.59.